光伏发电
设备维护与检修

中国华电集团有限公司　组编

中国电力出版社
CHINA ELECTRIC POWER PRESS

内容提要

清洁低碳、安全可控、灵活高效、智能友好、开放互动是新型电力系统的基本特征，能源绿色低碳转型是全球的普遍共识和一致行动。为践行央企绿色低碳战略部署，秉承"奉献清洁能源、创造美好生活"使命，主动适应新型电力系统发展要求，坚持"人才是第一资源"理念，加快推进新能源高质量发展，特组织系统内外专家学者，编写了风电和光伏的理论、维护与检修系列书。本书为《光伏发电设备维护与检修》分册。

本系列书内容通俗易懂、贴合实际，总结提炼了生产过程中的典型案例，可作为风电和光伏发电一线生产、运行、检修、维护和管理人员培训用书，也可供相关专业的院校师生，以及从事风电和光伏发电科研、技术的人员学习参考使用。

图书在版编目（CIP）数据

光伏发电设备维护与检修/中国华电集团有限公司组编. —北京：中国电力出版社，2023.12
（2025.11 重印）
ISBN 978-7-5198-8177-1

Ⅰ. ①光… Ⅱ. ①中… Ⅲ. ①太阳能光伏发电－发电设备－维修 Ⅳ. ①TM615

中国国家版本馆 CIP 数据核字（2023）第 183774 号

出版发行：中国电力出版社
地　　址：北京市东城区北京站西街 19 号（邮政编码 100005）
网　　址：http://www.cepp.sgcc.com.cn
责任编辑：孙　芳（010-63412381）
责任校对：黄　蓓　李　楠
装帧设计：赵姗姗
责任印制：吴　迪

印　　刷：固安县铭成印刷有限公司
版　　次：2023 年 12 月第一版
印　　次：2025 年 11 月北京第四次印刷
开　　本：787 毫米×1092 毫米　16 开本
印　　张：17.5
字　　数：339 千字
印　　数：5501—6000 册
定　　价：82.00 元

《光伏发电设备维护与检修》
编委会

编委会主任	孙志宏
编委会副主任	戴建炜　饶庆平　殷晓风　李庆林　杜文珍
编委会委员	武志军　张文忠　董卓东　马永辉　蒋志强　刘晓光
	张　华　林爱东　张瑞君　贾成鹏　翟　安　张征正
	吴大利　狄海龙　张　蕴　孙　兵　王照阳　王　勇
	肖盛忠　李清东
编写组长	张　华
编写副组长	贾成鹏　张　蕴　黄　旭　宋瑞福
主要编写人员	魏　超　何梓瑜　刘乃华　吴　炅　彭　彬　周　贺
	李　前　王晓波　项　航　周　超　陈润超　唐梓彭
	包那顺吉雅　上官炫烁　李　昂　朱容光　马旭远　王　铅
	邱　科　张瑞香　秦志勇　吴　淘　常智慧　南　丁
	赵建维　孙志宏　巩秀中　毛庆波
主要审核人员	杜文珍　董玉辉　步允启　孔令民　梁君亮　康　庄
	别勇军　荣　立　袁　满　康瑞庭　雷牛伟
参与编写单位	阳光智维科技股份有限公司
	华为数字能源技术有限公司
	隆基绿能科技股份有限公司

序言

党的二十大报告提出，积极稳妥推进碳达峰碳中和，加快构建新型电力系统。清洁低碳、安全可控、灵活高效、智能友好、开放互动是新型电力系统的基本特征，能源绿色低碳转型是全球的普遍共识和一致行动，我国疆域辽阔，风光资源储量丰富、潜力巨大，发展风力、太阳能等绿色能源是建设新型电力系统的重要措施之一，也是促进电力行业迭代升级的基本途径。

中国华电集团有限公司践行央企绿色低碳战略部署，秉承"奉献清洁能源、创造美好生活"的使命，主动适应新型电力系统发展要求，坚持"人才是第一资源"理念，加快推进新能源高质量发展。中国华电集团有限公司一直高度重视人才培养和培训体系建设，特组织系统内外专家学者，编写了风电和光伏理论、维护检修系列培训用书籍，为生产技术技能人才培养提供了较好的资源条件。该系列书籍主要适用于一线生产人员，遵循"易懂、易学、易用"原则，力求通俗易懂、贴合实际，总结提炼生产过程中的典型案例，更加体现了书籍的针对性和普遍实用性。希望该系列书籍能切实帮助提升新能源生产人员技术技能水平，为新能源高质量发展做出贡献，同时也感谢参与该系列书籍编写的单位和个人。

中国华电集团有限公司

2023 年 10 月

前言

光伏发电作为可再生能源的重要组成部分，正以其独特的优势和无限的潜力引领着能源产业的新变革。过去几十年间，随着能源需求的不断增长和对环境问题的关注，光伏发电逐渐走进人们的视野，并成为迎接未来能源挑战的重要选择。

《光伏发电设备维护与检修》从光伏设备基础知识入手，立足于生产现场实际，并由多年工作经验的专家人员参与编写。本书内容通俗易懂，实用性较强，对光伏发电基础理论、设备结构、工作原理等专业知识进行了系统介绍。

本书共十五章，第一章概述，包括太阳能光伏发电概况、太阳能光伏发电发展趋势等内容；第二章介绍了太阳能资源，包括太阳的物理特性、太阳能辐射与吸收、太阳能的利用等内容；第三章介绍了光伏发电系统，包括光伏发电系统的构成、光伏发电系统分类及工作原理、光伏组件技术等内容；第四章介绍了太阳能电池组件及方阵，包括太阳能电池及分类、太阳能电池工作原理、太阳能电池组件及制作等内容；第五章介绍了光伏汇流箱及逆变器，包括光伏汇流箱概述、光伏逆变器的功能、光伏逆变器的分类等内容；第六章介绍了光伏发电的最大功率点跟踪（MPPT）技术，包括 MPPT 概述、常见 MPPT 方法、MPPT 的效率与测试等内容；第七章介绍了孤岛效应及防孤岛策略，包括孤岛效应概述、孤岛效应的发生与检测、防孤岛效应策略等内容；第八章介绍了聚光与跟踪，包括聚光与跟踪概述、聚光光伏部件及系统、阳光跟踪伺服机构等内容；第九章介绍了光伏并网系统，包括光伏并网分类、光伏并网发电标准、光伏并网系统技术等内容；第十章介绍了箱式变压器及接入系统，包括箱式变压器、光伏发电接入系统等内容；第十一章介绍了自动化监控系统，包括光伏发电功率预测系统、环境监测装置、升压站综自系统等内容；第十二章介绍了光伏电站附属设施，包括防雷与接地、光伏通信、光伏电站防火等内容；第十三章介绍了光伏方阵维护与检修，包括光伏组件维护与检修、光伏支架维护与检修、光伏汇流箱维护与检修等内容；第十四章介绍了逆变器维护与检修，包括集中式逆变器维护与检修、组串式逆变器维护与检修等内容；第十五章介绍了光伏发电控制系统维护与检修，包括光伏跟踪系统维护与检修、自动监控系统维护与检修、光功率预测系统维护与检修等内容。

在本书编写过程中，参考了大量相关专业图书和资料，在此一并特致感谢。

限于时间仓促与作者水平，书中难免有不少错误和不足之处，恳请广大读者批评指正。

编　者

2023 年 12 月

目录

第一章

概　　述

第一节　太阳能光伏发电概况

能源与环境是制约世界经济和社会可持续发展的两个突出问题。工业革命以来，石油、天然气和煤炭等化石能源的消费剧增，生态环境保护压力日趋增大，迫使世界各国必须认真考虑并采取有效的应对措施。节能减排、绿色发展、开发利用各种可再生能源已成为世界各国的发展战略。

太阳能属于可再生能源的一种，具有储量大、永久性、清洁无污染、可再生、就地可取等特点，因此成为目前人类所知可利用的最佳能源选择。自 20 世纪 50 年代美国贝尔实验室三位科学家研制成功单晶硅电池以来，光伏电池技术经过不断改进与发展，目前已经形成一套完整而成熟的技术。随着全球可持续发展战略的实施，该技术得到了许多国家政府的大力支持，在全球范围内广泛使用。尤其在 21 世纪，光伏产业以令世人惊叹的速度快速向前发展。

一、国际太阳能光伏发电技术的发展历程

早在 1839 年，法国科学家贝克雷尔（Becqurel）就发现，光照能使半导体材料的不同部位之间产生电位差。这种现象后来被称为"光生伏特效应"，简称"光伏效应"。1954 年，美国科学家恰宾（Chapin）等人在美国贝尔实验室首次制成了实用的单晶硅太阳能电池，诞生了将太阳光能转换为电能的实用光伏发电技术。

20 世纪 70 年代后，随着现代工业的发展，全球能源危机和大气污染问题日益突出。传统的燃料能源日益减少，对环境造成的危害日益突出，同时全球约有 20 亿人得不到正常的能源供应。此时，全世界把目光投向了可再生能源，希望可再生能源能够改变人类的能源结构，维持长远的可持续发展。太阳能以其独有的优势而成为人们重视的焦点。丰富的太阳辐射能是取之不尽、用之不竭、无污染、廉价、人类能够自由利用的重要能源。

20 世纪 80 年代初，美国就已经开始发展并网太阳能光伏发电系统，制订了太阳

能光伏发电规模应用计划，主要是建立 100kW 以上的大型并网光伏太阳能发电系统，最大的系统计划达 10MW，但由于成本高，电力不可调度，不受电力公司欢迎。1996年，在美国能源部的支持下，又开始了一项光伏建筑物计划，计划投资 20 亿元。美国发电量的 2/3 用于包括为民用住宅在内的各类建筑物供电，光伏建筑物计划的目标是采用太阳能光伏发电缓解建筑物的峰值负荷，并探求未来清洁的建筑物供电途径。此项计划将有助于开发新型的光伏建筑材料，包括玻璃、天窗、墙体等，有助于开发屋顶并网太阳能光伏发电系统模块和可由电力部门很容易安装的光伏调峰电力模块等。

20 世纪 90 年代，光伏发电技术快速发展。美国是最早制订光伏发电发展规划的国家，1997 年又提出"百万屋顶"计划。日本于 1992 年新阳光计划启动后涌现了大批行业领先企业，其光伏发电人均保有额度长期处于世界领先地位。德国新的可再生能源法规定了光伏发电上网电价补贴，大大推动了光伏发电市场和产业发展，使德国成为继日本之后光伏发电最快的国家。法国、意大利、西班牙、芬兰等国也纷纷制订光伏发电发展计划，并投入巨资加速工业化进程。

20 世纪 90 年代后期，光伏发电发展更加迅速，1990～2005 年世界光伏组件年平均增长率约为 15%，1999 年光伏组件生产达到 200MW。商品化太阳能电池效率从 10%～13% 提高到 13%～15%，生产规模从 1～5MW/a 发展到 5～25MW/a，并正在向 50MW/a 甚至 100MW/a 扩大，截至 2022 年年底，光伏组件生产达 682.7GW/a，光伏组件的成本降到每瓦 0.3 美元以下。

21 世纪以来，发达国家主要开拓的市场是屋顶式并网太阳能光伏发电系统，其原因是发达国家的电网分布已很密集，电网峰值用电的电费高，而屋顶并网太阳能光伏发电系统充分利用了阳光的分散性特点，将太阳能电池安装在现有建筑物的屋顶上，其灵活性和经济性都大大优于大型并网太阳能光伏电站，受到了各国的重视。

2010 年后，光伏市场趋于国际化和多元化，光伏应用在全球得到普及，新兴市场不断涌现。根据国际能源署（IEA）发布的全球光伏报告，截至 2022 年，全球新增光伏容量超过了 230GW，累计装机容量超过 1150GW。其中，中国累计装机规模位列全球第一。

二、我国光伏发电产业的发展历程

我国太阳能电池的研究始于 1958 年，1959 年研制成功第一个有实用价值的太阳能电池。1971 年 3 月首次成功地将太阳能电池应用于我国第二颗人造卫星。1973 年开始在地面应用太阳能电池，1979 年开始生产单晶硅太阳能电池，20 世纪 80 年代中后期引进国外太阳能电池生产线或关键设备，初步形成生产能力达到 4.5MW 的太阳能光伏产业，其中，单晶硅电池 2.5MW，非晶硅电池 2MW，工业组件的转换效率单晶硅电池为 11%～13%、非晶硅电池为 5%～6%。20 世纪 90 年代中、后期，光伏发电产业进入稳步发展时期，太阳能电池及组件产量逐年稳步增加。

我国光伏产业的发展经历了两次跳跃。第一次是在 20 世纪 80 年代末，我国改革开放正处于蓬勃发展时期，国内先后引进了多条太阳能电池生产线，使我国的太阳能电池生产能力由原来的 3 个小厂几百千瓦上升到 6 个厂 4.5MW，引进的太阳能电池生产设备和生产线的投资主要来自中央政府、地方政府、国家工业部委和国家大型企业。第二次光伏产业大发展在 2000 年以后，主要是受到国际大环境的影响，国际项目、政府项目的启动和市场的拉动。2002 年由国家发改委负责实施的"光明工程"先导项目和"送电到乡"工程以及 2006 年实施的送电到村工程均采用了太阳能光伏发电技术。在这些措施的有力拉动下。我国太阳能光伏发电产业迅猛发展势头日渐明朗。

2007 年底，中国太阳能光伏发电系统累计装机容量达到 100MW，从事太阳能电池生产的企业达到 50 余家，太阳能电池产量达到 1188MW，超过日本和欧洲，并已初步建立起从原材料生产到光伏发电系统建设等组成的完整产业链——光伏产业。特别是多晶硅材料生产取得了重大进展，突破了年产千吨大关，冲破了太阳能电池原材料生产的瓶颈制约，为我国光伏发电的规模化发展奠定了基础。

2008～2009 年，全球金融危机爆发，光伏电站融资困难，加之欧洲如西班牙等国的政策支持力度减弱导致光伏电池需求减退，中国的光伏制造业经历了重挫，产品价格迅速下跌。

2009～2010 年，德国、意大利市场在光伏发电补贴力度预期削减和金融危机导致光伏产品价格下跌的背景之下，爆发了抢装潮，市场迅速回暖。而与此同时，我国出台了应对金融危机的一揽子政策，光伏产业获得战略性新兴产业的定位，催生了新一轮光伏产业投资热潮。

2011～2013 年，欧洲补贴力度开始削减从而带来市场增速放缓，导致光伏制造业陷入严重阶段性过剩，产品价格大幅下滑，贸易保护主义兴起，我国光伏制造业再次经历挫折。

2013～2017 年，中欧光伏贸易纠纷通过承诺机制解决，中国光伏产业支持政策密集出台，配套措施迅速落实。随着国内光伏技术的快速进步，从国产原料、辅料到国产设备成为主流，一方面降低成本，另一方面提升发电效率，光伏发电成本已越来越接近于上网电价。中国及全球主要的光伏市场装机容量呈持续快速健康增长。

2017 年至今，我国在太阳能发电开发利用方面取得了显著成效，在产业发展、技术创新等方面取得了突出成果。光伏电池及相关产业的发展规模已经占据全球前列。我国已经形成了硅材料、硅片、电池、组件为核心的晶体硅太阳能电池产业化技术体系，掌握了效率 20% 以上的背钝化电池、选择性发射极电池、全背结电池、金属穿孔卷绕（MWT）电池等高效晶体硅太阳能电池制备及工艺技术。批量化单晶硅电池效率超过了 22%，实验室最高效率达到了 24.1%。批量生产多晶硅电池效率 18.5%，多晶硅电池实验室效率达到 21.25%，创造了多晶硅太阳能电池效率的世界纪录。

三、世界光伏产业发展现状

大力发展可再生能源已成为全球能源革命和应对气候变化的主导方向和一致行动。近年来，光伏发电作为重要的可再生能源发电技术取得了快速发展，在很多国家已成为清洁、低碳并具有价格竞争力的能源形式。根据中国光伏行业协会（CHINA PHOTOVOLTAIC INDUSTRY ASSOCIATION，CPIA）数据，在主要经济体的带动下，2020～2022 年全球光伏新增装机分别为 130、170GW 和 230GW，复合增长率为 33.01%。

晶体硅电池仍是光伏电池产业化主流技术，新型电池发展迅速。光伏电池作为光伏行业的核心部件，根据工艺和原材料不同主要可分为晶体硅电池、薄膜电池、钙钛矿电池、有机电池等。其中，晶体硅电池由于其转换效率高、原材料来源丰富、无毒无害等优点，占据了光伏电池规模化生产与应用的主体。

近年来，发射极钝化和背面接触（passivated emitter and rear cell，PERC）技术的广泛应用，进一步推动晶体硅电池转换效率的提高。与此同时，以钙钛矿电池为代表的新型电池成为世界范围内的研究热点，转换效率快速提升，实验室最高转换效率已接近晶体硅电池，产业化进程逐步推进。但其在大面积应用、器件稳定性等方面仍面临挑战。

光伏系统精益化水平不断提升，应用模式多样化趋势明显。光伏系统子阵容量不断增大，1500V 光伏系统应用比例已经逐步超过 1000V 系统，并网安全性、可靠性标准不断提高，光伏电站发电能力与电能质量不断提升。"光伏+农业""光伏+畜牧业""光伏+建筑""光伏+渔业"等复合应用形式规模不断扩大，微电网、智能电网等光伏发电与电网的深入融合逐步成为电力行业新业态。

四、我国光伏产业发展现状

（一）装机规模

"十四五"首年，我国光伏发电年度新增装机容量 5488 万 kW，同比提升 13.9%，2022 年全年，光伏新增装机容量 8741 万 kW，同比增长 59.3%。累计装机容量达到 3.9 亿 kW，新增装机容量连续十年位居世界第一。

近年来，集中式与分布式并举的发展趋势更加明显，2022 年分布式光伏年度新增规模约 3630 万 kW，约占新增光伏发电装机容量的 41.5%。其中，在新增分布式光伏中，户用光伏的年度新增装机规模达到约 2525 万 kW，发展势头强劲。此外，电网对于光伏发电的消纳利用水平持续好转，2021 年，全国光伏发电量为 3259 亿 kWh，同比增长 25.1%，占全国全年总发电量的 3.9%。2022 年，全国光伏发电量为 4276 亿 kWh，同比增长 31.2%，约占全国全年总发电量的 4.9%。全国光伏发电利用率 98%，西北地区光伏发电利用率达到 96%。

（二）技术创新

持续的技术创新，是我国太阳能发电行业，尤其是光伏发电行业快速发展的关键。2021 年，光伏发电行业瞄准行业尖端技术持续突破，国内相关企业及研究机构在晶硅电池实验室效率上接连打破纪录 11 次，推进了各环节关键指标水平快速提升。

晶体硅电池仍将在一段时间内保持主导地位，并以 PERC 技术为主。采用隧穿氧化层钝化接触（tunnel oxide passivating contacts，TOPCon）或异质结（heterojunction with intrinsic thinfilm，HJT）技术的 N 型晶体硅电池综合考虑效率、成本、规模，有望成为下一个主流光伏电池技术。钙钛矿电池等基于新材料体系的高效光伏电池以及叠层电池作为研究热点，待产业化技术逐步成熟后有望带来下一个光伏电池转换效率的阶跃式提升。

为提升组件效率与发电能力，半片技术、叠瓦技术、多主栅等组件技术将进一步广泛应用，双面组件逐步成为市场主流。新型封装技术与封装材料进一步提升组件可靠性。

光伏发电系统智能化、多元化发展。逆变器将向大功率单体机、高电压接入、智能化方向发展，不断深化与储能技术的融合，智能运行与维护技术水平不断提高。光伏建筑一体化等新场景应用技术不断完善，拓展应用光伏发电开发空间。

第二节 太阳能光伏发电发展趋势

近年来，在技术进步的推动下，我国光伏发电产业取得快速发展，产业规模和技术水平均达到世界领先水平。放眼"十四五"时期，精心谋划、提前布局，加强光伏技术创新与产业升级，是提升核心原动力，推动光伏发电高质量、低成本、大规模发展的重要保障。世界各国持续深化布局光伏发电全产业链创新，作为推进新兴产业发展的主要战略举措，通过全覆盖布局先进材料、制造和系统应用各环节研发实现成本降低与竞争力提升。

一、发展高效低成本光伏电池技术

构建高效低成本晶硅电池新业态，进一步提高晶硅电池转换效率，推动高效新技术广泛应用，提升光伏发电系统单位面积发电能力。一是重点针对 TOPCon、HJT、IBC

等新型晶体硅电池的低成本高、质量产业化制造技术开展研究，发展高质量产业化生产关键材料、工艺与装备制造技术，进一步提高电池产业化生产效率与电池转换效率，降低生产成本，推动高效晶体硅电池规模化应用。其研究内容具体包括低成本高效清洗技术、高质量钝化技术、低成本金属化技术等方面。二是针对低成本高质量硅片的生产制造技术开展研究。重点突破低成本高效硅颗粒料制备、连续拉晶、N 型与掺镓 P 型硅棒制备技术，从产业链源头加强对规模化发展的支撑。同时，发展大尺寸超薄硅片切割技术，掌握超薄硅片切割工艺，完成配套设备、相关主辅材开发及配套技术研究，实现大尺寸超薄硅片稳定切割和产出，支持低硅成本光伏电池发展。

二、加强高效钙钛矿电池制备与产业化生产技术研究

紧扣世界光伏技术发展热点，开展新型钙钛矿电池制备与产业化生产技术的集中攻关，推动单结钙钛矿电池的规模化量产。同时，开发高效叠层电池工艺，突破单结电池效率极限，实现光伏电池转换效率的阶跃式提升。一是研究大面积高效率、高稳定性环境友好型钙钛矿电池成套制备技术，开发高可靠性组件级联与封装技术，研制基于溶液法与物理法的量产工艺制程设备，实现高效单结钙钛矿电池产业化量产。二是开展晶体硅/钙钛矿、钙钛矿/钙钛矿等高效叠层电池制备技术研究，优化叠层结构设计与制备工艺，大幅提高光伏电池发电效率，逐步实现产业化量产能力。

三、推动光伏发电并网性能提升

开展新型高效大容量光伏并网技术研究与示范试验，突破中压并网逆变器关键技术，开展弱电网条件下耦合谐振机理及抑制策略、有功备用和储能单元相结合的最优自适应虚拟同步技术、高功率密度中压发电模块优化设计与系统集成实证测试技术等研究，研制交流直挂式中压并网逆变器。突破大型光伏高效稳定直流汇集技术瓶颈，开展大功率高效率直流升压变换器拓扑、自律控制技术，多台直流变换器智能串/并联控制技术，以及多场景智能运行控制技术等研究，研制大功率直流变换器。开展光伏发电与电力系统间暂、稳态特性和仿真等关键技术研究，提升光伏发电并网性能。

四、推进光伏建筑一体化等分布式技术应用

推动"光伏+"等分布式光伏应用技术创新，拓展分布式光伏应用领域，助推光伏发电高比例发展。重点开展光伏屋顶、玻璃幕墙等多种形式光伏建筑一体化产品相关技术研究，综合考虑建筑结构、强度、防火、安全性能等因素，满足规模化应用需求。同时开展产品模块化、轻量化技术研究，完善相关技术标准与规范，推动光伏建筑一体化，以及光伏发电与其他领域综合利用的规模化广泛应用。

五、发展光伏组件回收处理与再利用技术

针对晶硅光伏组件寿命期后大规模退役问题，开展光伏组件环保处理和回收的关键技术及装备研究与示范试验，实现主要高价值组成材料的可再利用。针对目前行业各主流产品类型，开发基于物理法和化学法的低成本绿色拆解技术，掌握高价值组分高效环保分离的技术与装备；开发新型材料及新结构组件的环保处理技术和实验平台；研究组件低损拆解及高价值组分材料高效分离等关键设备，实现退役光伏组件中银、铜等高价值组分的高效回收和再利用。

第二章

太 阳 能 资 源

第一节　太阳的物理特性

从人类赖以生息繁衍的地球向外看，天空中最引人注目的就是光辉灿烂的太阳，它是颗自己能发光发热的气体星球。

太阳的内部可以分为核心区、辐射区和对流区三层，核心区域半径约为太阳半径的 1/4，质量约占整个太阳质量的一半以上。太阳核心区的温度高达 $8×10^6 \sim 40×10^6$ K，压力相当于 3000 亿个大气压，使得每秒钟有质量为 6 亿 t 的氢经过热核聚变反应转化为 5.96 亿 t 的氦，并释放出相当于 400 万 t 氢的能量，这些能量再通过辐射区和对流区中物质的传递向外辐射，这种反应足以维持 50 亿年。

太阳的外部由光球、色球和日冕三层所构成。人们看到的太阳表面叫光球，光球层厚约为 500km，太阳的可见光几乎全是由光球发出的。光球上亮的区域叫光斑，暗的黑斑叫太阳黑子。从光球表面到 2000km 厚度为色球层，在色球层有谱斑、暗条和日珥，还时常发生剧烈的耀斑活动。色球层之外为日冕层，它温度极高，延伸到数倍太阳半径处。

太阳的直径约为 $1.39×10^9$km，比地球的直径大 109.3 倍。太阳的体积约为 $1.4122×10^7$km^3，比地球的体积大 130 万倍。太阳的平均密度为 1.41g/cm^3，比水大一些，仅为地球密度的 1/4。但是太阳内外的密度是不一样的，它的外壳大部分为气体，密度很小，越往里面密度越大，核心的密度可达到 160g/cm^3，这比钢的密度还大将近 20 倍。太阳的总质量为 $1.9892×10^{27}$t，相当于地球质量的 33.34 万倍。太阳的表面温度约为 5800K。

第二节　太阳能辐射与吸收

一、太阳光

太阳光由不同能量的光子组成，也就是具有不同频率和波长的电磁波，通常将电磁波按波段范围区分，冠以不同的名称，如表 2-1 所示。其中，可见光又因波长的长短呈现不同的色彩，如表 2-2 所示。

表 2-1   **电 磁 波 的 波 长 范 围**

名称	波长范围	名称	波长范围
紫外线	10nm～0.4μm	超远红外	15～1000μm
可见光	0.4～0.76μm	毫米波	1～10mm
近红外	0.76～3.0μm	厘米波	1～10cm
中红外	3.0～6.0μm	分米波	10cm～1m
远红外	6.0～15μm		

表 2-2   **可 见 光 的 波 长 范 围**

色彩名称	波长范围	色彩名称	波长范围
紫	0.40～0.43μm	黄	0.56～0.59μm
蓝	0.43～0.47μm	橙	0.59～0.62μm
青	0.47～0.50μm	红	0.62～0.76μm
绿	0.50～0.56μm		

太阳光谱中能量密度的最大值是 0.475μm，由此向短波方向，各波长具有的能量急剧降低；向长波方向各波长具有的能量则缓慢减弱（见图 2-1）。在大气层上界，太阳辐射总能量中约有 7%的能量在紫外线以下的波长范围内；47%的能量在可见光的范围内；46%的能量在红外线波长范围内。

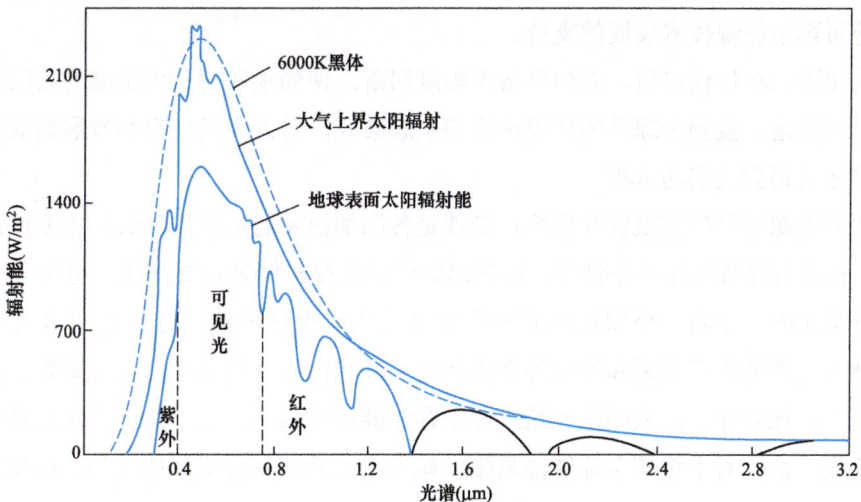

图 2-1   太阳光谱分布

二、太阳辐射量

单位时间内，太阳以辐射形式发射的能量称为太阳辐射功率或辐射通量，单位是瓦（W）。太阳投射到单位面积上的辐射功率（辐射通量）称为辐射度或辐照度，单位是瓦/平方米（W/m^2）。在一段时间内（如每小时、日、月、年等）太阳投射到单位面积上的辐射能量称为辐照量，单位是千瓦时/（平方米·日）（月、年）[$kW·h/(m^2·d)(m、y)$]。

太阳能以辐射的形式每秒钟向太空发射 $3.8×10^{23}kW$ 能量，这些能量以电磁波的形式穿越太空射向四面八方，地球只接受到太阳总辐射的二十二亿分之一，即有 $1.73×10^{14}kW$ 辐射能到达地球大气层上边缘，由于穿越大气层时的衰减，最后约 $8.5×10^{13}kW$ 辐射能到达地球表面，这个数量相当于全世界发电量的几十万倍。

第三节　太阳能资源分布

从世界范围来看，首次将太阳能作为一种能源动力加以利用距今为止有不到 400 年的历史。1615 年，法国工程师发明了第一台利用太阳能抽水的机器。这可能是世界上第一个以太阳能为动力的设备。

第二次世界大战后，开始出现太阳能学术组织。对太阳能真正意义上的大规模开发利用才渐渐开始。后来由于太阳能利用技术尚不成熟，投资大，效果不佳，发展再度停滞。

1973 年中东战争爆发，引发了"能源危机"。许多工业发达国家重新加强了对太阳能等可再生能源技术发展的支持。

20 世纪 80 年代以后，石油价格大幅度回落，使尚未取得重大进展的太阳能技术再度受到冷落。直到全球性的环境污染和生态破坏，对人类的生存和发展构成威胁，太阳能才又得到人们的重视。

化石能源储量的有限性和环境污染性是各国加快发展可再生能源的主要原因。据统计，在现有经济与作业条件下，根据已知储层的煤炭储量及储产比，2018 年全球煤炭可开采 135 年左右、全球石油可开采 55 年左右、全球天然气可开采 51 年左右。同时，化石能源的大量开采和使用还造成严重的环境污染，核电站的运行则始终伴随着安全隐患。比较而言，太阳能光伏发电不存在能源枯竭的问题，运行阶段没有排放，不产生副产品，对于缓解全球能源紧张，减少温室效应具有更好的效果。在化石能源加速枯竭的压力下，随着太阳能光伏发电技术不断成熟，其在各国能源结构中的比重将越来越大，光伏发电市场的发展前景良好。

第四节　太阳能利用的发展过程

一、全球太阳能分布

　　全球太阳能资源集中在赤道附近地区，纬度低、太阳直射多。其中，一些地区多为干旱、半干旱或沙漠地带，太阳散射少，因此太阳能资源极其丰富。根据国际太阳能热利用区域分类，全世界太阳能辐射强度和日照时间最佳的区域包括北非、中东地区、美国西南部和墨西哥、南欧、澳大利亚、南非、南美洲东、西海岸和中国西部地区等。

二、我国太阳能分布

　　我国陆地大部分处于北温带，太阳能资源十分丰富，每年陆地接收的太阳辐射总量约为 1.9×10^{16} kWh。全国各地年太阳辐射总量基本为 $3000 \sim 8500$ MJ/m^2，平均值超过 5000 MJ/m^2。而且大部分国土面积年日照时间都超过 2200h。太阳能资源分布，西部高于东部，而且基本上是南部低于北部（除西藏、新疆以外），与通常随纬度变化的规律并不一致。这主要是由大气云量以及山脉分布的影响造成的。

　　我国太阳能资源分布的主要特点有：太阳能的高值中心和低值中心都处在北纬 $22°\sim35°$。这一带，青藏高原是高值中心，四川盆地是低值中心；年太阳辐射总量，西部地区高于东部地区，而且除西藏和新疆两个自治区外，基本上是南部低于北部；由于南方多数地区云多雨多，在北纬 $30°\sim40°$ 地区，太阳能的分布情况与一般的太阳能随纬度而变化的规律相反，太阳能不是随着纬度的增加而减少，而是随着纬度的增加而增长。

　　我国陆地根据各地接受太阳总辐射量的多少，可将全国划分为五类地区。

　　Ⅰ类地区：年太阳辐射总量为 $6680 \sim 8400$ MJ/m^2，包括宁夏北部、甘肃北部、新疆东部、青海西部和西藏西部等地。西藏西部最为丰富，仅次于撒哈拉大沙漠，居世界第 2 位。

　　Ⅱ类地区：年太阳辐射总量为 $5850 \sim 6680$ MJ/m^2，包括河北西北部、山西北部、内蒙古南部、宁夏南部、甘肃中部、青海东部、西藏东南部和新疆南部等地区。

　　Ⅲ类地区：年太阳辐射总量为 $5000 \sim 5850$ MJ/m^2，主要包括山东、河南、河北东南部、山西南部、新疆北部、吉林、辽宁、云南、陕西北部、甘肃东南部、广东南部、福建南部、苏北、皖北、台湾西南部等地区。

　　Ⅳ类地区：年太阳辐射总量为 $4200 \sim 5000$ MJ/m^2，包括湖南、湖北、广西、江西、浙江、福建北部、广东北部、陕西南部、江苏北部、安徽南部以及黑龙江、台湾东北部等地区。

V类地区：年太阳辐射总量为3350~4200MJ/m²，主要包括四川、贵州两省。

前3类地区覆盖大面积国土，有利用太阳能的良好条件。第Ⅳ、V类地区太阳能资源较差，有的地方也有太阳能可开发利用，如表2-3所示。

表2-3   各类地区年辐射量

类别	资源带分类	年辐射量（MJ/m²）
I	资源丰富带	＞6680
Ⅱ	资源较丰富带	＞5850~6680
Ⅲ	资源一般带	＞5000~5850
Ⅳ/V	资源缺乏带	≤5000

第五节 太阳能利用的基本形式

太阳能利用的基本方式有三种，即太阳能热利用、太阳能热发电和太阳能光伏发电。另外，太阳能利用还有太阳能光化学利用、太阳能光生物利用等形式，目前尚未大规模应用。

一、太阳能热利用

太阳能热利用的基本原理是将太阳辐射能收集起来，通过与物质的相互作用转换成热能加以利用。目前，使用最多的太阳能收集装置主要有平板型集热器、真空管集热器和聚焦集热器三种。根据其所能达到的温度和用途的不同，太阳能热利用可分为低温利用（＜200℃）、中温利用（200~800℃）和高温利用（＞800℃）。目前低温利用主要有太阳能热水器、太阳能干燥器、太阳能蒸馏器、太阳房、太阳能温室、太阳能空调制冷系统等；中温利用主要有太阳灶，太阳能热发电聚光集热装置等；高温利用主要有高温太阳炉等。

二、太阳能热发电

太阳能热发电是先将太阳辐射能转换为热能，然后再按照某种发电方式将热能转换为电能的一种发电方式。

太阳能热发电技术可分为两大类型。一类是利用太阳热能直接发电，如利用半导体材料或金属材料的温差发电、真空器件中的热电子和热离子发电、碱金属的热电转换以及磁流体发电等。其特点是发电装置本体无活动部件。但它们目前的功率均很小，有的仍处于原理性试验阶段，尚未进入商业化应用。另一类是太阳能热动力发电，就是说，先把热能转换成机械能，再把机械能转换为电能。这种类型已达到实际应用的水平，美国、西班牙、以色列等国家和地区已建成具有一定规模的实用电站。通常所说的太阳能热发电即为这种类型的太阳能热动力发电系统。太阳能热发电是利用聚光集热器把太阳能聚集起来，将某种工质加热到数百摄氏度的高温，然后经过热交换器产生高温高压的过热蒸汽，驱动汽轮机并带动发电机发电。

亚洲首座太阳能热发电实验电站、我国首个塔式太阳能热发电电站——八达岭太阳能热发电实验电站，历经 6 年科研攻关和施工建设，于 2012 年 8 月在延庆建成，并成功发电。

三、太阳能光伏发电

太阳能光伏发电是利用半导体的光生伏打效应将太阳辐射能直接转换成电能，太阳能光伏发电的基本装置是太阳能电池。太阳能电池本身无法单独构成发电系统，还必须根据不同的发电系统配备不同的辅助设备。光伏发电系统可配以蓄电池而构成可以独立工作的发电系统，也可以不带蓄电池，直接将太阳电池发出的电力馈入电网，构成并网发电系统。

第三章

光 伏 发 电 系 统

通过太阳能电池将太阳辐射能转换为电能的发电系统称为太阳能光伏发电系统，也称太阳能电池发电系统。尽管太阳能光伏发电系统应用形式多种多样，从小到不足1W 的太阳能草坪灯，到几百千瓦甚至几千兆瓦的大型光伏发电站，但太阳能光伏发电系统的组成结构和工作原理却基本相同。

第一节　光伏发电系统的构成

光伏发电系统主要由光伏组件●、光伏逆变器、直流汇流箱、直流配电柜、交流汇流箱或配电柜、升压变压器、光伏支架以及一些测试、监控、防护等附属设施构成。部分系统还有储能蓄电池，光伏控制器等。

一、光伏组件

光伏组件也称光伏电池板，是光伏发电系统中实现光电转换的核心部件，也是光伏发电系统中价值最高的部分。其作用是将太阳光的辐射能量转换为直流电能，并通过光伏逆变器转换为交流电为用户供电或并网发电。当发电容量较大时，就需要用多块光伏组件串、并联后构成光伏方阵。目前应用的光伏组件主要分为晶硅组件和薄膜组件。晶硅组件分为单晶硅组件、多晶硅组件；薄膜组件包括非晶硅组件、微晶硅组件、铜铟镓硒（CIGS）组件和碲化镉（CdTe）组件等。

二、光伏逆变器

光伏逆变器的主要功能是把光伏组件输出的直流电能尽可能多地转换成交流电能，提供给电网或者用户使用。光伏逆变器按运行方式不同，可分为并网逆变器和离

● 　光伏组件（photovoltaic module）是指具有封装及内部联结的、单独提供直流电输出的、最小不可分割的太阳能电池组合装置，又称太阳能电池组件（solar cell module）。

网逆变器。并网逆变器用于并网运行的光伏发电系统；离网逆变器用于独立运行的光伏发电系统。由于在一定的工作条件下，光伏组件的功率输出将随着光伏组件两端输出电压的变化而变化，并且在某个电压值时组件的功率输出最大，因此逆变器一般都具有最大功率跟踪（maximum power point tracking，MPPT）功能，即逆变器能够调整组件两端的电压使得组件的功率输出最大。

三、直流汇流箱

直流汇流箱主要是用在几百千瓦以上的光伏发电系统中，其用途是把光伏组件方阵的多路直流输出电缆集中输入、分组连接到直流汇流箱中，并通过直流汇流箱中的光伏专用熔断器、直流断路器、电涌保护器及智能监控装置等的保护和检测后，汇流输出到光伏逆变器。直流汇流箱的使用，大大简化了光伏组件与逆变器之间的连线，提高了系统的可靠性与实用性，不仅使线路连接井然有序，而且便于分组检查和维护。当光伏方阵局部发生故障时，可以局部分离检修，不影响整体发电系统的连续工作，保证光伏发电系统发挥最大效能。

四、直流配电柜

大型光伏发电系统，除了采用多个直流汇流箱外，还需要若干个直流配电柜用于光伏发电系统中二、三级汇流。直流配电柜主要是将各个直流汇流箱输出的直流电缆接入后再次进行汇流，然后输出再与并网逆变器连接，有利于光伏发电系统的安装、操作和维护。

五、交流配电柜与汇流箱

交流配电柜是在光伏发电系统中连接在逆变器与交流负载或公共电网之间的电力设备，它的主要功能是对电能进行接收、调度、分配和计量，保证供电安全，显示各种电能参数和监测故障。交流汇流箱一般用在组串式逆变器系统中，主要作用是把多个逆变器输出的交流电经过二次集中汇流后送入交流配电柜中。

六、升压变压器

升压变压器在光伏发电系统中主要用于将逆变器输出的低压交流电（0.4～0.8kV）升压到与并网电压等级相同的中、高压电网中（如 10、35、110、220kV 等），通过高压并网实现电能的远距离传输。小型并网光伏发电系统基本是在用户侧直接并网，自发自用，余电直接馈入 0.4kV 低压电网，因此不需要升压环节。光伏发电系统用的升压变压器主要为单相或三相变压器，一般有干式和油浸式两种。

七、光伏支架

光伏发电系统中使用的光伏支架主要有固定倾角支架、倾角可调支架和自动跟踪支架。自动跟踪支架又分为单轴跟踪支架和双轴跟踪支架。其中，单轴跟踪支架又可以细分为平单轴跟踪、斜单轴跟踪和方位角单轴跟踪支架三种。目前，在分布式光伏发电系统中，以固定倾角支架和倾角可调支架的应用最为广泛。

八、光伏发电系统附属设施

光伏发电系统的附属设施包括系统运行的监控监测系统、防雷接地系统等。监控监测系统是全面监控光伏发电系统的运行状况，包括光伏组件的运行状况，逆变器的工作状态，光伏方阵的电压、电流数据，发电输出功率，电网电压频率以及太阳辐射数据等，并可以通过有线或无线网络的远程连接进行监控，通过计算机、手机等终端设备获得数据。

九、储能蓄电池

储能蓄电池主要用于离网光伏发电系统和带储能装置的并网光伏发电系统中，其作用主要是存储光伏电池发出的电能，并可随时向负载供电。光伏发电系统对蓄电池的基本要求是：自放电率低，使用寿命长，充电效率高，深放电能力强，工作温度范围宽，少维护或免维护以及价格低廉等。目前，光伏发电系统配套使用的主要是免维护铅酸电池、铅碳电池和磷酸铁锂电池等。当有大容量电能存储时，就需要将多只蓄电池串、并联起来构成蓄电池组。

十、光伏控制器

光伏控制器是带储能装置的光伏发电系统的主要部件，其作用是控制整个系统的工作状态、保护蓄电池以及防止蓄电池过充电、过放电、系统短路、系统极性反接和夜间防止反充电等。在温差较大的地方，控制器还具有温度补偿的功能。另外，光伏控制器还有光控开关、时控开关等工作模式，以及充电状态、用电状态及蓄电池电量等各种工作状态的显示功能。

第二节　光伏发电系统分类及工作原理

按照光伏发电系统的运行模式，大体分为独立光伏发电系统和并网光伏发电系统两大类，如图 3-1 所示。

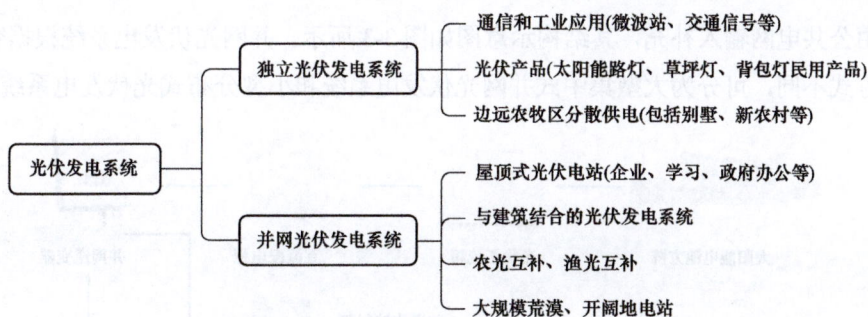

图 3-1　光伏发电系统按运行模式分类

一、独立光伏发电系统

独立光伏发电系统也称离网光伏发电系统，是没有与公共电网连接的光伏发电系统。主要应用在远离电网的偏远农村和山区、海上岛屿、城市街灯照明、广告牌、通信设备等，其主要目的是解决无电问题。它由光伏阵列、储能单元、电力电子变换器以及控制单元组成，其结构示意图如图 3-2 所示。光伏阵列将接收到的太阳能转变成直流电，在控制单元的作用下，通过电力电子变换器将该直流电转换成负载所需的直流电或交流电。由于光伏发电属于间歇式能源，容易受到天气和周围环境的影响，特别在晚上、阴雨天，光伏阵列几乎没有能量输出，所以储能单元必不可少。光伏阵列输出能量多于负载需求时将剩余电能充入储能单元；否则，根据储能单元的储能状态向负载放电。目前，储能单元主要有蓄电池、锂电池、飞轮、超导、超级电容器、压缩空气、蓄水储能等。其中，最常用的是价格相对便宜的蓄电池储能单元。控制单元主要完成光伏阵列最大功率点跟踪、充放电控制及电力变换器的输出电压控制等。

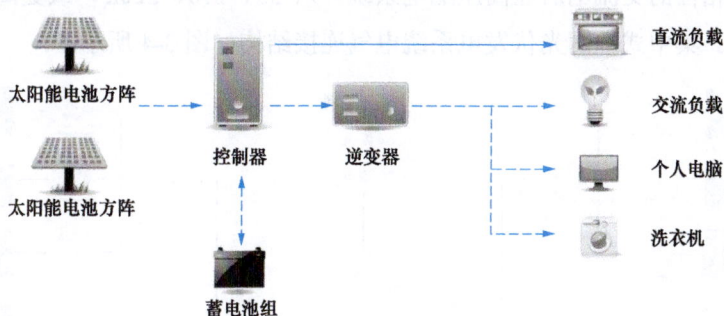

图 3-2　典型的独立光伏发电系统

二、并网光伏发电系统

并网光伏发电系统适用于当地有公共电网的区域，其可将发出的电力直接送入公共电网，也可以就近送入用户的供用电系统，由用户部分或全部直接消纳，用电不足的部分可由公共电网输入补充，其结构示意图如图 3-3 所示。并网光伏发电系统根据容量和接入方式不同，可分为大型集中式并网光伏发电系统和小型分布式光伏发电系统两种。

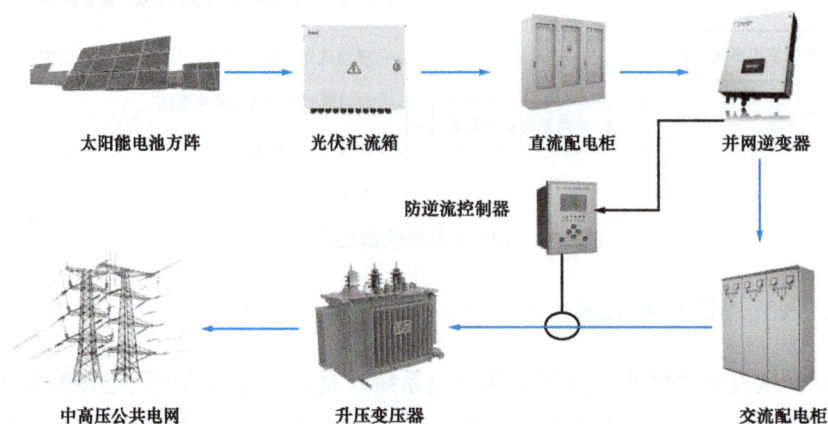

太阳能电池方阵　　光伏汇流箱　　直流配电柜　　并网逆变器

防逆流控制器

中高压公共电网　　升压变压器　　交流配电柜

图 3-3　典型的并网光伏发电系统

（一）集中式并网光伏发电系统

1. 集中式并网光伏发电系统的定义

集中式并网光伏电站是利用荒漠、荒山、荒坡、盐碱地、水面等集中建设的大型并网光伏电站。由于没有当地负荷或占比极小，其所发电能几乎全部送到电网，经高压输配电系统进行远距离传输并供给远距离负荷。

2. 集中式并网光伏发电系统的工作原理

该类光伏电站将太阳能通过光伏组件转化为直流电，再通过直流汇流箱和直流配电柜将直流电送入集中式并网逆变器，集中式并网逆变器再将直流电能转化为与电网同频率、同相位的交流电后经高压配电系统并入 35、110、220kV 或更高电压等级的高压输电网。集中式并网光伏发电系统电气连接结构如图 3-4 所示。

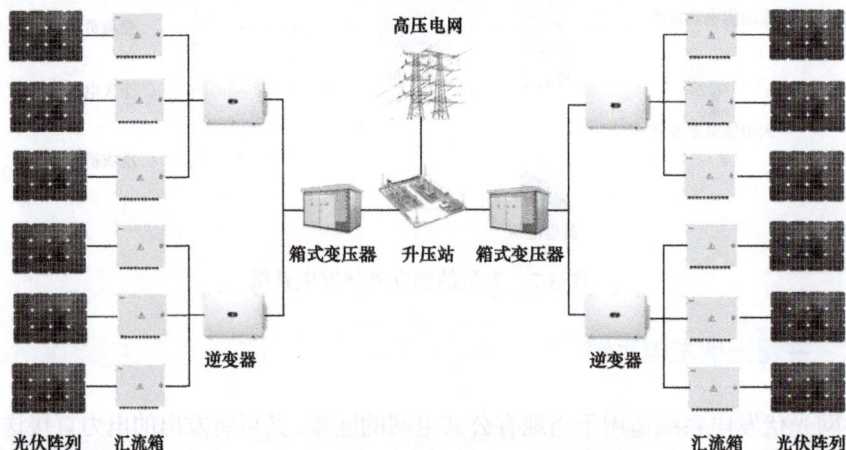

高压电网

箱式变压器　升压站　箱式变压器

逆变器　　　　　　　　　　　逆变器

光伏阵列　汇流箱　　　　　　　　　汇流箱　光伏阵列

图 3-4　集中式并网光伏发电系统电气连接结构

3. 集中式并网光伏发电系统的优、缺点

（1）集中式并网光伏发电系统的优点。

1）由于选址灵活，光伏电站稳定性有所增加，并且充分利用太阳辐射与用电负荷的正调峰特性，起到削峰的作用。

2）运行方式较为灵活，可以更方便地进行无功和电压控制，参加电网频率调节也更容易实现。

3）环境适应能力强，不需要水源、燃煤运输等原料保障，运行成本低，便于集中管理，受到空间的限制小，很容易实现扩容。

（2）集中式并网光伏发电系统的缺点。

1）需要依赖远距离输电线路送电入网，同时自身也是电网的一个较大的干扰源，输电线路的损耗、电压跌落、无功补偿等问题会更加突出。

2）大型地面并网光伏电站由于远离负荷中心，所发电能不能就地消纳，在用电低谷时段，会导致弃光弃电现象。

3）前期、并网手续复杂，建设周期相对较长。

4）为保证电网安全，大型地面并网光伏电站接入公共电网需要有低电压穿越等技术要求，而这一技术往往与孤岛保护存在冲突。

（二）分布式光伏发电系统

1. 分布式光伏发电系统的定义

分布式光伏发电系统主要是指在用户的场地或场地附近建设和并网运行，不以大规模远距离输送为目的，所生产的电力以用户自用及就近利用为主，多余电量上网，支持现有电网运行，且以配电网系统平衡调节为特征的光伏发电设施。分布式光伏发电是光伏发电系统中的重要组成部分，也是适合我国国情的解决能源危机和环境污染、优化能源结构、保障能源安全、改善生态环境、转变城乡用能方式的重要途径。我国是太阳能资源比较丰富的国家，分布式光伏发电遵循因地制宜、清洁、高效、分散布局、就近利用的原则，可充分利用当地太阳能资源，替代和减少化石能源消费，是一种新型的、具有广阔发展前景的发电和能源综合利用方式。分布式光伏发电应用范围广，在城乡建筑、工业、农业、交通、公共设施等领域有着广阔的应用前景。

分布式光伏发电系统一般接入 10kV 及以下电网，单个并网点总装机容量不超过 6MW。以 220V 电压等级接入的系统，单个并网点总装机容量不超过 8kW。2014 年国家能源局又对分布式光伏发电的定义扩展为：利用建筑屋顶及附属场地建设的分布式光伏发电项目，在项目备案时可选择"自发自用、余电上网"或"全额上网"中的一种模式。在地面或利用农业大棚等无电力消费设施建设、以 35kV 及以下电压等级接入电网（东北地区 66kV 及以下）、单个项目容量不超过 20MW 且所发电量主要在并网点变电台区消纳的光伏电站项目，可纳入分布式光伏发电规模指标管理。

根据以上关于分布式光伏发电系统定义，体现为分布式并网光伏发电系统的以下4个特征。特征一：位于用户附近；特征二：10kV 及以下接入，对于渔光互补/农光互补为 35kV（66kV）及以下接入；特征三：接入配电网并在当地消纳；特征四：单点容量不超过 6MW（多点接入以最大为准），渔光互补/农光互补单点接入容量不超过 20MW。

2. 分布式光伏发电系统工作原理

以家用屋顶分布式光伏发电系统为例（其电气连接图见图 3-5），安装在屋顶的光伏组件将太阳能转化为直流电能，然后再通过并网逆变器将直流电转换为与电网同电压同频率的交流电供给用户直接使用，多余电能输送至电网，并通过电能表计量进行电量的结算。当夜间或阴雨天气导致光伏发电能力无法满足用户负载需求时，由电网反向输送电能，确保用户电能供应充足。

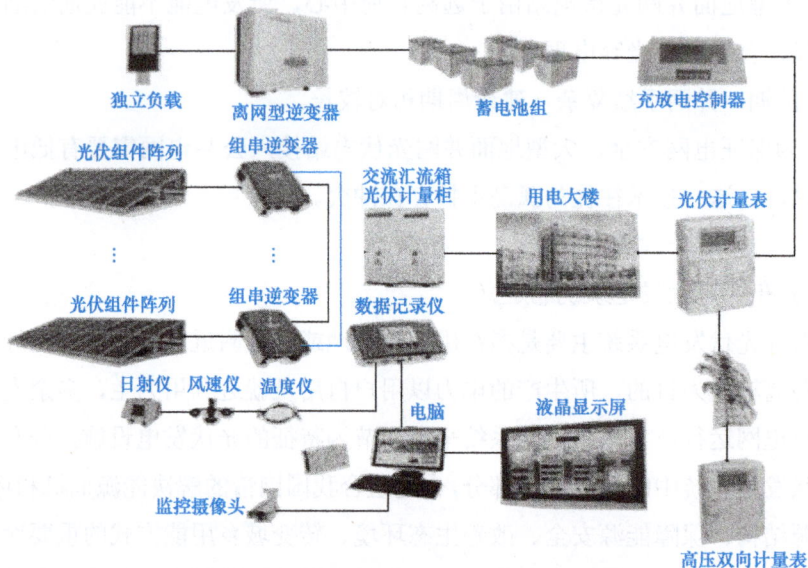

图 3-5　家用屋顶分布式光伏系统电气连接图

3. 分布式光伏发电系统优、缺点

（1）分布式光伏发电系统的优点。

1）处于用户侧，发电供给当地负荷，可以有效减少对电网供电的依赖，减少线路损耗。

2）充分利用建筑物表面，可以将太阳能板同时作为建筑材料，有效减少光伏电站的占地面积。

3）拥有与智能电网和微电网的有效接口，运行灵活，适当条件下可以脱离电网独立运行。

4）分布式并网光伏电站比集中式并网光伏电站节省系统并网接入费用、升压站建设费用、公共电网改造费用、前期申请规划费用等。

5）分布式自发自用，余电上网，能够确保电站的足额发电，不存在弃光风险。

（2）分布式光伏发电系统缺点。

1）多建设在城镇建筑物屋顶，一般为固定安装，倾角、朝向、间距时常受限。

2）电压和无功调节困难，大容量光伏接入后，功率因数的控制存在技术性难题，短路电流也将增大。

3）需要使用配电网级的能量管理系统，在大规模光伏接入的情况下进行负载的统一管理，对二次设备和通信提出了新的要求，增加了系统的复杂性。

第三节　光伏组件及其材料工艺技术

光伏组件产品从问世到现在，经历多年发展，从不到 4%的光电转换效率，到现在电池的商用转化效率已经达到26%以上。随着技术的不断进步，电池转化效率、组件功率将不断提升，以降低光伏发电成本，让清洁的光伏发电成为能源的主要载体，成为推动世界经济发展的主要动力。

一、新型光伏电池技术

当前太阳能电池主要以 PERC 技术为主。从材料、结构等多方面发展，来提升太阳能电池的转换效率。随着 PERC 技术的成熟与不断挖潜，行业中开始寻求下一代技术。目前的主流技术有 TOPCon、HJT 和 IBC 技术等。

图 3-6 为太阳能电池演化路线，其中 IBC 结构可以与 PERC、TOPCon、HJT、钙钛矿等多种技术叠加，有望成为新一代的平台型技术。其与 TOPCon 技术的叠加被称为"TBC"电池，与 HJT 技术的叠加则被称为"HBC"电池，与钙钛矿叠加的是叠层电池。这三种电池都有望成为未来可大规模商用新技术。

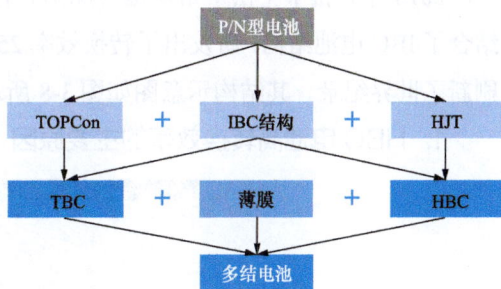

图 3-6　太阳能电池演化路线

（一）TBC 新型电池

TBC（或称 POLO-IBC）电池集齐了 IBC 与 TOPCon 的优势，其结构示意图如图 3-7 所示（P 型），但同时也面临二者各自的生产工艺问题。相较于 TOPCon，TBC 所增加的工艺主要是背面电极的相关工艺，包括掩膜、激光开槽、刻蚀、PN 区的制备。与 TOPCon 类似，TBC 也面临着良品率、成本、技术路线不确定等问题。

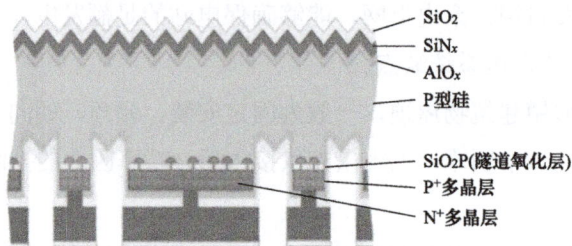

图 3-7　P 型 TBC 电池结构示意图

TBC 电池工艺特点：掩膜和炉管扩散制备背面 PN 区，或掩膜和化学气相沉积（chemical vapor deposition，CVD）原位制备背面 PN 区；PN 区与基区之间沉积一层隧穿氧化层；P 区、N 区隔离，分别跟金属电极接触；单面丝网印刷，无主栅或多主栅、兼容部分 TOPCon 工序；高温制程，工艺接近成熟、成本低；量产转换效率为 24.5%～25.5%。

由于 TOPCon 电池工艺已成熟，吸收了 TOPCon 电池关键技术工艺的 TBC 电池，成为性价比最高的 IBC 电池工艺路线。目前国内尝试量产 IBC 电池的企业，纷纷向该技术路线转型。例如，隆基（隆基绿能科技股份有限公司）推动的复合钝化背接触电池（hybrid passivated back-contact cell，HPBC），就是一种 TBC 电池技术的变形。

（二）HBC 新型电池

2014 年，松下［松下蓄电池（沈阳）有限公司］在其 HIT（即 HJT）电池基础上，结合了 IBC 电池结构，研发出了转换效率 25.6% 的 HBC 电池（异质结背接触晶硅电池），刷新了世界纪录。其结构示意图如图 3-8 所示。

1. HBC 电池高转换效率的主要原因

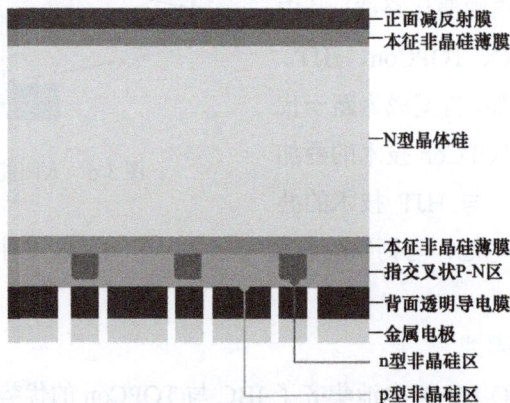

图 3-8　N 型 HBC 电池结构示意图

（1）高 V_{oc}（开路电压）。HBC 电池采用氢化非晶硅（a-Si：H）作为双面钝化层，在背面形成局部 a-Si/c-Si（非晶硅/晶体硅）异质结构，基于高质量的非晶硅钝化，获得高 V_{oc}。其充分吸收了 HJT 电池非晶硅钝化技术的优点。

（2）高 I_{sc}（短路电流）。HBC 电池采用了 IBC 电池结构，前表面无遮光损失和减少了电阻损失，从而拥有较高的 I_{sc}。其充分吸收了 IBC 电池结构的优点。

2．HBC 电池工艺特点

HBC 电池工艺特点，主要有：掩模和 CVD 原位制备背面 PN 区；电池正面沉积本征非晶硅钝化层；PN 区与基区之间沉积本征非晶硅钝化层；PN 区与金属电极之间沉积 TCO 层；单面丝网印刷，无主栅或多主栅；兼容 HJT 设备和工艺；低温制程，工艺接近成熟、成本高。

HBC 电池在继承了 IBC 和 HJT 两者优点的同时，也保留了两者各自生产工艺的难点：

（1）设备昂贵，工序长，投资成本高；

（2）需要掩模、开槽、掺杂和清洗才能完成制备背面 PN 区，制程复杂；

（3）本征和掺杂非晶硅镀膜工艺，工艺窗口窄，对工艺清洁度要求极高；

（4）正负电极都处于背面，电极印刷和电极隔离工艺对设备精度要求高；

（5）低温银浆导电性弱，需要跟透明导电氧化物（transparent conductive oxide，TCO）配合良好，壁垒高供给少；

（6）低温电池制程，客户端需要低温组件封装工艺配合。

3．降低 HBC 电池生产成本的工艺方向

当前若 HBC 电池非硅成本降低到 0.3 元/W 以下，或非硅成本比 PERC 电池仅高出 0.15 元/W 以内，或生产成本比 PERC 电池低，HBC 电池将迎来极佳的发展期。降低 HBC 电池生产成本的工艺方向有：

（1）简化工艺，缩短制程，减少工艺设备；

（2）选用更低成本的非晶硅沉积设备；

（3）选用更低成本的 TCO 膜和靶材；

（4）选用更低成本的金属电极工艺。

（三）钙钛矿叠层电池

钙钛矿太阳能电池（perovskite solar cell，PSC）是利用钙钛矿型的有机金属卤化物半导体作为吸光材料的太阳能电池，卤素与铅原子形成八面体结构，原子结构如图 3-9 所示。它是一种分子通式为 ABX3 的晶体材料，呈八面体形状，是一种具有很强光-电转换效率的材料结构。由于其光吸收系数高、载流子迁移率大、合成方法简单等优点，在光伏、LED 等领域应用广泛。

为了让钙钛矿电池获得更高的光电转换效率，基于钙钛矿的叠层电池是突破单结效率极限的最有效途径。常见的钙钛矿电池包括 2 端叠层及 4 端叠层。2 端叠层又称集成一体化法，主要原理是先制备出一个完整硅太阳能电池，再在硅太阳能电池上生长钙钛矿电池，并使用中间层连接两个子电池，顶层和底层各引出电池，实现电池叠层。中间层一般为隧道层或者透明导电层，结构如图 3-10 所示。

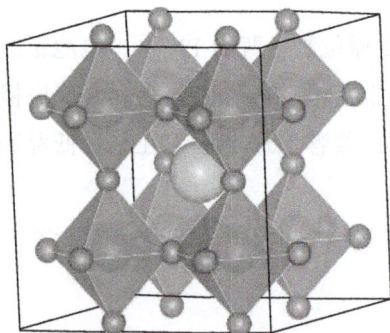

图 3-9　钙钛矿电池原子结构

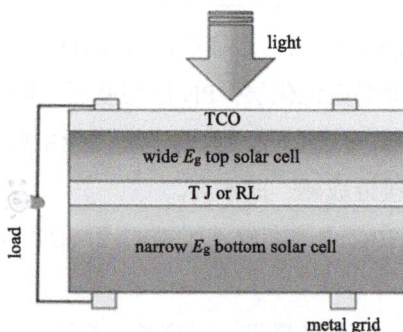

图 3-10　2 端叠层电池

对于晶硅电池而言，HJT 电池使用非晶硅层进行钝化，有效地提升了电池的开压，而使用 HJT 进行两端叠层，由于 HJT 电池的 TCO 和钙钛矿电池的电极重合，集成更为简单。HJT 叠层电池的结构图如图 3-11 所示。

4 端堆叠结构又称机械堆叠结构，与 2 端堆叠电池结构不同，其顶电池与底电池均单独制备，其中大带隙的钙钛矿电池为顶电池，小带隙的硅电池为底电池，然后把钙钛矿电池直接堆叠在硅电池上面。4 端叠层不限定底电池的材料，4 端叠层电池不仅可以灵活地选择禁带宽度，分配光吸收，而且不需要电流和电压匹配，较容易实现。相较于 2 端叠层，4 端叠层需要 4 个电极，其中 3 个电极为透明电极，并且顶电池需要具有大带隙透明电极，尤其是对红外光具有高透过性。4 端叠层电池示意图如图 3-12 所示。

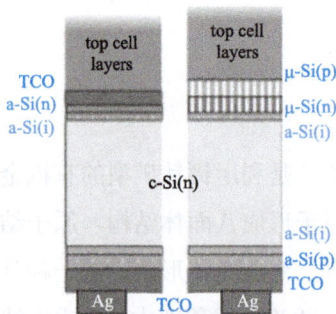

图 3-11　HJT 叠层电池

图 3-12　4 端叠层电池

二、新型组件材料工艺技术

光伏电池最终是通过封装成为组件后实际应用。不同材料或组件封装工艺，同样影响组件的性能及成本。下面列出 3 种在组件封装材料或工艺上的新兴技术。

（一）硅片新技术

当前市场硅片形成了 166、182、210mm 三个主流尺寸并存的局面，后续尺寸进一步向 182mm 和 210mm 集中。除了硅片面积尺寸外，后续硅片主要向薄片化发展，目前主流厚度在 165μm，后续硅片厚度进一步降低到 155μm。

硅片厚度减薄，一是硅料的降本需求，二是工艺提升后的技术实质性。目前，普通高碳钢材质的金刚线线径已逐渐接近极限，进一步细线化，在破断力和强度方面均面临巨大挑战。钨丝金刚线可以实现更低的线径，减少切割过程的硅料损失，钨丝金刚线当前产能供应还相对有限，后续随着应用加大、成本降低，对应市场占有率进一步提升。金刚线母线线径近年变化及实物图见图 3-13 和图 3-14。

图 3-13　金刚线母线线径近年变化（μm）

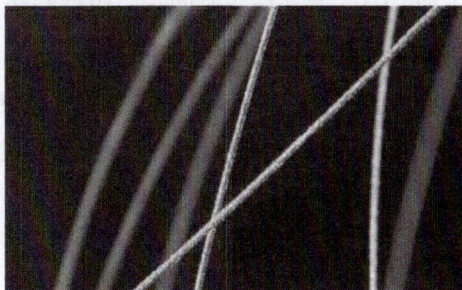

图 3-14　钨丝金刚线母线实物图

（二）新型焊带技术

焊带技术变化，与电池片主栅线尺寸变化相关联。目前，市面上电池片栅线主要以多主栅（multi-busbar，MBB）为主，通常指主栅线在 9 条及以上。由于主栅线数量增加能够使得栅线做得更细，从而减少了电池表面的遮挡；同时缩短了电流在细栅上传导距离，可有效降低组件的串联电阻；此外因主栅线及细栅线宽度减少，还能够显著降低银浆消耗量。多主栅技术在电池端转换效率可提升大约 0.2%，组件端功率可提升 5W 以上的功率。

多主栅技术拥有较强兼容性，可叠加 PERC、TOPCon、HJT、双面、单玻、双玻等多项主流技术。同时，多主栅技术升级主要体现为组件串焊机设备的更迭，主要需要丝印设备网版的更换调节，以及焊接设备的精准度提升。

后续电池主栅会向 SMBB（Super MBB）发展，采用更多主栅线。SMBB 技术通过降低主栅 PAD 点大小的方式，使得焊带和细栅直接汇联以进一步降低主栅宽度，从而降低银耗量，对于用银成本较高的 TOPCon 和 HJT 电池，具有明显的应用价值。

SMBB 的主栅数量为 15～25，与 MBB 技术类似，SMBB 对于电池片丝网印刷设备变化相对较小，该技术的应用依赖设备精度的提高以及超细焊丝的应用。SMBB 电池片外观如图 3-15 所示。

图 3-15　SMBB 电池片

（三）共挤 POE 封装材料的应用技术

目前封装材料中，单面组件以乙烯-醋酸乙烯共聚物（ethylene vinyl acetate copolymer，EVA）为主，双面组件以聚乙烯辛烯共弹性体（polyolyaltha elastomer，POE）材料为主。POE 的应用是为了满足 PERC 双面组件抗潜在电势诱导衰减（potential induced degradation，PID）需求，其高的电阻率，避免阳离子经过玻璃穿透 POE 到达电池片区域，对电池片造成侵蚀。但是 POE 的热熔性及流动性不如 EVA，存在层压时间长、组件制造良品率较低的问题。

共挤型 POE 把 POE 和 EVA 共挤成型，又称 EPE，胶膜既具有高体电阻抗 PID 的性能，又保留了 EVA 材料的层压工艺便利性和高粘结性，如图 3-16 所示。后续随着双面组件产品用量持续增大，对 POE 的需求也同步加大，共挤型 POE 也会有更大的应用空间。

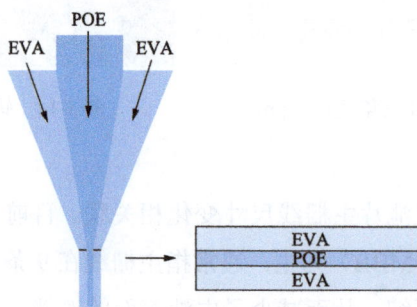

图 3-16　共挤型 POE 原理图

第四节　光伏发电的系统应用技术

一、地面光伏系统

（一）概述

为了应对能源短缺及环境污染等问题，世界范围内的能源转型正在进行，期望到 2050 年实现碳的净零排放（2050 net-zero）。截至 2021 年 4 月，80 多个国家目前已按照《联合国气候变化框架公约》提交了国家自主贡献报告。国际能源署 2021 年 5 月发布《Net Zero by 2050: A Roadmap for the Global Energy Sector》报告,指出要实现 2050 年全球净零排放,2030 年光伏及风力发电新增装机容量将为 2020 年新增装机容量的 4 倍。在此背景下可以预见,作为能源系统转型的主要途径之一,新能源成为主力能源将持续发展。

(二)技术展望

"碳中和"已经在全球范围内达成最广泛的共识,已有 140 多个国家和地区宣布了碳中和目标。智能化、低碳化是未来两大确定性发展趋势。智能化需要数字化技术,低碳化离不开电力电子技术,全球能源正在进入数字能源时代,数字技术的加持让能源变得更加智能。以下三方面为光伏电站当前以及未来演进的先进技术。

1. 智能 IV 诊断技术

目前,很多大型的光伏电站建在比较偏僻的地区。按目前的组件效率和系统安装形式,单体几百兆瓦的电站占地面积要以平方千米计算,组件出现问题时,依赖人工排查已远远不能满足需求,对组件问题智能化、自动化识别的需求逐渐凸显。如何便捷高效地发现组串故障,并及时针对性消除,保障电站发电量,是光伏电站运维的重要发展方向之一。与传统 IV 诊断相比,智能 IV 在线诊断功能实现了大型电站也能够进行工业测试级的组串特性与健康检查,快速定位及恢复问题,避免故障扩大、提升发电量、提高电站收益。

(1)智能 IV 诊断技术原理。对光伏发电而言,组件、组串、方阵理想的 IV 输出等同于理想的发电状态。各种异常运行环境和电气设备(含连接)问题都会导致 IV 输出变化。图 3-17 为典型组串 IV 异常表象与致因对应关系图例。各类异常运行条件、系统

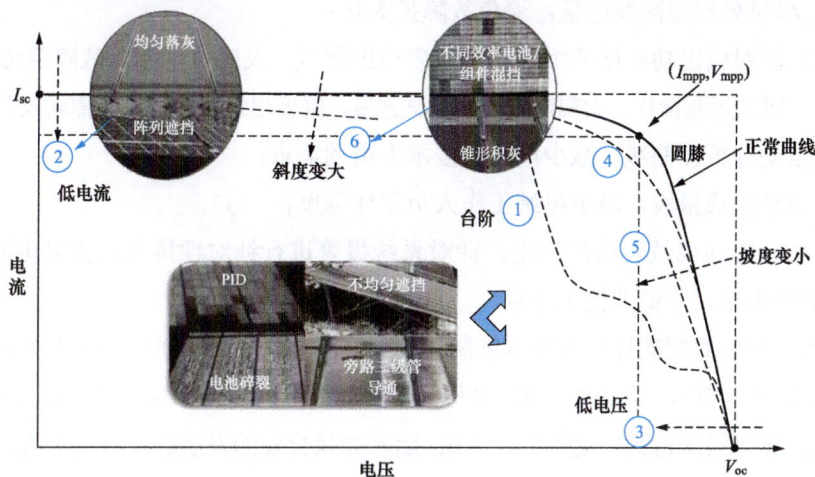

图 3-17 典型组串 IV 异常表象与致因对应关系图例

（含设备）故障与组串Ⅳ输出变化有较强的对应关系。也就是说，理论上可以通过组串Ⅳ监测结果，分析判断系统运行中存在的问题。

逆变器最大功率跟踪实现方式是在其设定电压范围内连续测量方阵输出电流、电压，通过计算比较来确定最大功率点。只要扩大扫描范围，即可实现接近全范围的Ⅳ扫描（方阵或组串级）。因此，充分利用组串式逆变器采集的组串电流及电压数据，结合大数据挖掘及AI识别算法，来确认光伏组串的故障类型。通过数据采集器将Ⅳ扫描指令下发给逆变器，逆变器完成组串完整的Ⅳ曲线数据采集后，上传到管理系统，管理系统内置故障诊断及识别算法，自动生成故障诊断报告。

（2）智能Ⅳ诊断技术难点。对大型电站，组串分布广，电性能数据容易受到光照、温度、湿度等环境条件及设备和系统形式的影响。如何快速、准确地获取组串电性能数据，并准确地识别组串故障，是Ⅳ诊断的难点。

1）在组串Ⅳ数据获取方面，为降低环境因素对组串数据采集的影响，保证采集数据的可比性，逆变器可实现同步扫描，其电流及电压检测精度达到0.5%，通过内置曲线采集算法，降低扫描过程中环境因素的影响。

2）在故障识别算法方面，深入理解组件故障及失效机理的基础上，基于当前规模应用数据，集成大数据挖掘、AI识别算法、自学习等技术，提高故障检测的准确性及重现性。

（3）智能Ⅳ诊断技术应用价值。智能Ⅳ在线诊断功能，实现了大型电站工业测试组串特性与健康检查，大大方便了运维工作，及时发现故障组串，避免故障扩大化。智能Ⅳ诊断技术具有灵活、智能、高效等特点。

1）可通过定期年检，对电站进行全范围扫描，无遗漏，及时发现存在故障隐患的组串，尽早处理提高发电量，避免故障扩大化；

2）可针对输出功率低的组串不定期启动Ⅳ测试，及时发现预防故障隐患；

3）一键式远程操作，大幅降低电站测试强度，降低电站对测试人员需求及测试成本；

4）自动分析Ⅳ曲线，减少电站对技术人员的需求；

5）自动生成报表，减少电站工作人员工作强度；

6）结合Ⅳ曲线故障检测结果，针对系统报警进行针对性排查，提高电站巡检效率和故障检出率，降低巡检工作量。

目前，已针对智能Ⅳ诊断技术编制 CGC/GF 180：2020《光伏组串Ⅳ扫描与智能诊断评价技术规范》，行业内主流厂家均具备智能Ⅳ诊断功能，且头部企业具备"L4"等级认证，该项技术得到广泛推广及应用。随着光伏行业的发展以及新技术的演进，5G、云、物联网等新技术均会在光伏电站中融合应用，未来的光伏电站将会向智能化演进，设备间互联互感，系统自主协同优化，全面提升发电效率以及重构运维方式。

2. 智能组串分断技术

智能组串分断系统主要由逆变器检测与逻辑判断系统、脱扣控制系统、可脱扣直流开关系统构成（见图3-18）。

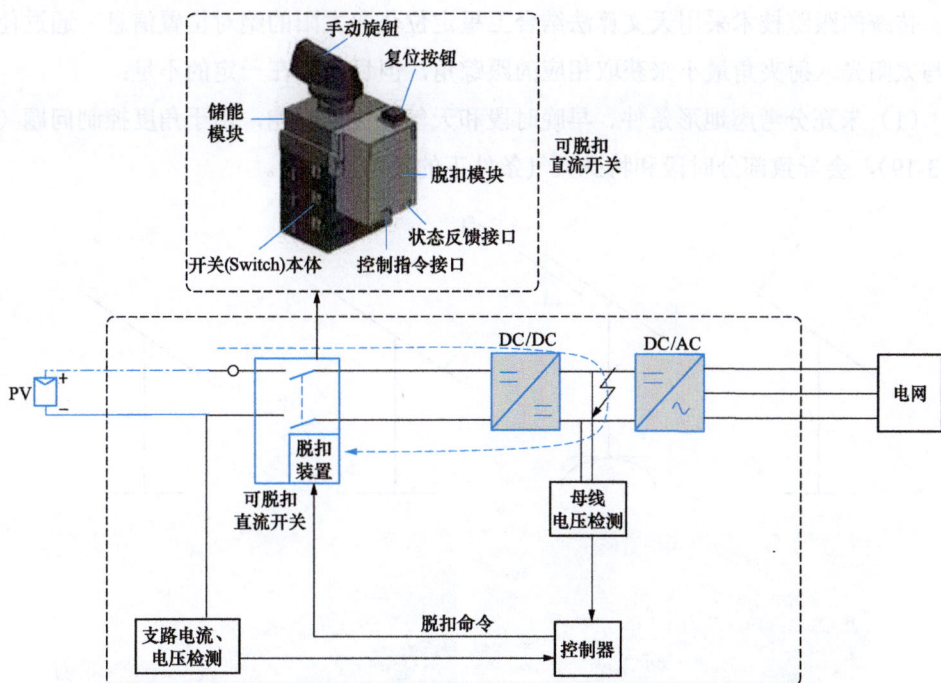

图 3-18　智能组串分断系统框图

近年来，光伏组件呈现大功率、大电流趋势，并逐渐成为行业主流组件。与光伏组件类似，逆变器的功率等级也越来越大，175kW 及以上的组串式逆变器已经成为地面电站的主流。但是随着逆变器功率密度的增加，电流反灌时的能量也愈发增大，进而导致组件—线缆—逆变器整个电站系统的安全风险激增。因此对光伏发电直流侧的电气安全防控提出了更高的要求，为解决电站直流侧安全，可脱扣直流开关系统在传统开关基础上，增加了储能模块、控制指令接口、状态反馈接口、复位按钮装置。

智能组串分断系统，可精确检测故障，15ms 快速分断直流系统故障，保护电站安全；与传统熔丝方案相比，采用智能组串分断保护技术，无须频繁更换熔丝。同时，电子式监控可以有效阻止在直流母线短路、设备内部短路故障时直流组件能量向母线短路点/设备内部持续能量注入，避免故障扩散、极大降低火灾发生概率，实现从被动安全走向主动安全。

3. 智能跟踪算法技术

持续提高光伏发电系统效率是行业的不懈追求，其中，设备端以提高组件光电转换效率及降低其他设备的能量损耗为主攻方向。系统端以提高组件斜面接收辐射量及各类效率损失为主要目标。

近些年，设备端提效成果显著，但空间在收窄，业界已开始将提效重点转移到系统端，以提高组件面接收辐射量为目标的各类技术应用比例在加大，特别是跟踪技术。

传统的跟踪技术采用天文算法结合卫星定位获取太阳的绝对位置信息，通过使组件与太阳光入射夹角最小来获取相应的跟踪角，但目前存在一定的不足：

（1）未充分考虑地形条件、早晚时段和天气变化的影响，由于角度控制问题（见图 3-19），会导致部分时段和特殊天气条件下的发电量损失。

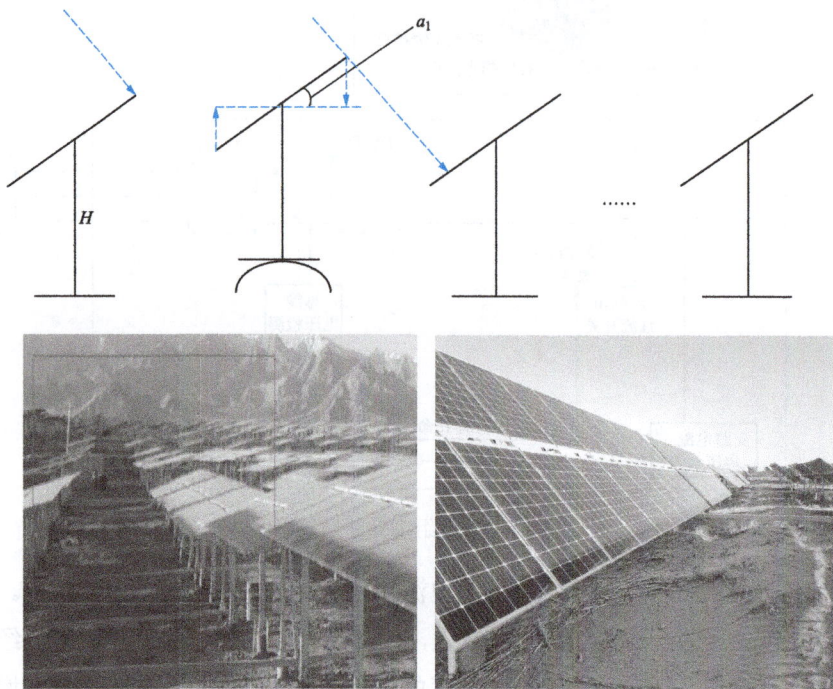

图 3-19　特殊地段和早晚时段阵列间遮挡示例

（2）仅考虑了组件正面的直射辐射，对于散射辐射占比较大的阴雨天及背面也可以接收辐射的双面组件并不适用，无法使得组件时刻处于最佳跟踪角，损失一定的发电量。

（3）由于支架角度控制相对独立，未与组串或控制单元的IV变化实现联动，无法实现精细调节或精准控制。

随着平准化度电成本（levelized cost of energy，LCOE）的不断下降以及跟踪支架的性价比的提高，包括跟踪与双面结合发电形式的应用比例会逐步提高，针对跟踪支架应用中存在的问题，采用大数据及 AI 技术，逆变器与支架控制联动寻优，进一步提高跟踪支架的增发效果，已成为跟踪技术的发展方向之一。

针对上述场景，华为和行业联合创新研究了逆变器与跟踪支架智能联控技术，将

AI技术落实到解决方案中，通过逆变器和跟踪支架控制器的协同工作，对功率进行闭环控制，控制组件到更佳角度。逆变器通过"感知"外界的辐照、温度、风速等因素，结合精准的双面组件算法和百瓦级的大数据平台分析，主动分析识别出每一天最佳的反跟踪角度，完全不用依赖于调试工程的个人经验，以实现跟踪支架控制、供电、通信一体化融合，节省投资成本，实现发电量最大化，提升电站收益。目前，该项技术已经在国内部分电站进行应用，相较之前发电量可提升1%+，其发电量提升水平达到预期效果。

二、工商业分布式光伏系统

（一）概述

工商业分布式光伏系统是分布式光伏系统的重要组成部分之一。我国一般定义工商业分布式光伏发电项目为就地开发、就近利用且单点并网装机容量小于6MW的户用光伏以外的各类分布式光伏发电项目。

（二）技术展望

随着要求工商业厂房屋顶安装光伏发电比例不低于30%的"整县推进"政策的出台，我国工商业分布式光伏将迎来一波快速发展期，未来，工商屋顶光伏势必深化"光伏+储能"的发展模式。探索新型的商业模式是未来重要研究方向之一，同时还可以结合光伏建筑一体化（building integrated photovoltaic，BIPV）等创新技术，以及能源互联网等创新理念促进工商业分布式光伏健康、有序发展。另外，分散安装的工商业厂房屋顶光伏系统对系统运维也提出了新的要求，未来可研究集成物联网技术、人工智能及大数据分析技术等的智能运维系统，实现分散屋顶的集中运营运维管理。

2021年1月18日，国务院下发《"十四五"现代综合交通运输体系发展规划》，鼓励在交通枢纽场站以及公路、铁路等沿线合理布局光伏发电设施，让交通更加环保，出行更加低碳。未来光伏在各类交通枢纽（如机场、高铁/火车站、各类轨道交通站等），以及各类交通基础设施（如加油/加气站、车棚、路灯杆等）的应用值得继续研究和探索。

安全是保证电站长期可靠运行的基础，分布式光伏多建于电力用户侧，处于工业或居民区，对安全方面的要求较高。利用智能化手段，提高电站本质安全水平，避免各类财产损失和人身伤害事故的发生，为实现分布式光伏可持续发展提供基础保障。图3-20为典型小型分布式光伏发电系统电气结构图。在图3-20所示电气结构中，从电气安全角度考虑，交流部分的防控重点是供电质量和安全，直流部分的防控重点是电气火灾、触电和雷击事故。现行标准和技术，交流部分的标准和安全防范技术较为健全和成熟，直流部分还有较大的改进和提高空间。近几年，IEC和欧美国家也将标准研制的重点放在这方面。

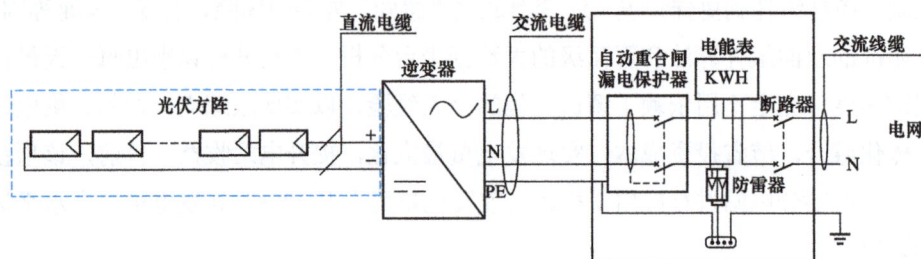

图 3-20 典型小型分布式光伏电气结构示意图

目前，光伏方阵电气安全设计主要依据 IEC 62548《光伏方阵设计要求》及相关标准。其主要从电击保护、过电流保护、方阵接地绝缘电阻及残余电流监测和响应、雷击和过电压保护、电气装置选择和安装等方面规定了设计要求。透过事故案例，分析现行标准，总体看还不够完善，例如：上述标准中对直流电缆载流量设计影响因素的考虑过于笼统；按标准要求选配过流保护装置在实际的事故防范中作用有限；受技术条件限制，在拉弧检测和故障响应方面，仅以参考性附录形式给出说明，并未提出明确的设计要求。

经过调研分析，光伏电站火灾事故大多为直流拉弧引起。采用综合性措施，特别是智能电弧检测和快速关断技术（AFCI），"防消"结合，提高电站的安全防控水平，势在必行。

当前，直流电弧检测主要是利用电弧电流/电压频域，包括（不限于）频点、能量、变化量等特征信息进行分析判断，考虑电弧检测原理及现有检测方案和技术水平，以下两点为需要解决的难点问题。

（1）噪声适应性。设备现场运行环境复杂多变，传统方案中的电弧检测算法和阈值设定主要基于人的经验，在遇到环境噪声接近电弧频谱特征时，无法有效区分，容易导致误保护。另外，在并联和对地电弧检测中，由于底噪（背景噪声）在不同环境中均会变化，当前技术水平尚难以有效识别。

（2）场景适应性。随着光伏组件和光伏逆变器技术发展与产品演进，光伏组件电流和逆变器单机功率不断提升，对于实际使用场景，输入侧线缆长度和电弧最大电流均可能超过标准给定的测试工况，例如，对于 100kW 逆变器解决方案设计，输入线缆长度可能超过 200m，单路最大功率点跟踪（maximm power point tracking，MPPT）最大电流可能超过 26A。电弧的特征信号随电流和线缆长度增加，逐渐变弱，对检测仪表和算法的精度提出了更高要求。

针对上述难点问题，部分制造厂采用包含以下先进技术的综合解决方案：

（1）利用信息通信技术（information communication technology，ICT）和人工智能领域积累技术经验，将电弧故障断路器（arc-fault circuit-interrupter，AFCI）与深度学习技术相结合，推出 AI BOOST AFCI 智能电弧检测方案。区别于人工归纳设计，AI 基于高度非线性模型，可同时对海量数据进行计算、迭代，寻找高维空间特征规律。

（2）通过 AI 和深度学习技术，使得检测模型具备不断学习未知频谱的能力，有效提升噪声适应性，同时通过提升模型泛化能力，使得模型能够有效识别不同场景的电弧特征，提升场景适应性。

当前具备 AFCI 功能的光伏逆变器已在中国、北美、欧洲、亚太、拉美、东南亚以及中东非等多个国家和地区成功应用，未来该项技术将成为分布式光伏项目必备技术。

三、光伏综合利用系统

2022 年 6 月，工信部等六部委联合印发工业能效提升行动计划，文件提出"加快推进工业用能多元化、绿色化。支持具备条件的工业企业、工业园区建设工业绿色微电网，加快分布式光伏、分散式风电、高效热泵、余热余压利用、智慧能源管控等一体化系统开发运行，推进多能高效互补利用。鼓励通过电力市场购买绿色电力，就近大规模高比例利用可再生能源。推动智能光伏创新升级和行业特色应用，创新'光伏+'模式，推进光伏发电多元布局"。

随着各行各业"碳达峰、碳中和"工作的逐步推进，各领域相关部委先后出台政策以推动光伏发电的融合化应用，"光伏+"正悄悄改变着我们的生活，属于"绿电"的时代已逐渐来临。

"光伏+"模式，将进一步提高项目适应性和社会收益率。例如，与农业、治沙、渔业、旅游等行业可以联合开发打造绿色产业新场景。在我国土地资源稀缺的东部地区，采用"光伏+农业""光伏+渔业""光伏+海上风电"，可有效解决光伏电站建设的选址问题。在我国西部沙漠化地区，"光伏+治沙"不仅可以提高土地综合利用效率和沙漠化治理，还能实现清洁能源、农业种植及生态旅游收益。此外，光伏+工业（制氢、制铝等）、光伏+建筑、光伏+充电桩、光伏+大数据中心、光伏+交通等多种应用场景也为光伏产业提供了更多的发展空间。"光伏+"的广泛应用，使得光伏上下游整个产业链迎来利好的局面，与光伏融合的产业，一方面可以获取到低成本的电力资源，从而降低产品成本；另一方面，特别是工业等能耗较高的行业可以将"光伏+"作为实现碳达峰和碳中和的有力途径，当前"光伏+"概念已经延伸至多业态的深度融合，而这种融合也打破了光伏发电通过电费获取单一收益的商业模式，光伏发电与各个行业叠加，对碳达峰和碳中和的践行提供了可落地的实施方案。

四、光储系统技术

（一）概述

"十四五"规划的高速发展期，储能+新能源规模化应用的重要价值已形成共识。在全球能源战略转型的宏伟目标下，光伏将成为绝对的主力能源。光储结合是必然趋势。储能作为关键支撑技术，是提升清洁能源利用效率，保障电网安全运行，实现源、网、荷协调发展，助力能源清洁转型的重要支撑。"光+储"真正融合才能对标火电，"光储平价"才是真平价。当下储能成本的下降快于预期，"新能源+储能"成为主力能源的时间节点有望比预计提前。

据预测，到2030年中国碳排放将达到116亿t的峰值，这是实现碳中和关键的里程碑。未来十年，非化石能源将首次成为增量能源需求的主力。预计2020~2030年，我国能源消费总量将增长20%，其中，非化石能源是满足增量需求的关键。预计非化石能源占一次能源比重将从16.4%上升到26.0%，其中光伏、风电发展的潜力最大。

由于太阳能等可再生能源发电具有不连续、不稳定、不可控的特性，可再生能源大规模并入电网会给电网的安全、稳定运行带来严重冲击，将储能应用到输配电领域，参与调频、电压支撑、调峰、备用容量无功支持、缓解线路阻塞、延缓输配电扩容升级和作为变电站直流电源，可以很好地缓解新能源并网带来的一系列问题。其中，在新能源功率输出平抑、计划出力跟踪等应用场景下，储能将配置在新能源发电侧；在电网频率调整、网络潮流优化等应用场景下，储能将配置在输电侧；在分布式、移动式储能等应用场景下，储能将配置在配电侧。因此，储能技术是推进可再生能源的普及应用，实现节能减排的关键核心技术。再加上随着新能源渗透率的不断提升，未来五年全球半数区域将面临弱电网问题，并网稳定性要求将持续提升。当前，光伏与传统能源在对电网的支撑能力上仍存在显著差距，储能技术作为灵活性资源，可以为电力系统提供调频、调峰等服务，助力新能源从适应电网走向增强电网，提升清洁能源利用效率，保障电网安全运行，实现源、网协调发展。

在分布式光伏系统中配置光储系统也可以促进光伏积极消纳、提高综合能源效率，并为电网提供多样化辅助服务。因此不论是集中式或分布式光伏系统，对于储能的需求都将逐渐体现，例如中国对于发电侧密集的光+储配套政策出台，德国、日本对于户用储能的快速增长，都说明了未来光+储并行发展的趋势。

在光储融合方案方面，目前主要有交流侧耦合方案和直流侧耦合方案两种。交流侧耦合方案指光伏和储能在交流侧连接，储能系统可以接入低压侧，也可以集中接入10~35kV母线。该方案适用于大型光储电站，储能系统集中布局，易于运行管理和电网调度。直流侧耦合方案指储能系统接入直流侧，两个系统之间功率转换环节少，能量损耗低，设备投资少，直流耦合是发展方向，交流耦合有利于与现有光伏架构连接，两种方案将长期共存。

1. 光伏+储能技术路线

现有的储能方式主要有物理储能、电磁储能、电化学储能三大类技术路线。国内外常用的储能方式是抽水储能、电化学储能方案。但抽水储能受地理条件的影响，不适合大规模推广应用，因此在光伏发电领域，电化学储能是业内主流设计方案。在市场应用方面，电化学储能主要是以锂离子电池储能为主，铅蓄电池储能次之，其余如液流电池、超级电容、钠硫电池等发展速度也很快。在光伏发电领域，从光伏配备的储能来看，集中式地面光伏电站、分布式光伏电站和家用光伏电站对于储能的需求都各有差异。分布式光伏电站较多采用铅酸电池，集中式地面光伏电站、家用光伏电站多采用锂电池储能，其余电化学储能方式如液流电池、超级电容、钠硫电池也有少量应用。

储能系统集成技术路线如下：

（1）集中式，电池串联形成电池簇，电池簇并联形成容量为 2～3MWh 电池集装箱，通过集中式过程控制系统（process control system，PCS）和电网交互。优势是控制简单、并网逆变器成熟，劣势是电池难以做到完全一致，系统可用性受到影响。

（2）组串式，电池串联形成电池簇，电池簇并联形成容量为 2MWh 电池集装箱，每簇单独管理，最后通过 PCS 与电网交互。优势是解决了电池簇的不均衡问题；劣势是技术难度高、对系统的稳定性和可靠性要求高。

（3）高压级联式，来自高压变频器，多个 H 桥级联，统一逆变形成高压输出，不需要变压器，直接输出。直流侧分成多个小的低压电池簇，接入储能继电器的直流侧。优势是与电网交互容易；劣势是技术路线相对小众，电池簇都挂在直流主线上，正负电位梯级提升，对电池的绝缘保护和系统控制要求高。

三种技术路线各有优、缺点。组串式解决精细化电池管理为未来的方向。未来 5 年内，集中式和组串式方案占 80%～90%，两者比例接近。同时，在不同的场景也分高压储能和低压储能，高压储能相比低压储能最主要的区别是降低系统成本，提高系统集成度。低压系统的优势是较成熟，对电池、电池管理系统（battery management system，BMS）要求低，最合适的电池长度是 240 级磷酸铁锂电池串联，形成 800V 左右电压。因为低电压，电池架的设计、pack 的设计、辅助电源的取电设计都会相对简单。低压系统的劣势是直流侧和交流侧电流变大，电缆成本上升，损耗上升。2021 年高压系统逐渐开始应用，优势是系统成本低，系统集成度高；劣势是对电池、BMS 要求高，对电芯的一致性和可用性要求高，配电开关的安规距离、等级、容量都需做出改变。由于有光伏行业的探路，1500V 的高压储能仍然很常规，但 2500V 和 3000V

的高压储能就面临很多困难。未来在大容量的储能系统上，1000V 的储能不会是一个相对主流的方案，但对于工商业和小容量储能，1000V 的储能会一直存在。

2. 储能应用困难及挑战

尽管储能技术近几年发展相对较快，但无论采用怎样的技术路线，核心仍是解决安全、可用性和成本的问题，主要体现在储能产品安全性低、效率低、寿命短、运维难四个方面。

（1）安全问题。储能系统的安全性是业界最为关注的问题之一。近几年，国内外储能工程应用中均有火灾、爆炸事故发生，造成了严重的经济损失及社会影响。储能系统的安全问题，已成为储能产业面对的瓶颈之一。引起电芯起火的主要原因有：①电芯材料结构不稳定，高温分解产生氧气，导致起火爆炸；②电芯间出现缺陷，无预防预警功能；③关键部件失效导致打火拉弧。

（2）容量适配问题。电池模组间串联失配，串联链路上的电池可用容量由最弱电池模组的容量限制；电池簇间并联失配，并联链路上的电池簇可用容量由最弱电池簇的容量限制；新旧电池内阻差异造成环流，加速新电池老化。

（3）电池寿命短问题。电池的寿命与温度息息相关，不适合的温度将引发电池内部发生其他化学反应，生成不必要的化合物，加速电池寿命衰减。目前市场上电池平均寿命仅 7～10 年。

（4）运维难度高。储能电站现场调试复杂，且系统运行后需专业人员巡检及维修，耗时耗力。运维工作主要分为三部分：现场安装、日常运维［荷电状态（state of charge，SOC）标定］、失效维修（手动均衡 SOC）。

3. 组串式储能方案简介

面对行业内的困难与挑战，储能技术的创新是关键突破口。受组串式光伏逆变器的启发，即"组串式"相比"集中式"逆变器，通过多路 MPPT 精细化管理，最大程度减少组串间的失配影响，提升系统发电量。组串式无论是在故障率、系统安全性还是运维效率方面都更占优势，成为行业主流。因此，借鉴相似思路，提出组串式储能系统解决方案。智能组串式储能解决方案相比传统的集中式储能系统解决方案，设计理念上有三点显著的差异，即组串式、智能化、模块化。

（1）组串式，即"组串式"精细化管理。首先是采用能量优化器，将储能系统的能量管理精细化到电池模组级，最大化程度减小模组串联失配影响，提升整个储能系统的可用容量；其次，通过电池簇控制器，充放电过程中均衡电池簇容量，最大程度消除电池簇间并联失配，实现单簇能量管理；最后，采用分布式智能温控架构，每簇电池柜对应单独的组串级空调，每簇电池独立均匀散热，减少簇间电池温升差异，以提高储能系统的温度均衡性。

（2）智能化，首先将 AI、云 BMS 等先进 ICT 技术，应用到内短路检测场景中，可精准定位衍生型内短路、准确计算内短路电阻、实时识别突发型内短路，及时预警电池火灾隐患。其次，利用 AI 技术还可搭建相关预测模型，预估电池 SoX（State Of X 电池状态，SOH 健康、SOC 容量、SOP 功率、SOE 能量）参数，提前预测电池健康度，减低初始电池超配。最后，应用电池寿命、电池行为、环境预测等多模型联动智能温控策略，在电池衰减量与温控能耗间找到最优平衡点，实时保证 LCOS 最优。

（3）模块化，采用全系统模块化设计。首先是将电池系统模块化设计，可单独切离故障模组，不影响簇内其他模组正常工作，模组更换时无须现场人工调节 SOC。其次是将 PCS 模块化设计，PCS 在储能系统中属于关键核心部件，对电站可用度影响较大，在储能子阵内，单台 PCS 故障时，其他 PCS 可继续工作，多台 PCS 故障时，系统仍可保持运行。

随着技术创新和 ICT 智能化技术的应用，储能市场面临的系统安全、系统效率、电池寿命、运维难度等诸多问题都会迎刃而解。更为关键的是，智能组串式储能解决方案通过对储能系统进行"组串式""智能化""模块化"的创新设计，可对能量进行更精细化的管理，产生更多放电量，达到 LCOS 最优，最终助力实现从光伏平价迈向光储平价。

4．光储充一体化充电站

光储充一体化充电站是光储系统及电动车充电站建设的创新尝试，近年来逐步受到关注。光储充一体化充电站可视为小型微电网或是智慧电网，结合了电网最上游的发电侧（如光伏或风电、储能配套、终端应用新能源车），可依据使用情境弹性转换并网或离网模式，储能系统的存在不仅可缓解充电桩大电流充电时对区域电网与馈线的冲击，更可多元化应用于电力辅助服务如调峰调频等，进而提高系统运作效率。

（二）技术展望

随着光伏组件效率提升、硬件及逆变器成本以及储能系统成本的持续下降，光储融合系统的经济性将会持续提升，为光储系统大规模应用提供良好基础，进一步促进光储系统技术进步。

对于光储系统未来技术发展方向，主要包括以下几个方面：

（1）光伏、储能变流器硬件技术革新。先进技术（如 1500V 光伏及储能变流器技术等）将持续降低光储系统成本（同 1000V 技术相比，初始投资降低 10% 以上）、提高系统效率（功率及能量密度均提升 35% 以上），持续促进光储系统发展。

（2）光伏、储能变流器新型控制方案革新。现有逆变器以向电网注入有功功率为主，考虑未来光储系统运行工况的多样性，寻求适合多工况的变流器统一控制策略，并为电网提供辅助支撑，是光储系统未来发展的关键技术之一。

（3）新型集成方案革新。目前主流光伏集成方案分为交流系统直流母线集成和交流系统交流母线集成两种，未来可进一步探索直流系统集成及交、直流混合系统集成方案，以应对不同运行场景需求。

（4）系统能量管理系统革新。与传统电站经济性调度不同，光储系统调度需考虑的因素更多，如电池充放电次数、变流器限制等，统筹系统多主体限制、满足光储系统不同调度目标的多时间尺度能量管理系统的开发也是未来研究重点之一。

（5）光储系统多场景商业模式创新。在不同的应用场景下，通过储能设备厂商、电网公司、第三投资方、用户乃至电动汽车运营商等的通力合作，寻求优化运行策略获取最大综合效益，从而满足各主体不同需求，促进光储市场健康发展。

第四章

太阳能电池组件[1]及方阵

第一节 太阳能电池及分类

太阳能电池是指通过光电效应或光化学效应直接将太阳能转换为电能的装置。太阳能电池根据所用材料的不同，分为有机体系、无机体系以及有机无机混合体系太阳能电池（见图 4-1），如硅太阳能电池、多元化合物薄膜太阳能电池、聚合物多层修饰电极型太阳能电池、纳米晶太阳能电池、有机太阳能电池等；按结构分为同质结太阳能电池、异质结太阳能电池。

一、太阳能电池根据所用材料分类

（一）有机太阳能电池

有机太阳能电池，是由有机材料构成核心部分的太阳能电池。主要是以具有光敏性质的有机物作为半导体的材料，以光伏效应而产生电压形成电流，实现太阳能发电的效果。

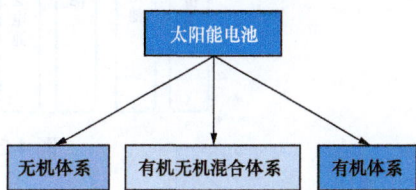

图 4-1　太阳能电池分类

（二）无机太阳能电池

无机太阳能根据载体的不同又分为晶硅太阳能电池和薄膜太阳能电池两种（见图 4-2），其中晶硅路线是目前技术最成熟、度电成本最优的技术路线。目前，在全球的光伏市场中，晶硅技术产品的占比超过 95%以上。

1. 晶体硅太阳能电池

晶体硅太阳能电池是在厚度为 $130\sim180\mu m$ 的高质量硅片上制成 P-N 结，形成发电能力的太阳能电池，结构如图 4-3 所示。晶体硅太阳能电池分为单晶硅太阳能电池和多晶硅太阳能电池。

（1）单晶硅太阳能电池。单晶硅是指硅材料整体结晶为单晶形式（见图 4-4），是

---

[1] 太阳能电池组件（solar cell module）是指具有封装及内部联结的、单独提供直流电输出的、最小不可分割的太阳能电池组合装置，又称光伏组件（photovoltaic module）。

目前普遍使用的光伏发电材料，单晶硅太阳电池是硅基太阳电池中技术最成熟的，相对多晶硅和非晶硅太阳电池，其光电转换效率最高且电池发电能力优异，是全生命周期度电成本最低的电池技术路线。2015～2022 年，单晶硅太阳能电池的市场占比已经从 15%提升到 95%以上。目前，光伏行业内主流的 PERC 电池、TOPcon 电池、IBC 电池都是基于单晶硅的电池技术。

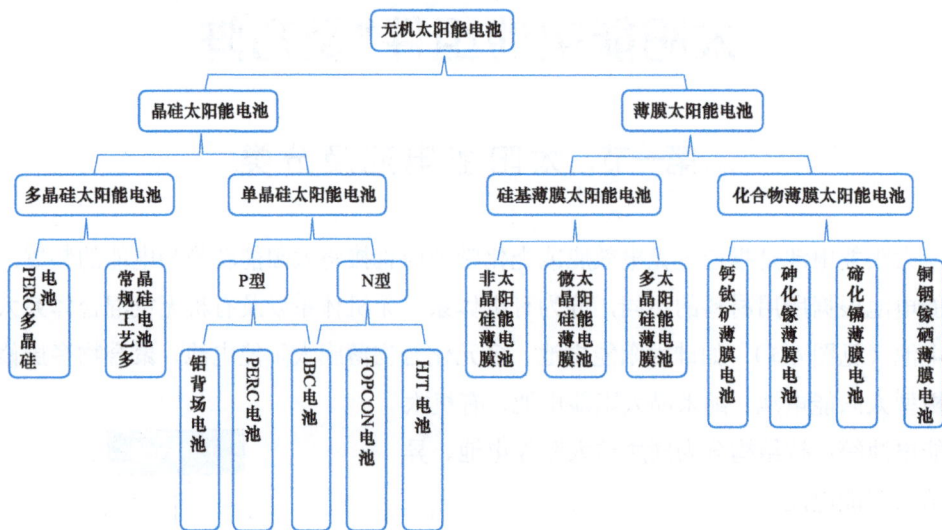

图 4-2　无机太阳能电池分类

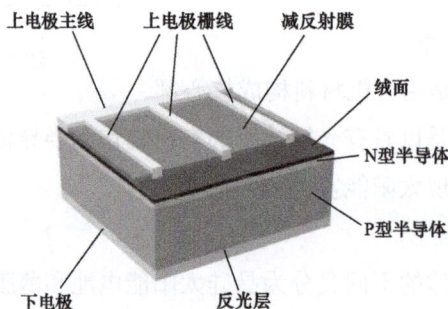

图 4-3　晶体硅电池结构图

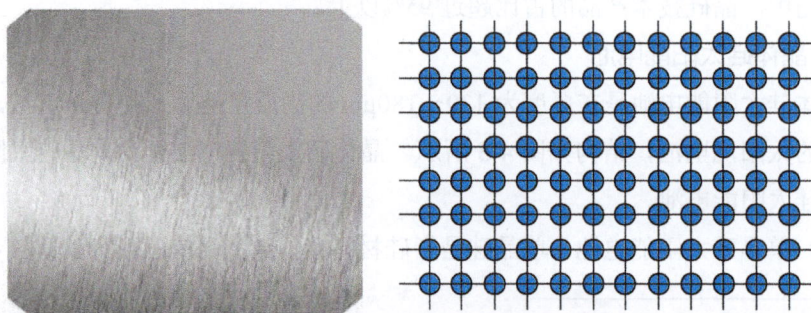

图 4-4　单晶硅片及内部原子结构

（2）多晶硅太阳能电池。多晶硅太阳能电池是以晶相杂乱的晶体硅片（见图 4-5）为基片生产制造的电池，其在晶硅光伏发展过程中，曾因成本优势一度成为光伏技术的主流，但是随着单晶技术的不断突破，多晶技术因效率偏低，发电能力偏差，已经遭到主流技术的淘汰。

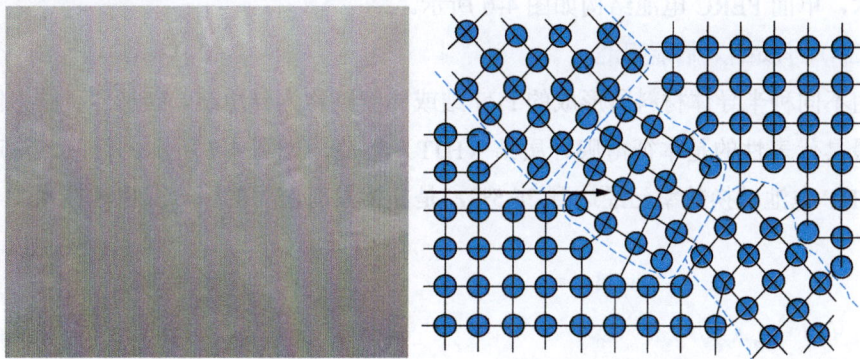

图 4-5　多晶硅片及内部原子结构

（3）硅基薄膜太阳能电池。硅基薄膜太阳能电池是以硅为基体材料，主要分为多晶硅（P-Si）、非晶硅（a-Si）和微晶硅（μc-Si：H）薄膜三大类。

2. 化合物薄膜太阳能电池

无机化合物薄膜太阳能电池主要包括 CdTe（碲化镉）太阳能电池、GaAs（砷化镓）太阳能电池和 CIGS（铜铟镓硒）太阳能电池等。因其生产设备复杂、生产周期长、能耗大、成本高，仅用于做空间太阳能电池。

（三）各种太阳能电池性能对比

各种太阳能电池性能及生产成本对比如表 4-1 所示。

表 4-1　　　　　　　　　　　各种太阳能电池性能对比

太阳能电池类别	晶硅太阳能电池		薄膜太阳能电池			
	单晶硅	多晶硅	碲化镉	铜铟镓硒	非晶硅	微晶硅
工业生产达到效率	23%	18.5%	13%	12%	8%	11%
可实现效率目标	>25%	20%	18%	18%	10%	15%
生产成本（元/W）	1.1	1	0.7	1.2	1	1

二、太阳能电池按结构划分

太阳能电池按结构可分为同质结太阳能电池、异质结太阳能电池和肖特基结太阳能电池。

（一）同质结太阳能电池

由同一种半导体材料所形成的 P-N 结或梯度结称为同质结。用同质结构成的太阳能电池称为同质结太阳能电池，如硅太阳能电池、砷化镓太阳能电池等。其中，PERC 工艺就是目前最主流的同质结太阳能电池技术。PERC 技术，即钝化发射极和背面电池技术，单面 PERC 电池结构如图 4-6 所示。

（二）异质结太阳能电池

由不同种半导体材料所形成的 P-N 结或梯度结称为异质结。硅基异质结太阳能电池中最具代表性的是本征薄膜异质结（HJT）电池，如图 4-7 所示。目前，量产化尺寸的 HJT 电池转换效率已经达到 26.5%，是非常具有潜力的下一代电池技术。

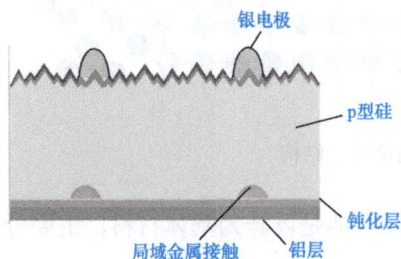

图 4-6　PERC 电池结构图

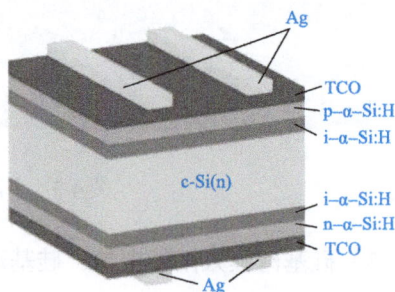

图 4-7　HJT 异质结电池结构

（三）肖特基太阳能电池

肖特基太阳能电池是最早期的有机太阳能电池，即在真空条件下把有机半导体染料如酞菁等蒸镀在基板上形成夹心式单层结构。对于肖特基型电池而言，光激发形成的激子在肖特基结的扩散层内被节区的电场驱使实现正负电荷分离。在器件中其他位置上形成的激子，必须先移动到扩散层内才可能形成对光电流的贡献，而有机染料内激子的迁移距离相当有限，通常小于 10nm，因此大多数激子在分离成电子和空穴之前就发生了复合，导致该类器件的光电转换效率较低。

第二节　太阳能电池工作原理

太阳能电池工作原理的基础是半导体 P-N 结的光生伏特效应。所谓光生伏特效应就是当物体受到光照时，物体内的电荷分布状态发生变化而产生电动势和电流的一种效应。当太阳光或其他光照射半导体的 P-N 结时，就会在 P-N 结的两边出现电压，这一电压就是光生电压。

当光照射到 P-N 结上时，会产生电子-空穴对，在半导体内部 P-N 结附近生成的载流子没有被复合而到达空间电荷区，受内部电场的吸引，电子流入 N 区，空穴流入

P 区，结果使 N 区储存了过剩的电子，P 区有过剩的空穴。它们在 P-N 结附近形成与势垒方向相反的光生电场。光生电场除了部分抵消势垒电场的作用外，还使 P 区带正电，N 区带负电，在 N 区和 P 区之间的薄层就产生电动势，这就是光生伏特效应。图 4-8 所示为太阳能工作原理图。

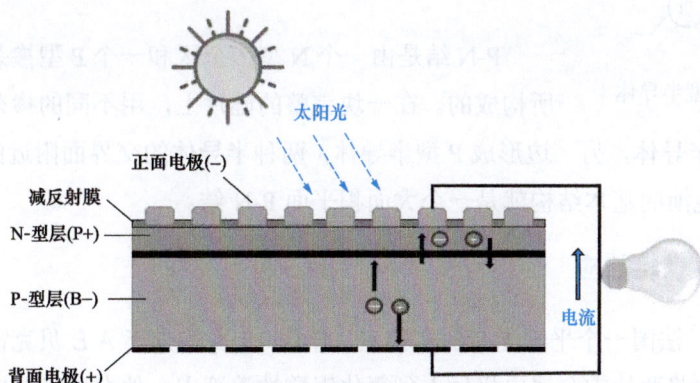

图 4-8　太阳能工作原理图

一、半导体基础知识

固体材料主要分为 3 类：导体、半导体和绝缘体。而这些材料主要的区别是其导电性不同。其中，绝缘体的导电性最低，而导体导电性最高，即 $10^4 \sim 10^6$S/cm。半导体导电机理不同于其他物质，所以它具有不同于其他物质的特点：当外界热和光变化时，其导电性能明显变化；往纯净的半导体中掺入某些杂质，会使其导电性能明显改变。

二、N 型和 P 型半导体

本征半导体是一种纯半导体或者说不掺杂任何杂质的半导体。它不受杂质的影响，而受半导体本身的影响。当向半导体中添加受主或施主物质（称为掺杂物）形成自由载流子，使本征半导体产生额外的电导，成为非本征半导体。

（一）N 型半导体

N 型半导体是通过在硅或锗中加入五价元素（如磷、砷、锑）而产生的，如图 4-9 所示。N 型半导体中电子为多数载流子，空穴为少数载流子，电子的浓度大于空穴。例如，磷原子在最外层含有 5 个价电子，当硅原子在某些晶格点被磷原子取代时，其中 4 个电子与相邻的半导体原子形成共价键，1 个电子是自由的。

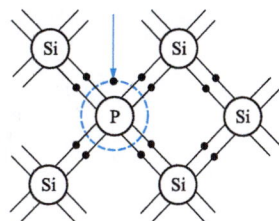

图 4-9　N 型半导体

（二）P 型半导体

在纯净的硅晶体中掺入三价元素（如硼），使之取代晶格中硅原子的位置，就形成

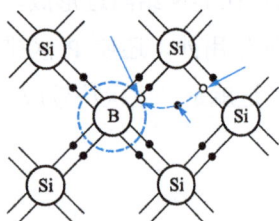

图 4-10　P 型半导体

P 型半导体，如图 4-10 所示。P 型半导体中空穴为多数载流子，电子为少数载流子，空穴浓度高于电子浓度，主要靠空穴导电。空穴主要由杂质原子提供，自由电子由热激发形成。

三、P-N 结

P-N 结是由一个 N 型掺杂区和一个 P 型掺杂区紧密接触所构成的。在一块完整的硅片上，用不同的掺杂工艺使其一边形成 N 型半导体，另一边形成 P 型半导体，两种半导体的交界面附近的区域为 P-N 结。太阳能电池的基本结构就是一个大面积平面 P-N 结。

四、光生伏特效应

1839 年，法国一个平平无奇的实验室，年仅 19 岁的少年 A.E 贝克雷尔，在做实验时，缓慢地将两片铂金属电极插入到氯化银酸性溶液中，他发现光线中的电流略大于黑暗中的电流，将这种现象命名为光生伏特效应。为了纪念他的发现，光生伏特效应也称为"贝克雷尔效应"。

光生伏特效应就是当物体受光照时，在吸收光能的基础上，物体内的电荷分布状态发生变化而产生电动势和电流的一种效应。

当 P 区半导体和 N 区半导体结合在一起，形成 P-N 结时，由于多数载流子的扩散，形成了空间电荷区，并形成一个不断增强的从 N 型半导体指向 P 型半导体的内建电场，导致多数载流子反向漂移。达到平衡后，扩散产生的电流和漂移产生的电流相等。如果光照在 P-N 结上，而且光能大于 P-N 结的禁带宽度，则在 P-N 结附近将产生电子-空穴对。由于内建电场的存在，产生的非平衡电子载流子将向空间电荷区两端漂移，产生光生电势（电压），破坏了原来的平衡。如果将 P-N 结和外电路相连，则电路中出现电流，称为光生伏特现象或光生伏特效应，是太阳能光电池的基本原理。图 4-11 所示为 P-N 结及光伏效应原理图。

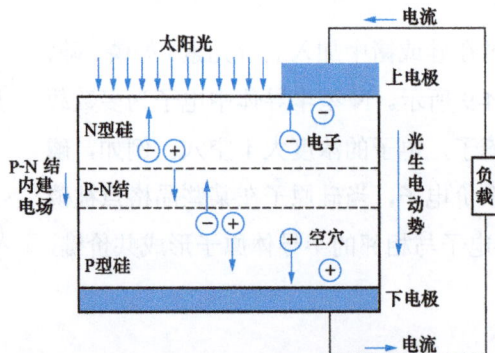

图 4-11　P-N 结及光伏效应原理图

第三节　太阳能电池组件及制作

太阳能电池组件制作涉及了硅料提纯、硅棒生产、硅片加工、电池生产、组件封装等多个环节的工艺过程，形成一个完整的产业链路径，如图 4-12 所示。

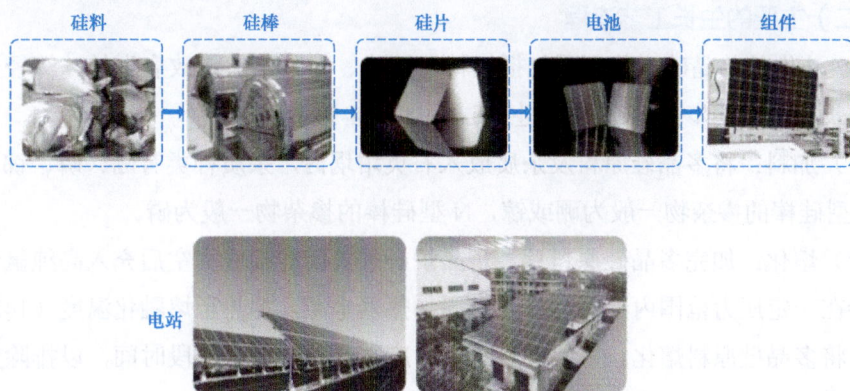

图 4-12　光伏产业链路径图

一、太阳能硅材料的制备

近年来，围绕太阳能级硅制备的新工艺、新技术及设备等方面的研究非常活跃，并出现了许多研究上的新成果和技术上的突破。本节主要介绍到现在为止研究得比较多且已经产业化或者今后很有可能产业化的太阳能级硅制备新工艺。

（一）冶金级硅的制备

硅是自然界分布最广泛的元素之一，是介于金属和非金属之间的半金属。在自然界中，硅主要是以氧化硅和硅酸盐的形态存在。以硅石和碳质还原剂等为原料经碳热还原法生产的含硅 97% 以上的产品，在我国通称为工业硅或冶金级硅。

（二）冶金级硅生产工艺

目前，国内外的工业硅生产，大多是以硅石为原料，碳质原料为还原剂，用电炉进行熔炼。不同规模的工业硅企业生产的机械化、自动化程度相差很大。无论大型企业还是中小型企业，生产的工艺过程都可大体分为原料准备、配料、熔炼、出炉铸锭和产品包装等部分。

二、单晶硅棒加工技术（Cz 技术）

（一）基本原理

直拉单晶制造（Czochralski，Cz）法是把原料多晶硅硅块放入石英坩埚中，在单

45

晶炉中加热熔化，再将籽晶浸入熔液中。在合适的温度下，熔液中的硅原子会顺着晶种的硅原子排列结构形成规则的结晶，成为单晶体。把晶种微微地旋转向上提升，熔液中的硅原子会在前面形成的单晶体上继续结晶，并延续其规则的原子排列结构。若整个结晶环境稳定，就可以周而复始地形成结晶，最后形成一根圆柱形的原子排列整齐的硅单晶晶体，即单晶硅棒。

（二）主要的生长工艺流程

CZ 法生长单晶硅工艺主要包括加料、熔化、缩颈生长、放肩生长、等径生长、尾部生长 6 个主要步骤。CZ 法的生产过程如图 4-13 所示。

（1）加料：将多晶硅原料及杂质放入石英坩埚内，杂质种类有硼、磷、锑、砷、镓。P 型硅棒的掺杂物一般为硼或镓，N 型硅棒的掺杂物一般为磷。

（2）熔化：加完多晶硅原料后，长晶炉必须关闭并抽成真空后充入高纯氩气，使之维持在一定压力范围内，然后打开石墨加热器电源，加热至熔融化温度（1420℃）以上，将多晶硅原料熔化。多晶硅熔化后，应在高温下保持一段时间，以排除熔体中的气泡。

（3）缩颈生长。当硅熔体的温度稳定之后，将籽晶慢慢浸入硅熔体中。

（4）放肩生长。长完细颈之后，需降低温度与拉速，使得晶体的直径渐渐增大到所需的大小。采用减缓拉升速度与降低熔体温度的方法逐步增大直径，达到预定值。

（5）等径生长。通过控制拉速和熔体温度，以达到晶体直径恒定。

（6）最终收尾。被升至上炉室冷却一段时间后取出，即完成一个生长周期。杂质异物多存留在尾部，单晶硅片取自于等径部分。

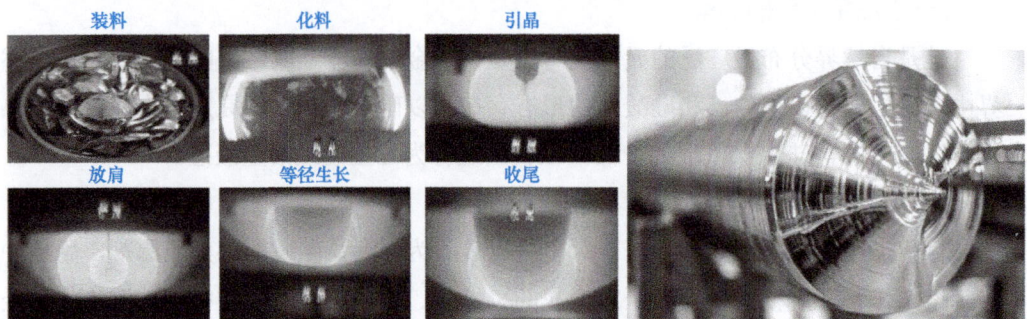

图 4-13　CZ 法生产过程示意图和硅棒成品图

三、硅片加工技术

硅片加工技术，即需要将硅棒通过加工、切片，获得特定形状、特定厚度的制作光伏电池所需要的光伏硅片。

太阳电池用单晶硅片，一般为正方形，在切断圆柱形的晶体硅后，进行切片方块处理，沿着晶体棒的纵向方向，也就是晶体的生长方向，利用外圆切割机将晶体硅锭切成一定尺寸的长方体，其截面为正方形，通常尺寸为 182mm×182mm、210mm×210mm 等。为了达到材料的最佳利用率及生产良率，往往在正方形四角留有较小的倒角。硅片的加工一般经过切断、切方、抛光、切片、清洗、分选工艺，如图 4-14 所示。

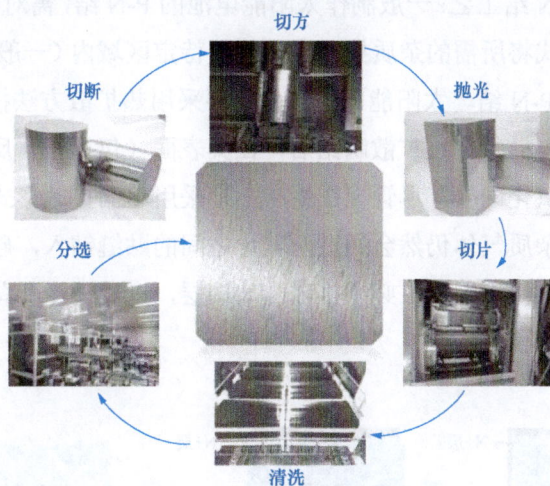

图 4-14　硅片制备流程

四、晶硅太阳电池制造技术

以 PERC 电池工艺流程为例，介绍高效电池涉及的一些通用工艺，如图 4-15 所示。

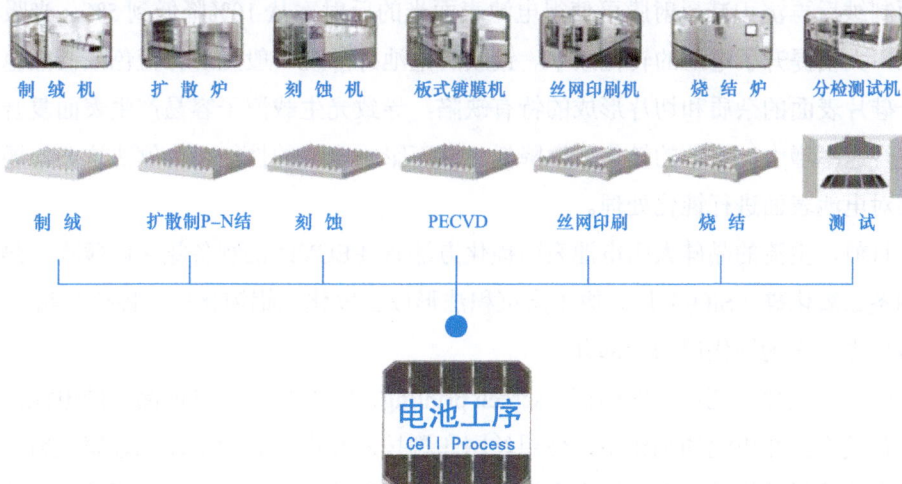

制绒机　扩散炉　刻蚀机　板式镀膜机　丝网印刷机　烧结炉　分检测试机

制绒　扩散制P–N结　刻蚀　PECVD　丝网印刷　烧结　测试

电池工序
Cell Process

图 4-15　电池片制备流程

电池加工工艺主要流程如下所述。

（1）抛光制绒工艺：未经处理的硅片表面，其表面反光率大于35%，为减少太阳光的反射损失，提高硅片对太阳光的吸收效率，需对硅片表面进行结构化陷光处理。一般先用高浓度碱液进行抛光处理去除损伤层，再用低浓度碱液进行制绒形成绒面结构。

（2）扩散制P-N结工艺：一般制作太阳能电池的P-N结，需对硅片进行掺杂处理。掺杂是用一定的方式将所需的杂质掺入硅基片的特定区域内（一般为表面），有合适的浓度和深度，形成P-N结。太阳能电池掺杂主要采用热扩散方法掺杂制结。

（3）刻蚀工艺：硅片经过扩散制结后，在其表面（包括正、反面和四周边缘）上会形成扩散层和二氧化硅层。尽管现在生产上都采用单面扩散形式，即两片硅片背贴背放置，但是扩散杂质气体仍然会通过两硅片之间的贴缝钻入，硅片的内表面上也将不可避免地扩散进杂质。因此，必须将磷硅玻璃层，以及边缘和背面的扩散层除去。图4-16所示为刻蚀示意图。

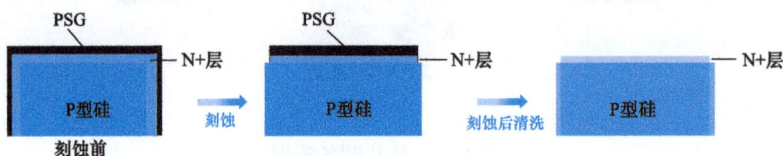

图4-16　刻蚀示意图

（4）镀膜及钝化工艺：硅片制绒是为了形成陷光结构，增加光的吸收量。除此之外，在电池片表面镀膜也有降低反射的作用，此膜层一般称为减反射膜。一般在电池表面制绒后再沉积减反射膜可使得电池表面光的反射率从10%降低到5%，光吸收率增加，大幅提升了电池的转化效率。镀膜后电池片外观一般呈现深蓝色或蓝黑色。

硅片表面的杂质和切片形成的特有缺陷，导致光生载流子容易产生表面复合，表面复合速率增大，电池的转化效率降低，从而影响电池的性能。为解决这一问题，就需要对电池表面进行钝化处理。

目前，主流的晶硅太阳电池表面钝化方法有PECVD法制备氮化硅薄膜、热氧化法制备二氧化硅（SiO_2）层、原子层沉积法形成三氧化二铝钝化层（掺杂多晶硅/非晶硅薄层也可作为钝化层的一部分）。

（5）金属化工艺：丝网印刷（screen printing，SP）技术是目前晶体硅电池的主流金属化技术。在电池的制作中，使用丝网印刷技术在电池表面上印制金属浆料，然后进行金属浆料的烧结，在电池表面形成正面电极和背面电极，通过电极收集电池片受光后激发的电子，并进行电流传输。

（6）烧结工艺：丝网印刷的金属电极浆料有银浆、铝浆和银铝浆等，按不同的位置和电池类型印刷不同成分的浆料。银浆、铝浆印刷过的硅片，需要进入烧结炉共烧，此时金属材料融入硅里面，之后又几乎同时冷却形成再结晶层，进而金属和晶体硅形成良好的欧姆接触。整个烧结过程是非常快速的，一般十几秒就会完成整个烧结。

（7）电池测试：烧结后的电池需要进行性能测试，一般测试分为两个方面，一是进行 EL（电致发光）测试，二是进行电池的 I-V 电学性能测试。

EL 测试主要进行电池片缺陷测试，通过测试，可明确电池片中无法用肉眼直接观察的诸如隐裂、断栅、黑斑、黑心等电池制造缺陷。其检测如图 4-17 所示。通过检测，可在电池环节检出有缺陷的电池片，避免异常电池片流入到组件工艺环节，影响最终组件成品性能。

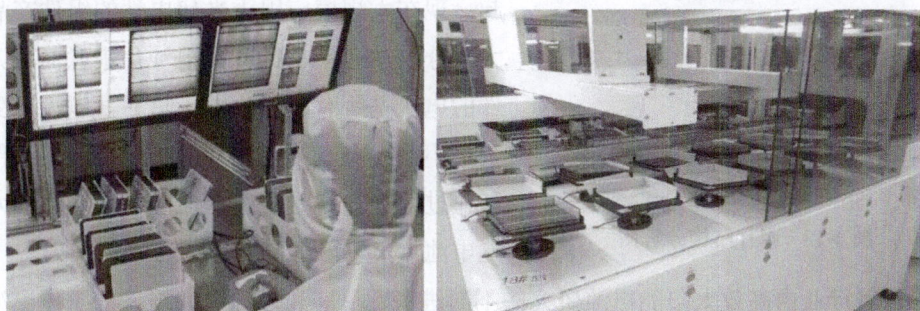

图 4-17 电池片 EL 测试现场操作和电池片分选机

通过电池 I-V 测试，可以得知电池的短路电流、开路电压以及最大输出功率等，并按不同的电池片效率和电性能参数进行分档，为电池片的包装及后续的封装制作组件做准备。图 4-17 为电池片分选机。电池分选后按相同效率档和电流档进行包装入库，至此完成整个电池的制造流程。

五、太阳能电池组件的制作

单个电池片是具有发电功能的元件，但是单体电池脆而薄，非常容易破碎。此外电池片的电极在空气中容易被腐蚀，电池片发出的电能需要通过导线导出。另外，单片电池片的工作电压一般在 0.6V 左右，远不能满足一般用电设备的电压要求，故需要将多个电池片进行封装组合，制作成太阳能电池组件。

太阳能电池组件是具有内部连接及封装的、能单独提供直流电输出的最小且不可分割的太阳能电池组合装置，一般简称为组件或光伏板。

（一）太阳能电池组件的封装结构

太阳能电池组件一般由面板玻璃、背板、封装胶膜、电池片（串）、铝合金边框、焊带、接线盒、硅胶等材料组成。以上材料也称为组件的八大主材。

面板玻璃是组件的正面保护层，因为位于正面，必须是透明玻璃；背板是组件背面保护层，如果是单面单玻组件，可采用树脂胶膜材料（TPX 或 KPX），如果是双玻组件，可采用背板玻璃；封装胶膜一般用于将正面玻璃、电池串、背板三种材料粘接在一起形成稳固结构；铝合金边框是组件边缘包含装置，边框上有对应安装孔，既可起到加强组件机械载荷的作用，又承担组件与支架安装时的连接作用；焊带分为互联条和汇流条，其都是焊接在电极之间起电路连接作用；接线盒为组件整体电能传输部件；硅胶一般为组件中边框处或接线盒中使用的密封材料。组件的结构如图 4-18 所示。

（二）太阳能电池组件的串并联

组件内部电池是通过串并联方式连接在一起。现在大规模应用于光伏电站的组件产品绝大部分以 72 片或者 60 片电池片串联而成。组件的电压是所有电池片电压总和，电流则受其中最小输出电流的电池片限制，因此在组件的制作过程中需要尽量选择性能参数一致的太阳能电池片，以降低电流失配带来的损失。

图 4-18　组件结构分解图

随着行业内高效太阳能电池研究的不断进步，目前大部分电池组件的工作电流较高，短路电流在 12A 以上，电流在流经组件内部会产生功率损耗，这部分损耗主要转化为热能（$P_{loss}=I^2 \times R I^2 R$）存在于组件内部。因此随着电流的增大，这部分的损失也就越大。

通过将电池片切半，使电池工作电流减半，明显降低焊带上的电热损失，提高组件输出功率与电池片功率的比值（cell to module，CTM），如图 4-19 所示。

图 4-19　半片电池上的电流为整片的 1/2

以 60 片电池片封装的光伏组件为例，目前多采用半片电池片-上下半区封装，每个半区 60 片半片电池串联，两个半区进行并联，最终输出电流电压。其组件图及其等效电路图如图 4-20 所示。

50

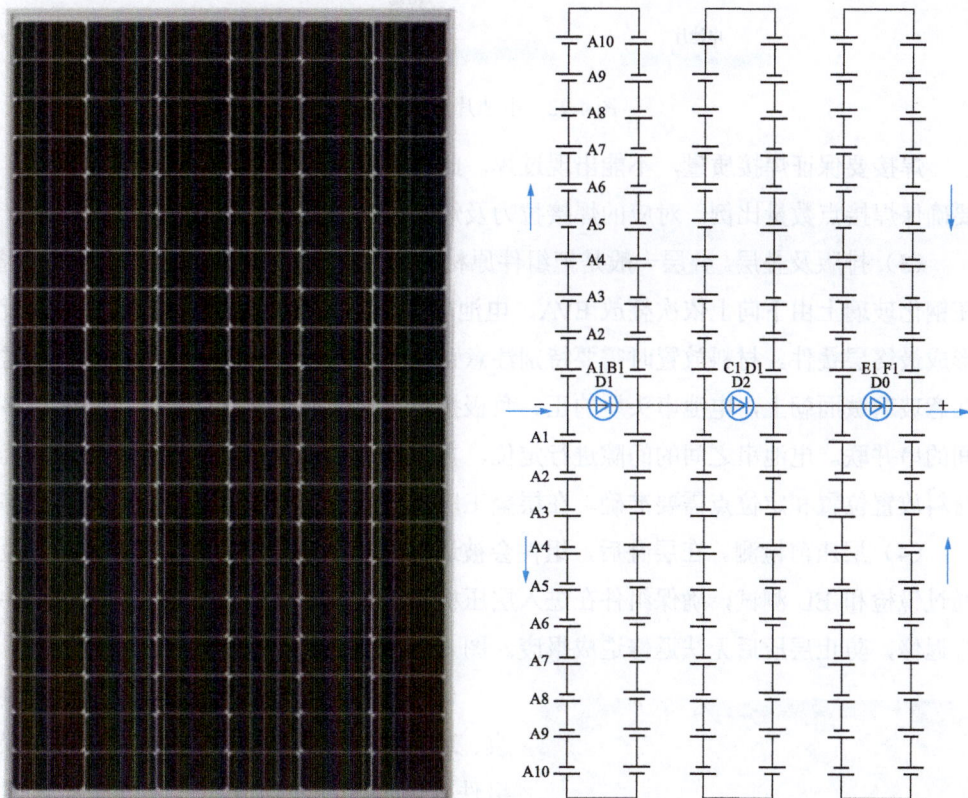

图 4-20　半片组件（60 片电池）等效电路图

（三）太阳能电池组件封装工艺

目前，太阳能电池组件的封装工序主要采用自动化设备进行，生产效率和产品质量较之前都有较大提升。但其中部分工序还需要人工进行，比如一些检测环节、核准环节等。其工序流程如图 4-21 所示。

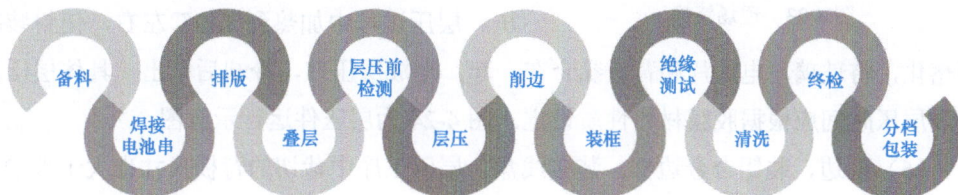

图 4-21　太阳能电池组件封装工艺流程

（1）备料。将原材料通过加工改变为可以直接应用于组件生产的材料。

（2）电池片串焊。将同效率、同色号的电池片通过串焊机将电池的正（负）极与相邻电池片负（正）极通过涂锡焊带焊接在一起，其串焊示意如图 4-22 所示。根据版图设计决定单串电池片数量（正常为 10 片或 12 片）。

图 4-22   电池片串焊示意图

焊接要保证焊接质量，不能出现过焊。此外，目前电池片焊接采用点焊工艺，需要确保焊接点数量比例，对应的焊接拉力及焊接偏离量要满足标准要求。

（3）排版及叠层。叠层一般是把组件原材料依次铺叠在一起，为层压工序做准备。在钢化玻璃上由下向上依次叠放 EVA、电池串（按照版图要求排布）、EVA 和背板，形成最终层叠件。材料放置时需要特别注意正反面区别和电池串正负极要求。如需要注意玻璃绒面朝上，电池串头尾的正、负极按照设计的要求进行摆放，方便电池串之间的串并联。电池串之间的间隙进行定位，再依次用汇流条对电池串进行焊接。其他材料放置位置和定位点需要准确。在层叠工序也要避免组件内部落入异物、杂质等。

（4）层压前检测。在层叠后，组件会被送入检测设备，此处做 EL 测试和镜检。通过镜检和 EL 测试，确保组件在进入层压机前外观和电性能都正常，对异常组件进行返修，防止层压后无法返修造成报废。图 4-23 所示为现场镜检。

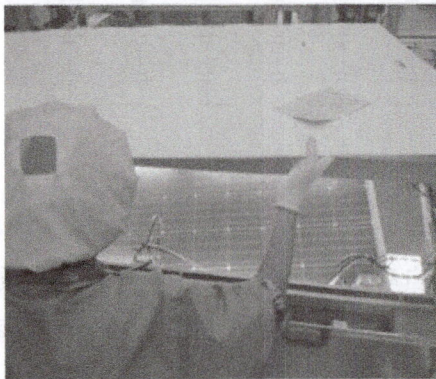

图 4-23   现场镜检

（5）层压。层压工艺就是将背板、封装胶膜、玻璃通过层压组成一个整体，它可以保护组件内电池片在发电时不受外界恶劣环境的影响，提高组件使用寿命，保证足够的发电量。

当组件进入层压机之前层压机没有合盖，层压机上室是真空状态，下室为充气状态。将层叠件放置于层压机内，层压机合盖后加热，下室持续抽真空，上室开始充气，所以上下室产生了压强差，上室对组件产生了压力，即层压。层压过程中加热到 140℃左右，使封装胶膜熔化，将玻璃，电池片和背板黏合在一起，形成层压件，冷却后取出。具体层压温度和层压时间应根据胶膜材料性质设定。图 4-24 为层压件运行示意图。

（6）削边，装铝合金边框，装接线盒。层压工序中裁切的背板尺寸也大于玻璃，胶膜融化后会在压力下外溢，并固化形成毛边。因此，需要层压件冷却后，用刀片紧贴玻璃边缘去除毛边，方便装框。

在装框机中进行装框工序。边框上料放置于装框机四周定位模上，沿着铝边框四周的内槽匀速注入硅胶，再将组件安放在装框机的中间面板上，边框与组件边缘贴合组装，层压组件装进注有硅胶的铝边框，各条边框间用角键连接，用以加强组件的强度和密封性能。图 4-25 所示为装框工序图。

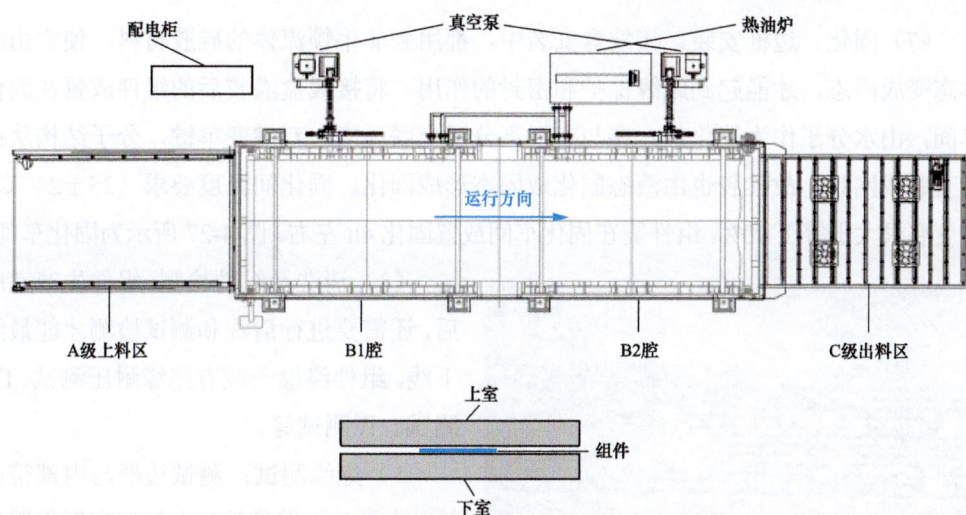

图 4-24 组件放置在层压机中运行示意图

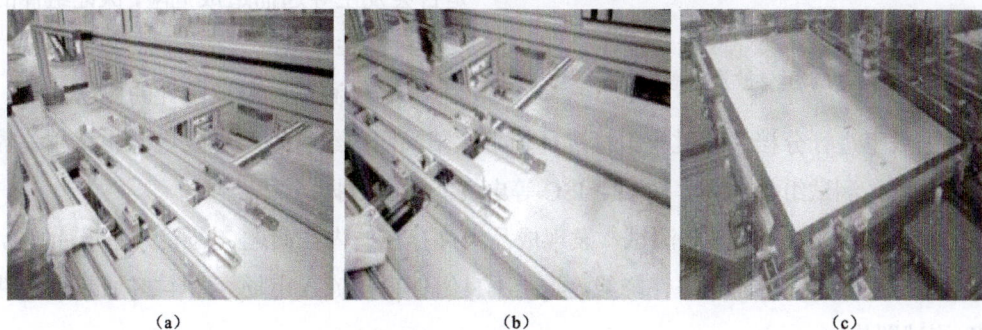

（a）　　　　　　　　　（b）　　　　　　　　　（c）

图 4-25 装框工序图

（a）边框上料；（b）边框打胶；（c）组件装框

用硅胶将接线盒黏结于组件背面，用于连接外电路。目前接线盒主要采用灌胶类型，黏结接线盒后将组件的引出线焊接到接线盒的电极端子上，并用灌封胶将盒体内部密封，以避免组件内的电极暴露于外界环境中。黏接接线盒前应检查连接的旁路二极管的电极极性是否正确。图 4-26 所示为接线盒安装工序图。

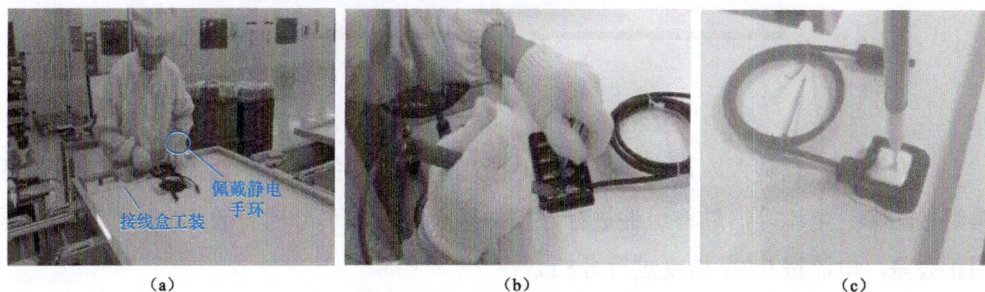

（a）　　　　　　　　　（b）　　　　　　　　　（c）

图 4-26 接线盒安装工序图

（a）安装接线盒；（b）汇流条与焊接线盒端子焊接；（c）接线盒灌胶

（7）固化。边框安装，接线盒安装中，都用到非牛顿流体的硅胶材料，使它由流体态变成固态，才能起到绝缘保护和密封的作用。将接线盒灌胶后的组件放置在固化车间，由水分子作为催化剂，参与有机高分子交联反应，双键变单键，分子结构从链状交联成网状，故硅胶也由液态固化成固态形成固化。固化间温度要求（25±2）℃，湿度要求大于等于70%，组件需在固化车间放置固化4h左右。图4-27所示为固化车间。

图4-27　组件放置于固化车间

（8）清洗及组件检测。组件生产完成后，还需要进行清洗和测试检测才能最终下线。组件终检一般有绝缘耐压测试、EL测试、IV测试等。

1）绝缘测试：测试边框与内部带电体（电池片、焊带等）之间在高压作用下是否会发生导通而造成危险，保证组件的安全可靠性。

2）IV测试：测试组件的IV电性能，并根据效率进行分档；通过模拟标准环境下太阳光照射组件使组件发电并收集相关数据的仪器，测试组件功率、VOC、ISC等电性能参数数据。

3）EL测试：通过EL测试，发现成品组件存在的内在问题（隐裂、明暗片等），并根据标准要求，将问题组件降级，防止不良组件直接流入市场。图4-28所示为组件EL测试图片。

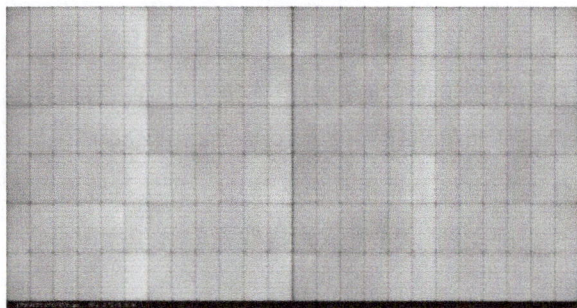

图4-28　组件EL测试图

（9）分档，包装入库。在测试环节，明确对应组件的电学参数。在分档工序，根据组件功率、电流等信息将组件进行分档。目前组件功率分档一般5W一个挡位，采用正公差，电流按0.2A精度进行分档。

分档完成后将同档同级组件用托盘和纸箱封装起来，便于储存与运输，避免作业时的磕碰。此外，组件的相关信息会印制在组件包装箱外侧，便于查看。

第四节 组件性能指标和检验测试

一、组件性能指标

光伏组件的电学基本参数主要有输出功率、电流、电压、填充因子、效率及温度系数等。光伏电站的主体是光伏组件，因此光伏组件的技术参数是光伏电站设计的基本数据。通过组件的电气参数，根据所选用的逆变器以及项目地的环境参数就可以选择组件之间的串、并联。再根据组件的外形尺寸、重点等选择合适的支架、安装方式就可以进行组件排布。

以市面主流 182-72 片电池的组件为例，其技术参数如表 4-2 所示。

表 4-2   182-72 片电池光伏组件技术参数

电性能参数　STC：AM1.5，1000W/m²，25℃；NOCT：AM1.5，800W/m²，20℃，1m/s；最大功率测试不确定度：±3%。

组件型号	LR5-72HBD-530M		LR5-72HDB-535M		LR5-72HBD-540M		LR5-72HBD-545M		LR5-72HBD-550M	
测试条件	STC	NOCT	STC	NOCT	STC	NOCT	STC	NOCT	STC	NOCT
最大功率（P_{max}/W）	530	396.2	535	399.9	540	403.6	545	407.4	550	411.1
开路电压（V_{oc}/V）	49.20	46.26	49.35	46.40	49.50	46.54	49.65	46.68	49.80	46.82
短路电流（I_{sc}/A）	13.71	11.07	13.78	11.12	13.85	11.17	13.92	11.23	13.99	11.29
峰值功率电压（V_{mp}/V）	41.35	38.58	41.50	38.72	41.65	38.86	41.80	39.00	41.95	39.14
峰值功率电流（I_{mp}/A）	12.82	10.27	12.90	10.33	12.97	10.39	13.04	10.45	13.12	10.51
组件效率（%）	20.7		20.9		21.1		21.3		21.5	

其中，STC（standard testing condition）指地面光伏组件标准测试条件：大气质量 AM1.5，太阳辐射强度 1000W/m²，温度 25℃。按照表 4-2 中顺序对关键技术参数作简要描述。

最大功率 P_{max}（W）表示峰值功率，即在标准测试条件（STC）下，I-V 曲线上工作电压与工作电流乘积最大的点。此时的工作电压和电流分别为峰值工作电压 V_{mpp} 和峰值工作电流 I_{mpp}。

开路电压 V_{oc}（V）当组件外接电路开路时，流经组件内的电流为 0，此时的组件电压就是开路电压。

短路电流 I_{sc}（A）组件短接时，输出电压为 0，流经组件内的电流即为短路电流 I_{sc}，反映的是电池对光生载流子的收集能力，其与光照强度成正比。

组件效率：在标准测试条件下，组件最大输出功率与组件接收的太阳能量的比值。

效率是组件之间相互比较的一个重要参数，其计算式为

$$组件效率 = \frac{最大输出功率}{组件面积 \times 辐照强度} \times 100\%$$

式中，组件面积是指组件的最大面积，组件边框需要计算在内。

太阳能电池标称工作温度（nominal operating cell temperature，NOCT）定义为在标准参考环境（SRE）情况下，敞开式支架安装的太阳能电池的平均平衡结温，作为组件在现场工作时的参考温度。辐照度为 800W/m²、环境温度为 20℃、风速为 1m/s。

温度系数：指温度变化 1℃时，组件各性能的相对变化量。功率、短路电流、开路电压的温度系数各不相同，如图 4-29 所示。

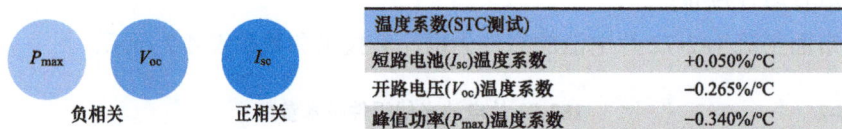

温度系数(STC测试)	
短路电池(I_{sc})温度系数	+0.050%/℃
开路电压(V_{oc})温度系数	−0.265%/℃
峰值功率(P_{max})温度系数	−0.340%/℃

P_{max}　V_{oc}　I_{sc}

负相关　　　正相关

图 4-29　开路电压/短路电流/功率与环境温度的关联性

二、组件检验测试

在组件运行的过程中，对以上提到的一些性能指标需要定期的检验测试。具体的检测措施主要包括外观检测、组件红外成像测试（适用于电池热斑、端子虚接、二极管故障等问题）；开路电压及功率测试（适用于排查异常组串、异常组件）、EL 测试法（适用于组件内部电池隐裂的定性测试评定）。

（一）外观检查

在不低于 1000L 的照度下，检查组件外观缺陷。

（1）检查电站现场遮挡情况，无高草、高大树木或其他建筑物对组件造成阴影遮挡；

（2）检查组件表面清洁度，有无尘土、鸟粪等污染物，边框处有无尘土堆积；

（3）检查组件玻璃是否完好，有无划痕、玻璃碎裂；

（4）检查组件边框是否完整，有无划伤、磕伤、开裂、扭曲变形；

（5）检查组件接线盒是否牢靠、有无松动，盒盖有无脱落，并记录接线盒型号；

（6）检查组件接线盒到的连接器插头是否存在积水或浸泡隐患；

（7）检查组件背板面有无划痕、开裂；

（8）检查组件内电池片是否正常，有无碎裂，栅线有无氧化、消失，电极是否发黄；

（9）检查组件内无水汽现象，EVA 有无颜色变化，有无连通通道的气泡；

（10）检查组件安装是否满足图纸要求。

（二）红外成像测试

（1）测试目的：定期测试排查组件热斑问题，防止对电站发电量和安全造成影响，优化并提升电站质量。

（2）测试条件：

1）电站并网运行；

2）辐照度大于等于 $400W/m^2$。

（3）测试方法：使用手持式红外设备（见图 4-30），镜头对准被测组件，动态高、低温捕捉点需全部落在同一块组件电池片区域。

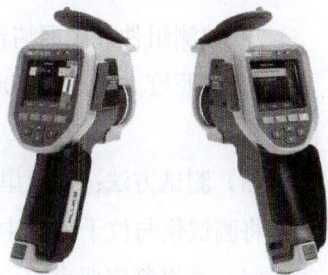

图 4-30　手持式红外设备

（4）结果判定：

1）电池片高、低温差大于等于 30℃视为产生热斑；

2）接线盒/连接器发热需排查是否虚接；

3）组件整串发热，需测试开路电压是否正常。

图 4-31 所示为组件红外测试图谱。

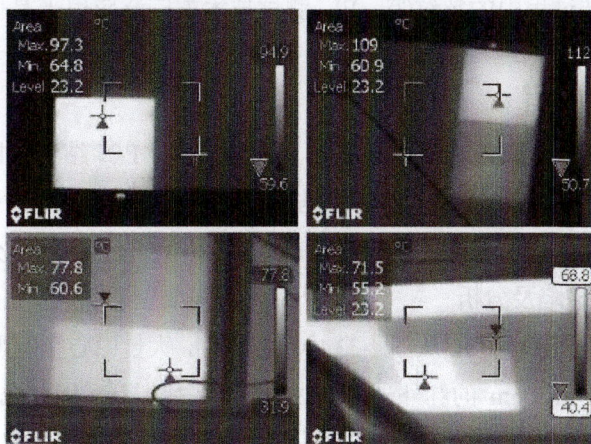

图 4-31　组件红外测试图谱

（三）开路电压及功率测试（其设备见图 4-32）

（1）测试目的：测试排查组件隐裂问题，分析优化，提升电站质量。

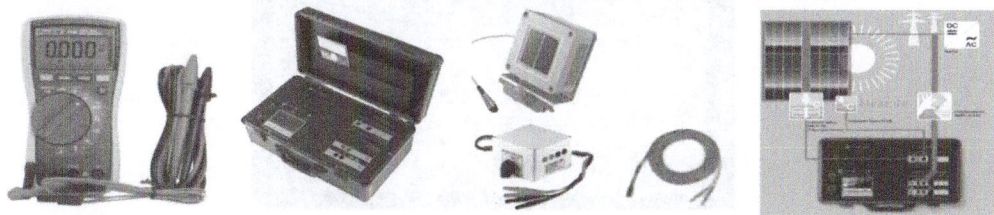

图 4-32　开路电压及功率测试设备

（2）测试条件：

1）组件断路；

2）被测组件外表面清洁无遮挡；

3）辐照度大于等于 700W/m²，且瞬时变化小于等于 10W/m²（不同测试仪器有所区别）。

（3）测试方法：在组串开路无负载情况下插拔连接器；测试仪标片角度与组件一致；将测试仪与位于组件中间电池片上的温度传感器相连。

（4）结果判定要点：

1）现场便携式设备测试不确定度±5%，部分设备只输出实测值，需手动换算；

2）除了使用测试仪之外，还可以使用万用表测试开路电压，快速判别组件是否异常。

（四）组件电致发光（EL）测试

基于电致发光（electroluminescence）原理，利用近红外检测的方法，可以检测晶体硅太阳能电池组件中的隐形缺陷，包括硅材料缺陷、扩散缺陷、印刷缺陷、烧结缺陷以及组件封装过程中的裂纹等。EL 测试技术被广泛应用于晶体硅太阳能电池及组件的检验。

1. EL 测试的原理

电致发光是指在太阳能电池两端加入正向偏压时，P-N 结势垒区和扩散区注入了少数载流子，这些非平衡少数载流子不断与多数载流子复合而发光。采用 CCD 相机拍摄捕捉光子，通过计算机进行处理后显示出太阳能电池的复合辐射分布图像。

2. 测试常见缺陷及分析

（1）黑心片（见图 4-33）。从图 4-33 中可以看到，大量中心呈现黑色区域的电池片，黑色部分没有发出 1150nm 的红外光，无法被摄像头捕捉到，因此成黑色像。此类现象是由于硅材料中硅的平衡少数载流子浓度偏低，从而降低了该区域的 EL 发光强度。

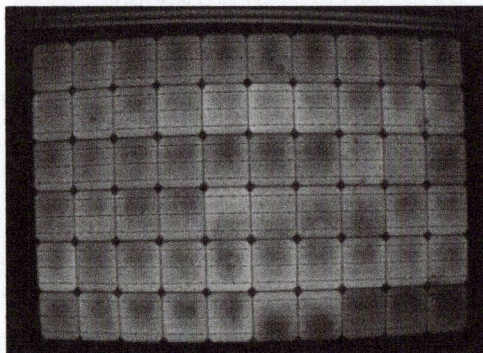

图 4-33 黑心片 EL 图

（2）黑斑片（见图 4-34）。黑斑片形成的原因主要有人为因素、环境因素及机械不稳定因素等。其中，最有可能是在电池片制造过程中硅材料受到其他杂质造成硅片的一些缺陷及污染，从而在有缺陷的区域，少子扩散长度降低，发光强度减弱。

（3）短路黑片、非短路黑片（见图 4-35）。短路黑片一般由电池片短路造成，呈现整个电

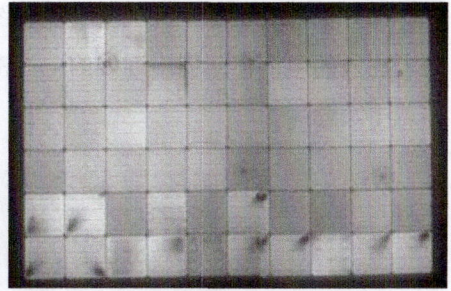

图 4-34　黑斑片 EL 图

池片发黑的情况；非短路黑片，一般由于电池片损失造成，电池片整体功率下降，呈现发黑情况，黑片不完全是整张电池片。

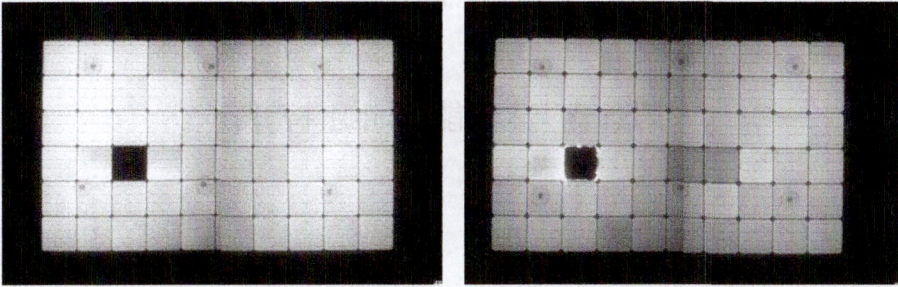

图 4-35　短路黑片、非短路黑片 EL 图

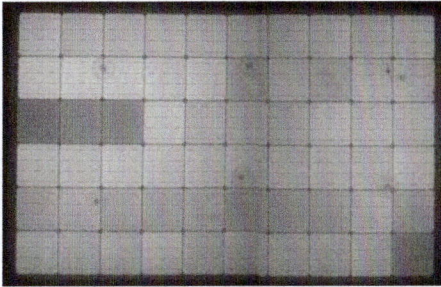

图 4-36　明暗片 EL 图

（4）明暗片（见图 4-36）。明暗片是由于转换效率不同的电池片混入同一个组件中，电流较大则成像较亮，反之则较暗，电流差异越大，明暗差异就越明显。此类混档片会导致组件热斑效应，造成热击穿降低组件寿命，同时又影响系统发电能力。

（5）隐裂（见图 4-37）。电池片沿着对角的线状图形通常是电池片的隐形裂纹，大多是由于生产过程中受到压力产生。

图 4-37　电池隐裂 EL 图

（6）断栅（见图 4-38）。EL 测试图中沿电池片主栅线的暗线通常反映电池片的断栅，注入的电流在断栅附近处的电流密度很小甚至为零，导致断栅处 EL 发光强度较弱或不发光。

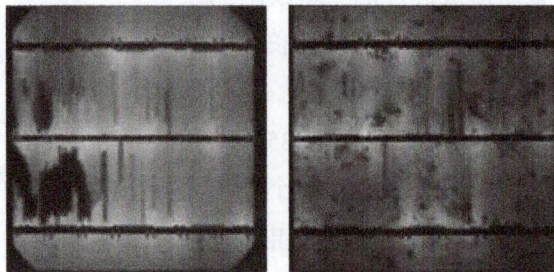

图 4-38　电池断栅 EL 图

第五节　太阳能电池组件方阵

一、光伏发电系统构成

按照与电力系统的连接关系进行分类，光伏发电系统通常可以分为独立（离网）光伏发电系统和并网光伏发电系统，如图 4-39 所示。

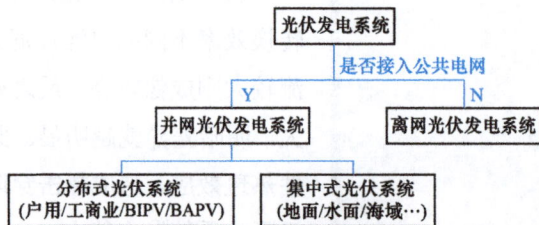

图 4-39　光伏系统分类

独立光伏发电系统与电网没有电气连接，所发电力经过存储或不经过存储在系统内部被消耗。并网光伏发电系统是与公共电网连接在一起的系统，一般可分为分散式和集中型两种，通常接入 35kV 及以上的公共电网，并能接受电网的远程调度。

光伏发电系统主要由太阳能电池板、支架、汇流箱、逆变器、升压系统、一二次系统及辅助系统组成。

若干光伏组件串联起来，其输出电压在逆变器允许工作电压范围内，这样的光伏组件串联体称为光伏组串。布置在一个固定支架上的所有光伏组串并联组成一个光伏组串单元。若干个并联的光伏组串单元与逆变箱变（逆变器-箱式变压器）系统联合又组成一个光伏发电子系统。一个或若干个光伏发电子系统经升压并联后输至电网构成光伏发电系统。图 4-40 所示为典型光伏发电系统示意图。

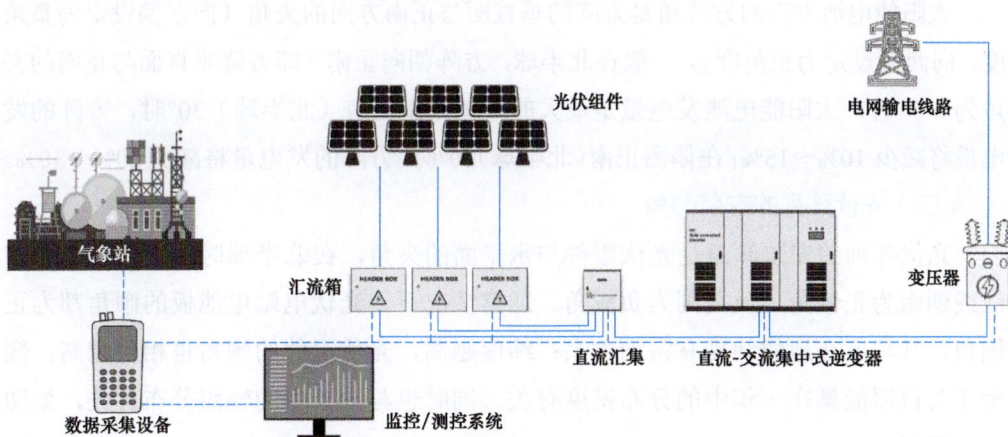

图 4-40 典型光伏发电系统示意图

二、太阳能电池组件方阵

太阳能电池方阵是为满足高电压、大功率的发电要求，由若干个太阳能电池组件通过串并联连接，并通过一定的机械方式固定组合在一起的，如图 4-41 所示。

图 4-41 组件方阵实景

除太阳能电池组件的串、并联组合外，太阳能电池方阵还需要防反充（防逆流）二极管、旁路二极管、电缆等对电池组件进行电路连接，还需要配备专用的、带避雷器的直流接线箱。有时为了防止鸟粪等污物在太阳能电池方阵表面遮挡而产生"热斑效应"，还要在方阵顶端安装驱鸟器。另外，电池组件方阵要固定在支架上，支架要有足够的强度和刚度，整个支架要牢固地安装在支架基础上。

（一）太阳能电池方阵的方位角

太阳能电池方阵的方位角是方阵的垂直面与正南方向的夹角（向东偏设定为负角度，向西偏设定为正角度）。一般在北半球，方阵朝向正南（即方阵垂直面与正南的夹角为0°）时，太阳能电池发电量是最大的。在偏离正南（北半球）30°时，方阵的发电量将减少10%～15%；在偏离正南（北半球）60°时，方阵的发电量将减少20%～30%。

（二）光伏阵列的安装倾角

光伏阵列的安装倾角是光伏组件与水平面的夹角，在北半球时，组件感光面的法线朝南为正倾角，反之则为负倾角。通常情况下，光伏电站电池板的倾角都为正倾角，且与所在地的纬度有密切关系：纬度越高，光伏组件的倾角也相应越高；倾角还与日照能量在一年中的分布密度有关，同时也与一天中的辐照分布有关，如图4-42所示。

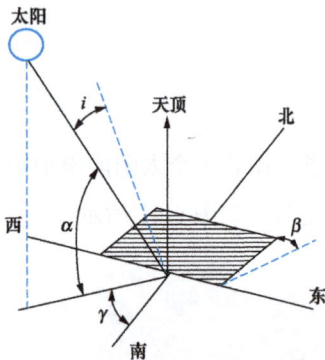

图4-42　太阳高度角 i、方位角 γ、电池板倾角 α 关系示意图

（三）太阳能电池组件的串、并联组合

太阳能电池方阵的连接有串联、并联，以及串、并联混合等方式。当每个单体的电池组件性能一致时，多个电池组件的串联连接，可在不改变输出电流的情况下，使方阵输出电压成比例增加；而组件并联连接时，则可在不改变输出电压的情况下，使方阵的输出电流成比例增加；串、并联混合连接时，既可增加方阵的输出电压，又可增加方阵的输出电流。

但是，组成方阵的所有电池组件性能参数不可能完全一致，所有的连接电缆、插头插座接触电阻也不相同，于是会造成各串联电池组件的工作电流受限于其中电流最小的组件；而各并联电池组件的输出电压又会被其中电压最低的电池组件钳制。因此，方阵组合会产生组合连接损失，使方阵的总效率总是低于所有单个组件的效率之和。

组合连接损失的大小取决于电池组件性能参数的离散性，因此除了在电池组件的生产工艺过程中，尽量提高电池组件性能参数的一致性外，还可以对电池组件进行测试、筛选、组合，即把特性相近的电池组件组合在一起。

第六节　支架类型与结构

光伏方阵的运行方式有固定式、跟踪式两种类型，如图4-43所示。其中太阳能跟踪装置包括单轴跟踪、双轴跟踪两种类型，双轴跟踪很少应用。季节可调固定式支架，运行维护工作量太大，不适用山地项目。悬索支架逐步成熟，市场份额不断扩大。

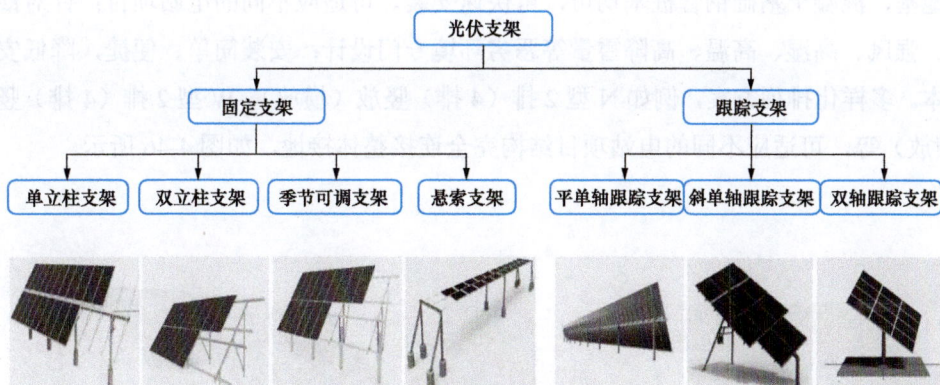

图 4-43　支架产品类型

季节可调支架，适用南北 10°～60°的角度调节范围，并适用市场所有光伏组件，成本较固定支架增加约 0.07 元/W，较之提升发电量约 5%。采用经久耐用的材料，结构设计独特，整体稳定性好，结构可采用人工调节，也可配专用电动马达调节。图 4-44 所示为电动无级固定可调支架。图 4-45 所示为推杆＋圆弧方管固定可调支架。

图 4-44　电动无级固定可调支架

图 4-45　推杆+圆弧方管固定可调支架

一、双立柱支架

双立柱结构稳定性好、寿命持久；适用市场所有光伏组件；可配合使用不同材料和地基，混凝土基础钢管桩基均可，可快速安装。可适应不同的电站项目；针对沙尘暴、强风、高湿、高温、高降雪量等恶劣环境专门设计；安装简单、便捷，降低安装成本。多样化排列方案，例如 N 型 2 排（4 排）竖放（横放）、W 型 2 排（4 排）竖放（横放）等，可适应不同的电站项目结构完全连接整体接地，如图 4-46 所示。

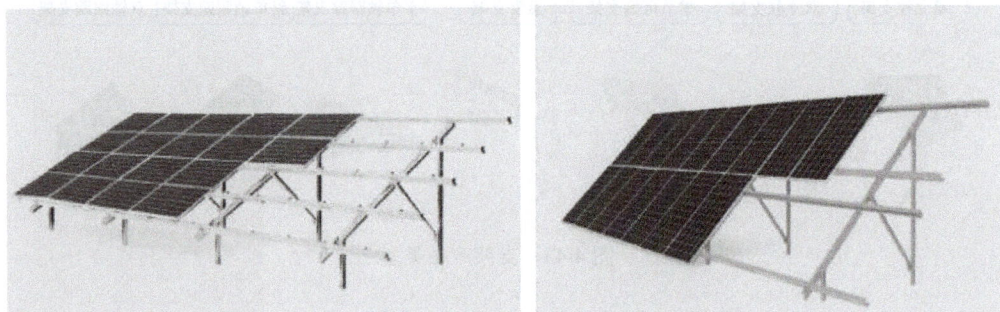

图 4-46 横放双立柱固定支架和竖放双立柱固定支架

二、单立柱支架

能够灵活适应不同环境和地形，例如农光互补、渔光互补项目；适用市场所有光伏组件；快速安装，工厂预安装程度高，无需在项目地现场焊接；无需平整土地，节省施工成本。根据地形可充分调节连接设计，能够应对高载荷项目所处环境的挑战，如图 4-47 所示。

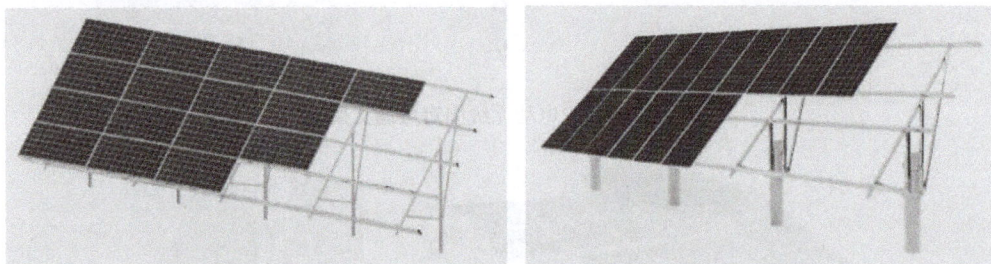

图 4-47 横放单立柱固定支架和竖放单立柱固定支架

三、悬索支架

空间再利用，不影响下方作业；适用于各种大跨距场所，安装方式灵活；无需平整土地，节省施工成本。对场地基础要求小，用量少、承重小。支架跨度较大、离地高，一般采用安全绳悬挂施工人员进行安装，施工难度高，不安全。钢绞线的张拉技术含量较高，需要专业的施工单位。风振共振高，组件长期可靠性受挑战。对出现质量问题的组件，更换难度也偏大。图 4-48 所示为预应力悬索光伏支架系统示意图。图 4-49 所示为柔性支架示意图。

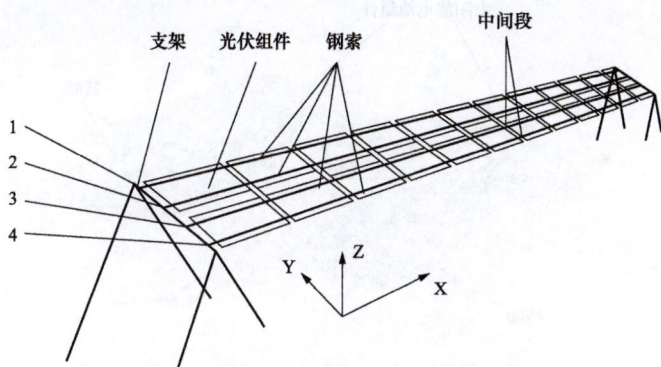

图 4-48　预应力悬索光伏支架系统示意图

注：1、2、3、4 为悬架。

图 4-49　柔性支架示意图

四、平单轴跟踪支架

平单轴跟踪特别适用在纬度低的地区；每块电池阵列有自己的转轴，转轴与地面的南北方向线平行，转轴安装在支架上，电池阵列可绕自己的转轴旋转。通过监控软件和通信，接口实现远程监控；拥有多种控制模式；通过对跟踪角度的调节将电站的输出功率控制在电网要求以内。投资者增加少量电站总投资，就能让发电量增加10%～20%。平单轴跟踪支架相比固定支架大致会增加占地面积 5%～20%不等。其故障率较高，可靠性比固定支架低。图 4-50 所示为平单轴支架运行示意图。

五、斜单轴跟踪支架

斜单轴跟踪支架适用于高纬度地区。通过监控软件和通信，接口实现远程监控；

拥有多种控制模式；通过对跟踪角度的调节将电站的输出功率控制在电网要求以内。相较于固定支架，可提升 20%～25% 发电量，具有更好的投资回报率和内部收益率；斜单轴跟踪支架相比固定支架会增加占地面积 8%～25%。其故障率较高，可靠性风险比平单轴支架较高。图 4-51 所示为斜单轴支架运行示意图。

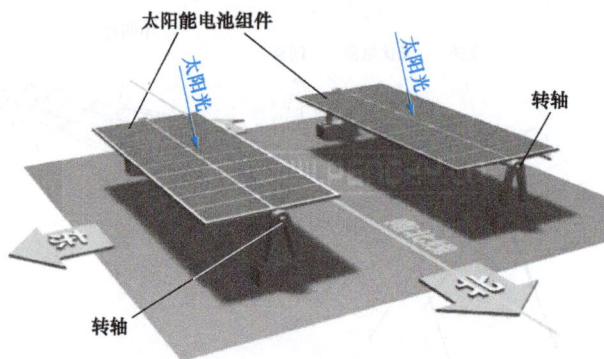

图 4-50 平单轴支架运行示意图

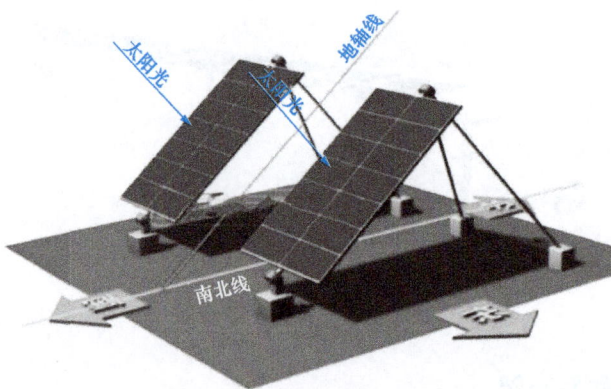

图 4-51 斜单轴支架运行示意图

六、双单轴跟踪支架

电池板可根据太阳的位置变化绕旋转轴水平转动改变方位角，绕俯仰轴做俯仰运动改变高度角，实现对太阳的跟踪；电池板跟踪转动时，电池板上、下边与地面始终是平行的，控制跟踪系统更复杂。相较于固定支架，该系统最多能提高 40% 的发电量。相比固定支架大致会增加占地面积 10%～35%。其故障率较高，可靠性风险比平单轴支架较高。图 4-52 所示为双单轴跟踪支架运行示意图。

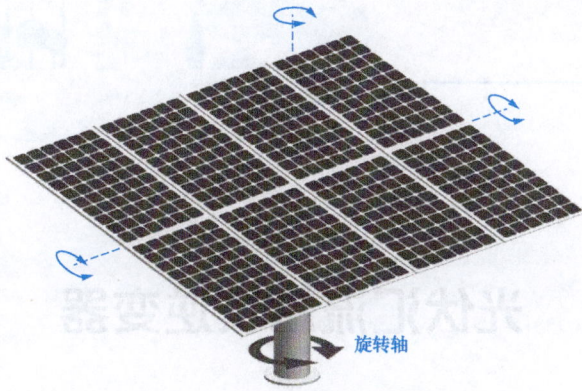

旋转轴

图 4-52　双单轴跟踪支架运行示意图

第五章

光伏汇流箱及逆变器

第一节　光伏汇流箱概述

一、光伏汇流箱的基本概念

光伏汇流箱是指将光伏组串连接并配有必要的保护器件，实现光伏组串间并联的箱体。在光伏汇流箱内汇流后，通过控制器、直流配电柜、光伏逆变器、交流配电柜、配套使用从而构成完整的光伏发电系统，实现与市电并网，能减少光伏组件与逆变器之间连接线，方便维护，提高可靠性。

二、光伏汇流箱原理

光伏汇流箱的作用是保证光伏组件有序连接和汇流，在每个光伏子系统中将一定数量、规格相同的光伏组件串联起来组成一个个光伏组件串列，然后再将若干个光伏串列并联接入光伏汇流箱，在光伏汇流箱内汇流后接入光伏逆变器，如图 5-1 所示。根据输入到汇流箱的光伏组串路数可分为 6、8、12、16、24 路等类型，汇流箱组串输入侧一般采用熔断器作为保护器件，输出侧采用直流断路器作为保护器件。在直流母排上加装防雷器，保障光伏系统在维护、检查时易于切断电路，当光伏系统发生故障时减小停电的范围。

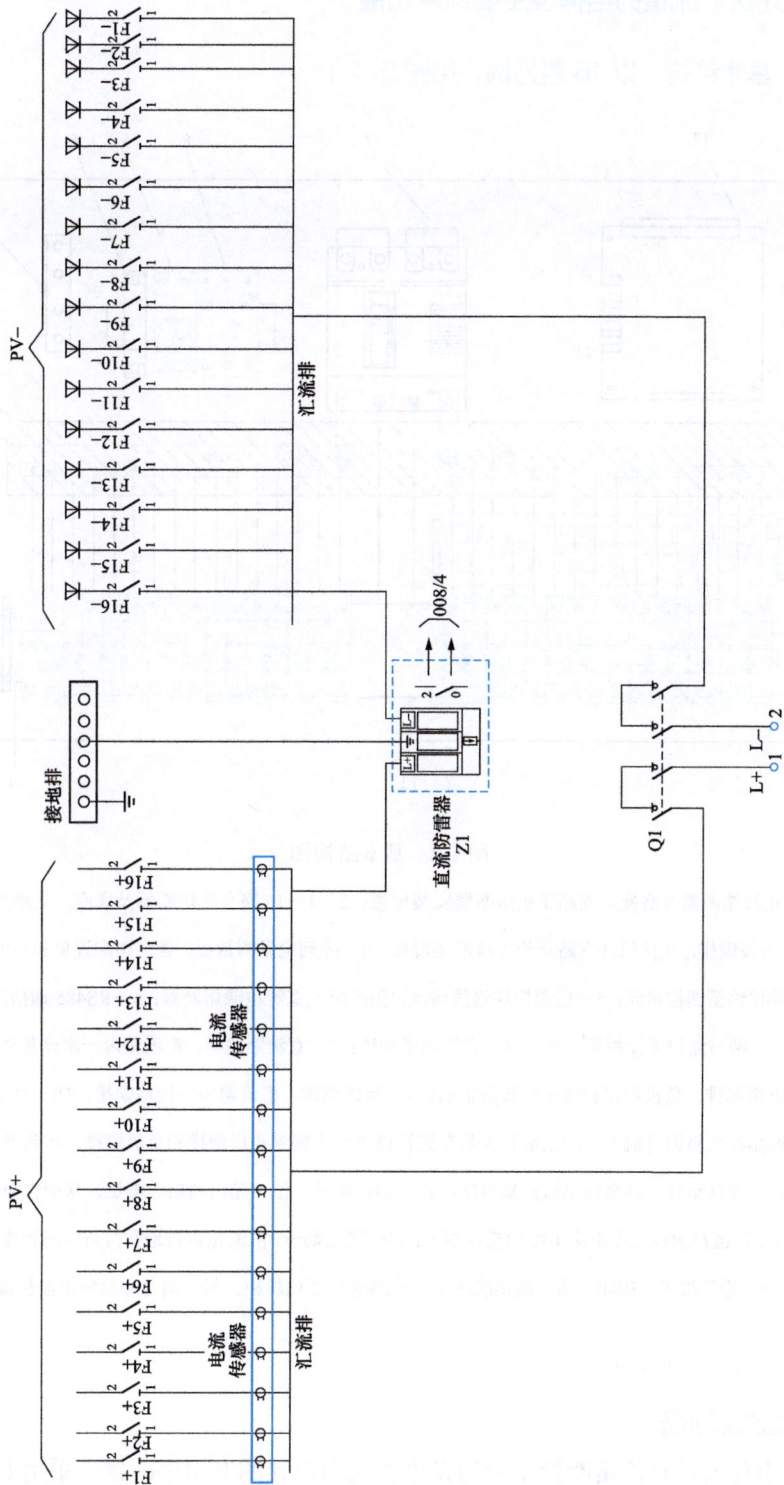

图 5-1 汇流箱电气原理图

三、光伏汇流箱的结构及主要部件功能

（一）基本结构（以16路为例，见图5-2）

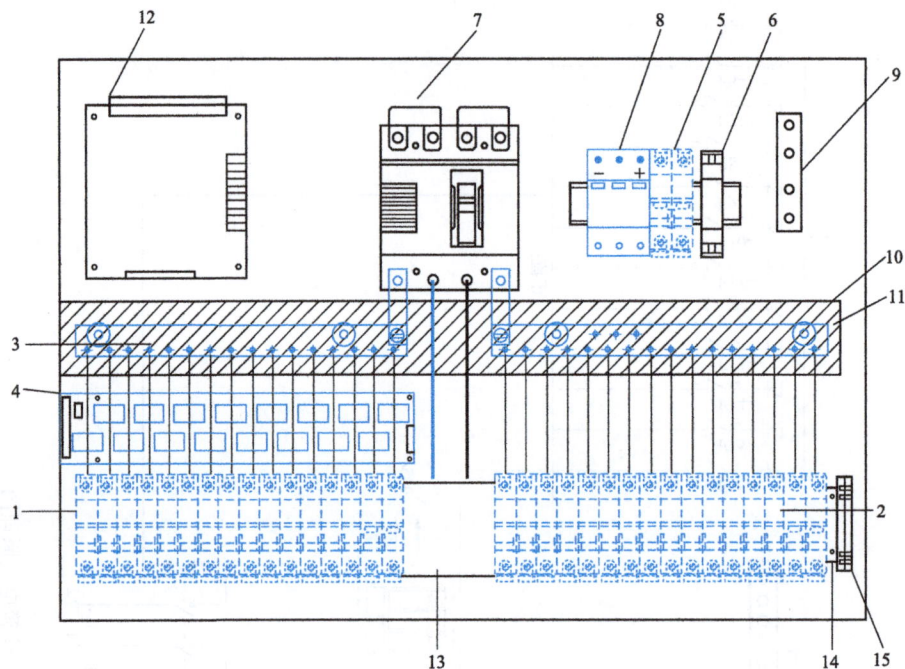

图5-2 基本结构图

1—1~16路正极熔断器及底座，支路正极熔断器安装位置；2—1~16路负极熔断器及底座，支路负极熔断器安装位置；3—正极铜排，光伏组件支路正极电流汇集母排；4—阵列电量测量板，各支路配置单独的电流互感器采集电流信号并传输至测控单元；5—电源模块进线熔丝，测控单元直流电源熔断器；6—RS485通信防雷器，通信回路防雷器，一端与测控单元相连，另一端与通信端子相连；7—直流断路器，汇流箱内一次设备总开关；8—直流防雷器，正极铜排、负极铜排和接地铜排防雷器；9—接地铜排，汇流箱内主接地铜排；10—有机玻璃挡板，安装在正极铜排和负极铜排前方，防止运行人员在巡视检查时误碰到正极铜排和负极铜排，起到绝缘防护作用；11—负极铜排，光伏组件支路负极电流汇集母排；12—测控单元，汇流箱内通信、测量、保护告警的核心部件；13—出线端子，汇流箱通往直流柜主电缆的接线端子；14—接地端子，汇流箱内接地铜排与地网相连的接线端子；

15—通信端子，RS485通信线接线端子，一端通往通信机柜，另一端与通信防雷器相接

（二）主要部件功能

1. 直流熔断器

光伏组件所用直流熔断器是专为光电系统而设计的专用熔断器，采用专用封闭式底座安装，避免组串之间发生电流倒灌而烧毁组件。当发生电流倒灌时，直流熔断器

迅速将故障组串退出系统运行，同时不影响其他正常工作的组串，可安全地保护光伏组串及其导体免受逆向过载电流的威胁。在组件发生倒灌电流时，光伏专用直流熔断器能够及时切断故障组串，额定工作电压达 1000V DC、额定电流一般选择 15A、额定分断能力（直流）大于等于 10kA，满足过电流保护的要求。

2. 阵列电量测量板

采用霍尔电流传感器和单片机技术，对每路光伏阵列的电流信号（模拟量）采样，传输至测控单元。

3. 测控单元

将阵列电量测量板采集的电流信号经 A/D 转换变成数字量后，通过 RS485 接口输出至监控后台，方便运行人员实时掌握光伏组件运行情况。

4. 直流断路器

直流断路器是整个汇流箱的输出控制器件，主要用于线路的分/合闸。其工作电压高至 1000V，极限分断能力（直流）大于等于 10kA。由于太阳能组件所发电能为直流电，在电路开断时容易拉弧，因此在选型时要充分考虑其温度、海拔降容系数，且一定要选择光伏专用直流断路器。

5. 直流防雷器

直流防雷器预防感应雷对太阳能电池的破坏，防雷器自带报警节点，与汇流箱中的测控单元配合远传防雷器的报警信息。

四、光伏汇流箱的材料及制造工艺

汇流箱一般采用壁挂式安装，箱体采用优质冷轧钢板，钢板厚度不小于 1.5mm，表面采用静电喷涂，箱体的全部金属结构件都经过特殊防腐处理，具备防腐、美观的性能；箱体结构应具有足够的机械强度，保证元件安装后及操作时无摇晃、不变形；柜体采用封闭式结构，柜门开启灵活、方便。

箱体采用全密封设计，防沙、防水、防静电，室外型汇流箱防护等级不低于 IP54，在风沙、腐蚀等特殊环境下不低于 IP65。电缆进、出线采用下进、下出方式，箱内电气间隙大于等于 20mm，爬距大于等于 13mm，接入组串开路电压大于等于 1000V，满足室外安装使用要求。

五、光伏汇流箱技术参数及功能特点

（一）技术参数

以 NPV600 型光伏汇流箱为例，主要参数见表 5-1。

表 5-1   **NPV600 型直流汇流箱技术参数**

汇流箱型号	NPV 603	NPV 604
光伏阵列电压范围（V）	100～900	100～900
最大光伏阵列并联输入路数	6/8/10/12/16	24
每路光伏阵列最大电流（A）	15	15
防护等级	IP65	IP65
环境温度（℃）	−40～+55	−40～+55
环境湿度（%）	0～99	0～99
宽×深×高（mm）	740×580×240	740×580×240
海拔高度（m）	<5000	<5000
通信接口	RS485 通信接口（可选）	以太网 RJ45 接口（可选）
工作电流（A）	0.1～10	0.1～10
工作电压（V）	0.4～1000	0.4～1000

（二）功能特点

（1）箱体采用全密封设计，防尘、防水、防静电及保温，适用于环境条件恶劣及低温地区。

（2）同时可接入 6～24 路太阳电池串列，每路电流最大可达 15A。

（3）接入最大光伏串列的开路电压值可达 1000V。

（4）熔断器的耐压值不小于 1000V。

（5）配有光伏专用高压防雷器，正极和负极都具备防雷功能。

（6）采用正、负极分别串联的四极断路器提高直流耐压值，可承受的直流电压值不小于 1000V DC。

（7）智能直流采集；可以实现各串列的电流、电压采集，功率计算。

（8）PV 组串电能质量分析。

（9）6 路开入量采集；2 路开出量输出；实现遥信、遥控功能。

（10）故障录波功能，事件多达 500 条，录波长度为 200ms。

（11）远程通信；自带 RS485 和以太网（Ethernet）通信接口。

（三）保护配置

（1）光伏专用直流熔断器，正、负极都配有熔丝。当组件或支路电缆发生短路或接地故障时能及时熔断形成开路，起到过流保护作用。

（2）光伏专用高压防雷器。当组件或者汇流箱遭遇雷击或出现操作高电压时，对入侵流动波进行削幅，降低汇流箱所受过电压值，从而达到保护汇流箱的作用。

（3）组串电流异常报警。对比汇流箱内所有支路电流值，当某一支路电流与其他支路差值过大时触发电流异常报警，同时电流互感器或电量测量板出现故障导致电流数据异常时也会触发该报警。

（4）组串电压异常报警。当组件短路或接地时，正、负极电压异常，触发该报警。

（5）防火灾报警功能。当汇流箱温度异常升高时，触发防火灾报警功能。

（6）防雷器失效报警。当防雷器动作或失效后触发防雷器失效报警。

（7）断路器状态监测。监测直流断路器分、合闸位置。

（四）通信注意事项

（1）通信装置一个串口接汇流箱的数量建议不超过 10 台。

（2）标准 RS485 通信接口的理论通信距离为 1200m（理想使用环境、单个设备），考虑到设备在户外的光伏区中使用且多个设备串接，因此推荐每路 RS485 通信总线不超过 300m。

（3）标准 RS485 通信接口的理论通信距离为 1200m（理想使用环境、单个设备），考虑到设备在户外的光伏区中使用且多个设备串接，因此推荐每路 RS485 通信总线不超过 300m。

（4）RS485 通信线选择：如现场的通信线采用直埋方式，推荐使用铠装；如现场的通信线采用穿管方式，推荐使用带屏蔽层的双绞线电缆。

（5）RS485 通信线在现场敷设是必须与直流电缆分开敷设，距离不大于 300mm。

（6）通信线的屏蔽层必须可靠接地，且单点接地，一般选择在逆变器室通信服务器端。例如，使用铠装 RS485 通信线，铠装层两点接地，屏蔽层一点接地。

六、光伏汇流箱的一般规定

（1）定期对汇流箱防雷装置进行检查。

（2）定期对汇流箱密封及防火封堵进行检查。

（3）不宜在雨雪天进行开箱（户外安装的汇流箱）操作。

（4）汇流箱内的熔断器不应在运行中装卸和更换。

（5）光伏汇流箱的接地导通性能检测中，接地电阻不应超过 1Ω。

（6）直流输出母线的绝缘电阻应大于 1MΩ。

（7）检测光伏汇流箱绝缘性能。在电路与裸露导电部件之间，汇流箱内每条电路对地标称电压的绝缘电阻应不小于 1000Ω/V。

（8）汇流箱进线端及出线端与汇流箱接地端绝缘电阻不应小于 20MΩ。

（9）汇流箱绝缘强度检测，漏电流应小于 20mA。

第二节　光伏逆变器的功能

太阳能光伏发电为直流系统，当负载为交流时，需要进行逆变。光伏逆变器是将光伏方阵输出的直流电变换成交流电后馈入电网的设备。逆变器转换后的交流电的电压、频率与电力系统的交流电电压、频率相一致，以满足为各种交流用电装置、设备供电及并网发电的需要。图 5-3 所示为光伏逆变器的外形图。

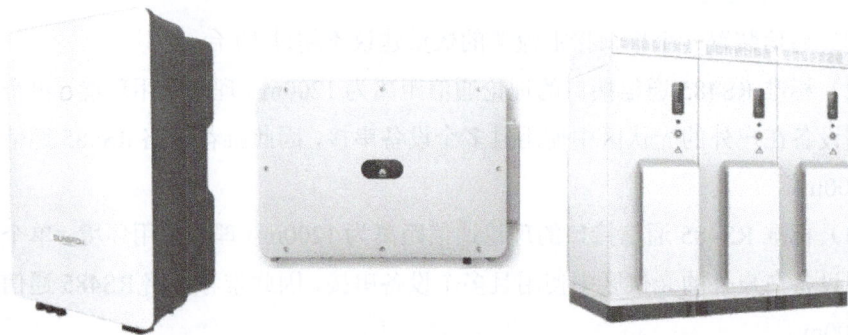

图 5-3　光伏逆变器的外形图

光伏逆变器是并网光伏系统能量转换与控制的核心，其性能不仅是影响和决定整个光伏并网系统是否能够稳定、安全、可靠、高效地运行，而且也是影响整个系统使用寿命的主要因素。光伏发电系统的并网运行对逆变器有如下功能要求：

（1）具有自动并网及解列功能。要求系统能根据日照情况和规定的日照强度，在光伏方阵发出的电能有效被利用的条件下，对系统进行自动启动和关闭。

（2）具有使光伏方阵始终工作在最大功率点状态的功能。电池组件的输出功率与日照强度、环境温度的变化有关，其输出特性是非线性关系，要求逆变器具有最大功率点跟踪控制功能（MPPT 控制），即不论日照、温度等如何变化，都能通过逆变器的自动调节实现电池组件方阵的最大功率输出。

（3）逆变器输出为正弦波，光伏系统馈入公用电网的电力，必须满足电网规定的指标要求。如逆变器的输出电流不能含有过多的直流分量、高次谐波必须尽量减少、不能对电网造成谐波污染等。

（4）具有输出电压自动调节功能。并网逆潮流上送时，根据并网点电压的变化随时调整电压和上送功率。

（5）具有完备的并网保护功能。当系统侧或逆变器侧发生异常时，迅速切除发电系统，应具备过电压和欠电压保护、过频率和欠频率保护、输入直流极性反接保护、交流输出短路保护、过热保护、过载保护等功能。

（6）应设置本地通信接口。通信接口应具有固定措施，以确保其连接的有效性。通信可以选用 RS485、光缆、PLC 电力载波、以太网、无线等多种方式进行通信。通信内容应包括逆变器运行状态、故障告警等相关信息。光伏电站功率控制系统可通过通信给逆变器下发有功控制、无功控制等控制需求，通信协议宜与光伏发电站通信协议相匹配。

（7）在电力系统发生停电时，并网光伏系统既能独立运行，又能防止孤岛效应，能快速检测并切断向公用电网的供电，防止触电事故的发生。待公用电网恢复供电后，逆变器能自动恢复并网供电。

（8）具有零（低）电压穿越功能。当电网系统发生事故或扰动现象，引起光伏发电系统并网点电压出现电压暂降时，在一定的电压跌落范围和时间间隔内，逆变器要能够保证不脱网连续运行。

第三节　光伏逆变器的分类

光伏逆变器的种类有很多种，可以按照不同的方式进行分类。①按照交流侧输出相位数，可分为单相逆变器、三相逆变器。②按照电气隔离情况，可分为隔离型逆变器、非隔离型逆变器。③按照接入电压等级，可分为 A 型逆变器（通过 35kV 及以上电压等级接入电网，或通过 10kV 及以上电压等级与公共电网连接的光伏发电站所用光伏逆变器）、B 型逆变器（通过 380V 电压等级接入电网，以及通过 10kV 及以下电压等级接入电网用户侧的光伏发电系统所用光伏逆变器，包含居住环境和直接连接到住宅低压供电网设施中使用的逆变器）。④按照光伏组件或方阵接入方式，可分为微型逆变器、组串式逆变器、集中式逆变器、集散式逆变器。目前，光伏逆变器市场以组串式和集中式为主，下面简单介绍一下此种方式分类的逆变器。

一、微型逆变器

微型逆变器一般指的是光伏发电系统中的功率小于等于 1kW、具有组件级 MPPT 的逆变器，也称组件逆变器或模块逆变器，如图 5-4 所示。该类逆变器体积小巧美观、质量轻盈，可以直接固定在组件背后，通常可接 1、2、4 个组件，直接完成逆变后并网，可以对每块组件进行独立的 MPPT 控制，能够大幅提高整体效率，同时也可以避免集中式逆变器具有的直流高压、弱光效应差、木桶效应等缺点。微型逆变器系统拓扑图如图 5-5 所示。目前，其单位成本较高，市场份额很少。

图 5-4　微型逆变器外形图

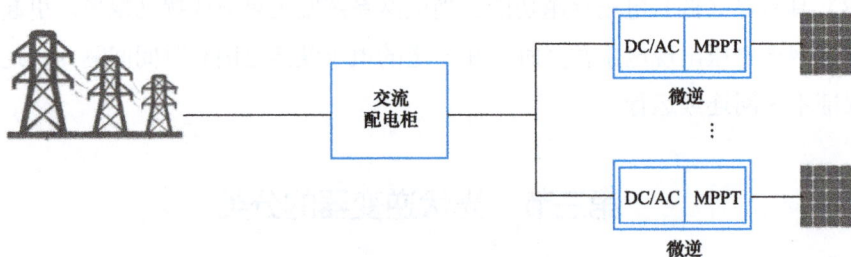

图 5-5　微型逆变器系统拓扑图

二、组串式逆变器

组串式逆变器把光伏方阵中每个光伏组串输入到一台逆变器中，再将所有逆变器转变成的交流电汇总后升压、并网。按照功率大小及并网应用情况可分为户用型逆变器、分布式逆变器、大型电站逆变器。

户用型逆变器包括单相组串式逆变器和三相组串式逆变器，若为单相形式，功率一般为 3～6kW，输入电压为 300～600V DC，输出电压（L/N）为 220/230V AC；若为三相形式，功率一般为 10～30kW，输入电压为 1100V DC，输出电压（L/L）为 380/400V AC。其外形如图 5-6 所示。

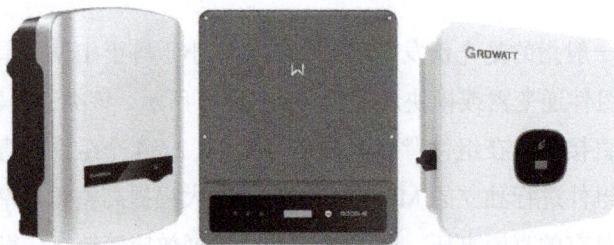

图 5-6　户用组串式逆变器外形图

分布式逆变器通常是三相形式，功率为 30～110kW，输入电压为 1100V DC，输出电压（L/L）为 400V AC。其外形如图 5-7 所示。

大型电站用组串式逆变器，单机功率通常在 150kW 以上，目前最大功率为 350kW，输入电压为 1500V DC，输出电压（L/L）为 800V AC。其外形如图 5-8 所示。

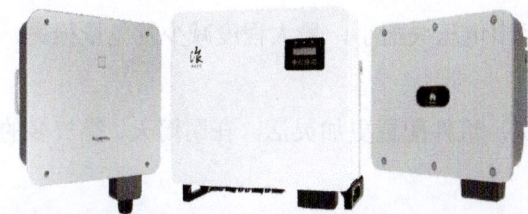

图 5-7　分布式组串式逆变器外形图

图 5-8　大型电站组串式逆变器外形图

组串式逆变器系统拓扑图如图 5-9 所示。光伏组串并联组成子阵，产生的直流电直接接入组串式逆变器：首先经过第一级拓扑结构 BOOST 电路完成升压，测出的 MPPT 控制也在此级拓扑内完成；其次将进入第二级拓扑完成逆变，将直流电转换成交流电，逆变器输出的交流电通过交流汇流箱进行汇流后接入变压器。

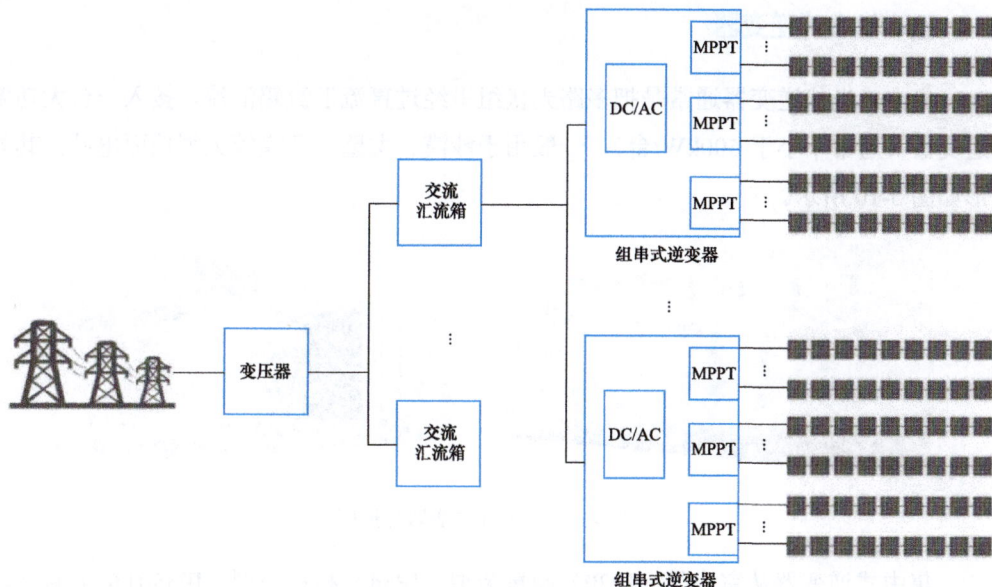

图 5-9　组串式逆变器系统拓扑图

（一）组串式逆变器的优点

（1）MPPT 路数较多，阴影遮挡和组串电压失配小，最大程度减少发电量损失，更适用于地形复杂的山地、丘陵电站；

（2）组串式逆变器 MPPT 电压范围宽，组件配置更加灵活，在阴雨天、雾气多的地区，发电时间长；

（3）MPPT 之间不互相影响，同一路 MPPT 组件类型和组串电压相同即可，可支持不同种类的组串混接；

（4）采用支架背面壁挂式安装，不占用建设用地，无需专业的安装工具和设备，安装灵活；

（5）防护等级高（通常为 IP66），可适用于高风沙和高盐雾应用场景；

（6）自耗电低、故障影响小。

（二）组串式逆变器的缺点

（1）逆变器内部结构紧凑，设计和制造难度大，功率器件与各电路板间隙小，高海拔适应性稍差；

（2）逆变器数量多，并网调试工作量大，电站总故障率会升高，数据传输量大，通信可靠性要求高，系统监控难度大；

（3）多个逆变器并联，子阵总谐波偏高，抑制难度大，容易产生谐振；

（4）分布式布置，电网响应和支撑性稍差；

（5）不带隔离变压器设计，不适合薄膜组件负极接地系统。

三、集中式逆变器

集中式光伏逆变器通常是把多路光伏组串经过直流汇流箱汇流，接入一台大功率逆变器（通常不小于 500kW/台），一般用于沙漠、戈壁、荒漠等大型地面电站，其外形如图 5-10 所示。

图 5-10　集中式逆变器外形图

集中式逆变器从室内型（IP20）向集装型（IP54）和户外型（IP55/IP65）转变，防护等级逐步提高，不仅更能适应安装环境的需要，同时减少土建和施工成本。集中式逆变器系统拓扑如图 5-11 所示，光伏组件串、并联组成子阵，产生的直流电经过直流汇流箱进行汇流，再输入到集中式逆变器中完成逆变，最后逆变器输出的交流电经变压器升压后并入电网。

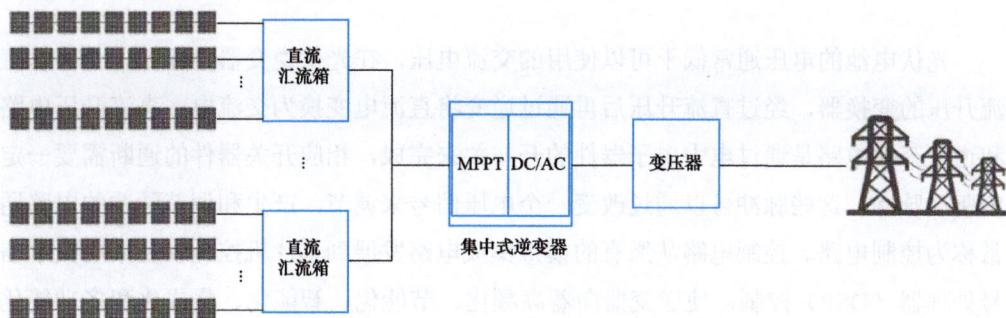

图 5-11　集中式逆变器系统拓扑图

（一）集中式逆变器的优点

（1）数量少，可集中安装，便于管理；

（2）集成度高，功率密度大，成本低；

（3）元器件少，故障点少，可靠性高，便于维护；

（4）谐波含量少，直流分量少，电能质量高；

（5）保护功能齐全，电站安全性高；

（6）有功调节能力支持一次调频，无功补偿能力可替代 SVG 功能，低电压穿越功能，电网调节性好。

（二）集中式逆变器的缺点

（1）直流汇流箱故障率较高，影响整个系统稳定。

（2）MPPT 电压范围较窄，启动电压高，发电时间稍短。

（3）不能进行精细化的组串 MPPT 功率控制，同一路 MPPT 下的直流汇流箱所连接的所有组串都会产生电压失配，组件配置不灵活，只适用于平坦地面电站。

（4）集中式逆变器需要专用的土建基础。其质量大，需要吊机安装，安装不灵活。

（5）防尘防水的等级稍低（IP 防护等级），应用在高风沙和高盐雾地区存在一定的风险。

（6）自身耗电以及机房通风散热耗电量大，系统维护相对复杂。

四、集散式逆变器

集散式逆变器综合了集中式逆变器和组串式逆变器的优点，兼顾"集中逆变"和"分散 MPPT 跟踪"，减少组串失配的概率，但复杂度高、控制难度大、故障率高。随着组串式逆变器的成本降低，集散式方案的优势正逐渐消失，慢慢退出市场。

第四节　光伏逆变器的电路构成

光伏电池的电压通常低于可以使用的交流电压，在光伏逆变器中存在一个可以直流升压的变换器，经过直流升压后再通过逆变将直流电变换为交流电。直流升压电路和逆变开关电路是通过电力电子器件的开与关来完成，相应开关器件的通断需要一定的驱动脉冲，这些脉冲可以通过改变一个电压信号来调节，产生和调节脉冲的电路通常称为控制电路。控制电路从原有的模拟集成电路发展到单片机控制以及采用数字信号处理器（DSP）控制，使逆变器向着高频化、节能化、智能化、集成化和多功能化方向发展。

逆变器的基本电路构成如图 5-12 所示，由输入电路、主逆变电路、输出电路、控制电路、辅助电路和保护电路等构成。

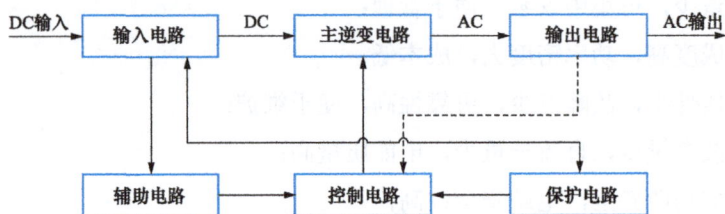

图 5-12　逆变器的基本电路构成示意图

一、输入电路

输入电路的主要作用是为主逆变电路提供可确保其正常工作的直流工作电压，同时为逆变器提供绝缘阻抗、输入电流和输入电压。

二、主逆变电路

主逆变电路是逆变器的核心，它的主要作用是通过半导体开关器件的导通和关断完成逆变的功能，把升压后的直流电转换成交流电。

三、输出电路

输出电路主要是对主逆变电路输出的交流电的波形、频率、电压、电流的幅值、相位等进行修正、补偿、调理，再经过滤波后，将符合要求的交流电馈入电网。输出电路同时含有电网电压检测、输出电流检测、接地故障漏电保护和输出隔离继电器等电路装置。

四、控制电路

控制电路主要是为主逆变电路提供一系列的控制脉冲来控制逆变开关器件的导通与关断，配合主逆变电路完成逆变功能，同时接受辅助电路的信号，向保护电路提供保护控制信号。

五、辅助电路

辅助电路主要是将输入电压变换成适合控制电路工作的直流电压。辅助电路还包含了多种检测电路。

六、保护电路

保护电路主要是监测逆变器运行状态，并在出现异常时触发内部保护元件实施保护。保护电路包括输入过电压保护、欠电压保护、输入过流保护、输出过电压、欠电压保护、输出限流保护、电网电压保护、电网频率保护、防孤岛保护、防雷保护、漏电流保护等电路。

第五节　光伏逆变器的主要元器件

随着微电子技术与电力电子技术的快速迅速发展，新型大功率半导体开关器件和驱动、控制电路的出现促进了逆变器的快速发展和技术完善。光伏逆变器主要由机构件、电感、半导体器件等构成，半导体器件和集成电路材料主要为绝缘栅双极型晶体管（insulated gate bipolar transistor，IGBT）元器件、IC 半导体，其中以绝缘栅双极晶体管 IGBT 构成的全桥逆变器电路应用较为广泛。通常光伏逆变器需要关注的主要元器件有半导体功率开关器件（IGBT）、直流开关、直流滤波电容、母线支撑电容、交流接触器/继电器、交/直流防雷器等。

一、半导体功率开关器件（IGBT）

IGBT 是能源变换与传输的核心器件，主要用于实现电压、频率、直流交流转换等功能。IGBT 作为功率器件，在逆变器中承担着功率变换和能量传输的重要作用。

二、直流开关

直流开关用于分合直流电流。直流开关又称为直流快速开关或直流快速自动开关，能对直流电路进行分闸、合闸操作，并在短路、过载、逆流（反向）时起保护跳闸作用。

三、直流滤波电容

IGBT 在工作时，不仅向交流侧传递干扰信号，同时也向直流侧传导干扰信号。当有多台逆变器并联时，如果没有直流滤波，逆变器之间会互相干扰，产生通信异常，造成远程无法控制。同时，逆变器对直流线缆产生的干扰，会通过各种途径耦合到交流侧，对电能质量产生影响。

逆变器主要使用直流滤波电容作为滤波元器件。直流滤波电容并联在逆变器电源电路输入端，用于降低直流脉动波纹系数、平滑直流输出。直流滤波电容不仅使电源直流输出平稳，降低交变脉动波纹对电子电路的影响，同时还可吸收电子电路工作过程中产生的电流波动和经由交流电源串入的干扰，使得电子电路的工作性能更加稳定。

四、母线支撑电容

母线支撑电容是逆变器的主要元器件，安装在 IGBT 模块前端，用于稳定 IGBT 母线上的电压值。逆变器的母线支撑电容通常采用薄膜电容和电解电容两种，综合成本及稳定性。目前，整个行业基本上都用薄膜电容做母线支持电容，电解电容用于滤波。

五、交流接触器/继电器

连接逆变器与交流电网的自动控制关键器件。逆变器具备并网发电条件，则并网接触器闭合，逆变器与电网连通；反之，断开。交流接触器主要是用于集中型逆变器，对于组串型逆变器通常用交流继电器实现相应功能。

六、交、直流防雷器

浪涌保护器安装在电源线上，当雷电侵入电源传输线时，将雷电流泄放到大地，并把雷电过电压限制在用电设备允许的耐压范围内，以确保电气设备安全运行。逆变器要求具备完备的交、直流防雷保护功能。其中，交流进线侧和直流进线侧的防雷保护等级不低于Ⅱ级。

第六节　光伏逆变器的电路原理

一、单相逆变器电路原理

逆变器的工作原理是通过功率半导体开关器件的导通和关断作用，把直流电能变换成交流电能的。单相逆变器的基本电路有半桥式和全桥式等。在电路中使用具有开关特性的半导体功率器件，由控制电路周期性地对功率器件发出开关脉冲控制信号，控制各个功率器件轮流导通和关断，再经过变压器耦合升压或降压后，整形滤波输出符合要求的交流电。

（一）半桥式逆变电路

半桥式逆变电路原理如图 5-13 所示。该电路由两只功率开关管（VT_1、VT_2）、两只储能电容器（C_1、C_2）和耦合变压器（B）等组成。该电路将两只串联电容的中点作为参考点，当功率开关管 VT_1 在控制电路的作用下导通时，电容 C_1 上的能量通过变压器一次侧释放；当功率开关管 VT_2 导通时，电容 C_2 上的能量通过变压器一次侧释放，VT_1 和 VT_2 的轮流导通，在变压器二次侧获得了交流电能。半桥式逆变电路结构简单，由于两只串联电容器的作用，不会产生磁偏或直流分量，非常适合后级带变压器负载。但该电路工作在工频（50Hz 或者 60Hz）时，需要较大的电容容量，使电路的成本上升，因此该电路更适合用于高频逆变器电路中。

（二）全桥式逆变电路

全桥式逆变电路原理如图 5-14 所示，该电路由 4 只功率开关管和变压器等组成。该电路克服了推挽式逆变电路的缺点，功率开关管 VT_1、VT_4 和 VT_2、VT_3 反相。VT_1、VT_3 和 VT_2、VT_4 轮流导通，使负载两端得到交流电能。

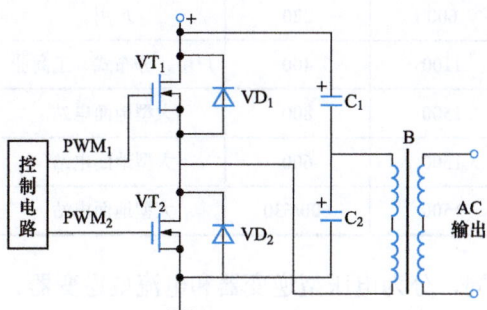

图 5-13 半桥式逆变电路原理图

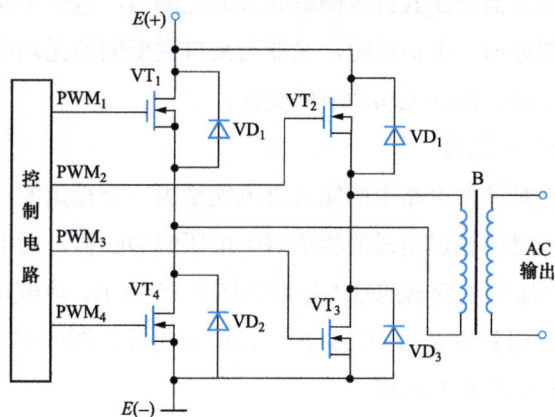

图 5-14 全桥式逆变电路原理图

上述电路都是逆变器的最基本电路，在实际应用中，中、小功率的逆变器多应用于户用或分布式场景中，国内在中东部地区应用较多，而这些地方光照受多云、阴雨天气影响较大，光伏组件或方阵输出的直流电压都不太高，要得到220/380V的交流电，无论是半桥还是全桥式的逆变电路，其输出都必须增加工频升压变压器，一般采用DC/DC+DC/AC的两级结构，避免工频变压器体积大、效率低、笨重等问题。

二、三相逆变器电路原理

单相逆变器电路由于受到功率开关器件的容量、零线（中性线）电流、电网负载平衡要求和用电负载性质等的限制，容量一般都在10kVA以下。大容量的逆变器大多采用三相形式。目前常见的并网形式如表5-2所示。

表5-2　　　　　　　　　　　　并　网　形　式

并网类型	逆变器类型	主电路结构	单机功率段（kW）	直流侧最高电压（V）	交流侧额定电压（V）	应用场景
低压并网	单相组串式	DC/DC+DC/AC	<10	600	220	户用
	三相组串式	DC/DC+DC/AC	10～110	1100	400	户用、分布式、工商业
中压并网	三相组串式	DC/DC+DC/AC	100～350	1500	800	大型地面电站
	三相组串式	DC/AC	50～150	1500	600	大型地面电站
	三相集中式	DC/AC	>1000	1500	600/630	大型地面电站

三相逆变器按照直流侧滤波器形式的不同，分为电压型逆变器和电流型逆变器。电压型逆变器在其直流侧并联有大电容器，这个大电容器既能抑制直流电压的波纹，减小直流电源的内阻，使直流侧近似为恒压源，又可为来自逆变侧的无功电流流动提供通路。而电流型逆变器是在其直流侧串联大的电感器，这个电感器既能抑制直流电流的波纹，使直流侧近似一个恒流源，又能为来自逆变侧的无功电压分量提供支撑，维持电路间电压的平衡，保证无功功率的交换。

（一）三相电压型逆变器

电压型逆变器就是逆变电路中的输入直流能量由一个稳定的电压源提供。其特点是逆变器在脉宽调制时的输出电压的幅值等于电压源的幅值，而电流波形取决于实际的负载阻抗。三相电压型逆变器的基本电路如图5-15所示。该电路主要由6只功率开关器件和6只续流二极管以及带中性点的直流电源构成。图5-15中，负载L和R表示三相负载的各路相电感和相电阻。

功率开关器件VT_1～VT_6在控制电路的作用下，当控制信号为三相互差120°的脉冲信号时，可以控制每个功率开关器件导通180°或120°，相邻两个开关器件的导通时间互差60°，逆变器三个桥臂中上部和下部开关元件以180°间隔交替开通和关断，

$VT_1 \sim VT_6$ 以 60°的电位差依次开通和关断，在逆变器输出端形成 a、b、c 三相电压。

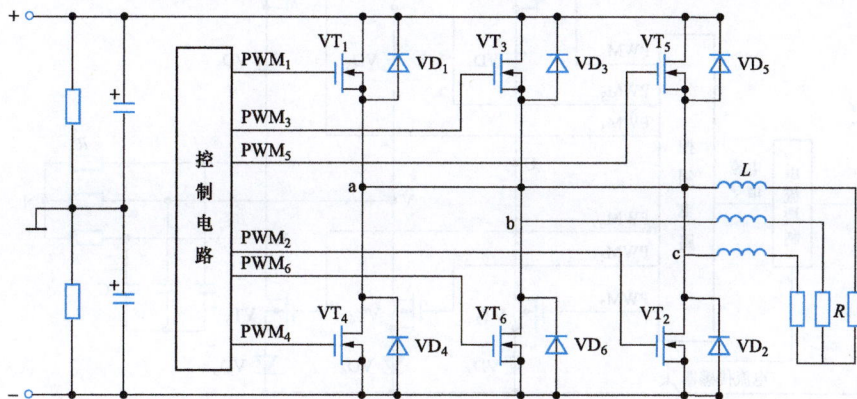

图 5-15 三相电压型逆变器电路原理图

控制电路输出的开关控制信号可以是方波、阶梯波、脉宽调制方波、脉宽调制三角波和锯齿波等，其中后三种脉宽调制的波形都是以基础波作为载波，正弦波作为调制波，最后输出正弦波。普通方波和被正弦波调制的方波的区别如图 5-16 所示。与普通方波信号相比，被调制的方波信号是按照正弦波规律变化的系列方波信号，即普通方波信号是连续导通的，而被调制的方波信号要在正弦波调制的周期内导通和关断 N 次。

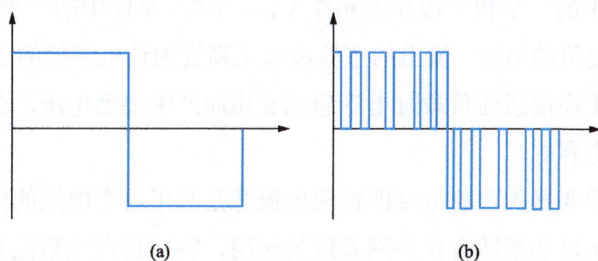

(a)　　　　　　　　(b)

图 5-16 方波和被调制方波波形示意图

（a）方波；（b）调制方波

（二）三相电流型逆变器

电流型逆变器的直流输入电源是一个恒定的直流电流源，需要调制的是电流，若一个矩形电流注入负载，电压波形则是在负载阻抗的作用下生成的。在电流型逆变器中，有两种不同的方法控制基波电流的幅值，一种方法是直流电流源的幅值变化法，这种方法使得交流电输出侧的电流控制比较简单；另一种方法是用脉宽调制来控制基波电流。三相电流型逆变器的基本电路如图 5-17 所示。该电路由 6 只功率开关器件和6 只阻断二极管以及直流恒流电源、浪涌吸收电容等构成，R 为用电负载。

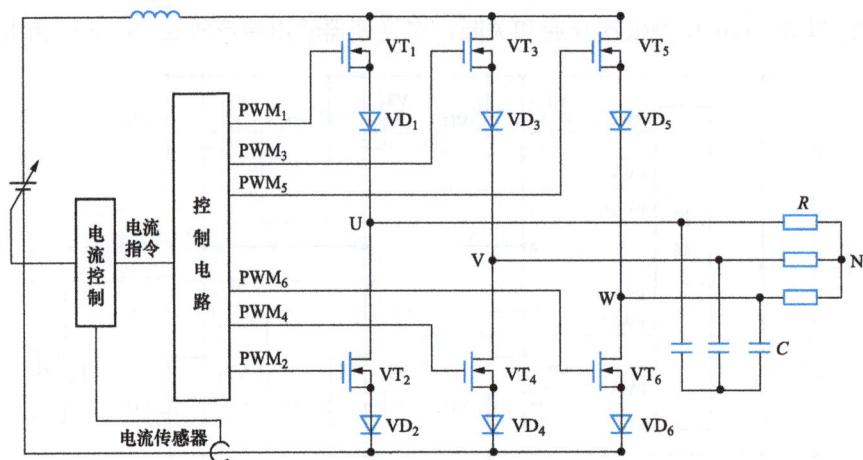

图 5-17 三相电流型逆变器电路原理图

电流型逆变器的特点是在直流输入侧串接了较大的滤波电感，使直流电流的波动变化较小。当功率开关器件开关动作和切换时，都能保持电流的稳定和连续；当负载功率因数变化时，交流输出电流的波形不变，即交流输出电流波形与负载无关。在电路结构上与电压型逆变器不同的是，电压型逆变器在每个功率开关元件上并联了一只续流二极管，而电流型逆变器则是在每个功率开关元件上串联了一只反向阻断二极管。

电流型逆变器开关动作的方法与电压型逆变器不同，三个桥臂中上边开关元件 VT_1、VT_3、VT_5 中的一个和下边开关元件 VT_2、VT_4、VT_5 中的一个，均可按每隔 1/3 周期分别流过一定值的电流，输出的电流波形是高度为该电流值的 120°通电期间的方波。另外，为防止连接感性负载时电流急剧变化而产生浪涌电压，在逆变器的输出端并联了浪涌吸收电容 C。

三相电流型逆变器的直流电源即直流电流源是利用可变电压的电源通过电流反馈控制来实现的，所以非常适合在并网系统的应用，特别是在太阳能光伏发电系统中，电流型逆变器有着独特的优势。

第七节　光伏逆变器的技术参数与选用

一、光伏逆变器的技术参数

在光伏系统中，光伏逆变器的技术指标及参数主要受组件、负载和并网要求的影响，其主要技术参数介绍如下：

（一）直流输入参数

（1）启动电压：逆变器开机需要满足的直流输入电压，当达到启动电压后，电源和控制系统启动，但此时逆变器不发电。

（2）最低工作电压：通常高于启动电压 50V 以上，逆变器开始并网，影响发电时长。

（3）最大直流输入电压：指光伏发电系统中逆变器能承受的最大直流电压。并网逆变器的最大输入电压有 600、800、1100、1500V 等。

（4）MPPT 电压范围：逆变器运行时能够搜索的直流电压范围，满载 MPPT 电压范围是指 MPPT 中 BOOST 升压电路不工作的电压范围，用于决定每个组串的组件串联数，光伏组串 V_{mpp}（V）的最低工作电压应高于逆变器满载 MPPT 电压范围的最小值。

（5）MPPT 路数：指逆变器具有的最大功率点跟踪处理电路的路数，MPPT 数量越多成本越高，复杂环境适应性越好。目前地面电站采用组串式，最少可接入 2 串/MPPT（每 2 串光伏组串接 1 路 MPPT）。

（6）组串的最大输入电流：逆变器能承受的光伏组串输入的直流工作电流，选型时要保证每路光伏组串的工作电流小于逆变器的最大输入电流，决定系统匹配的组件类型。

（二）交流输出参数

（1）最大输出功率：决定光伏系统的容配比情况，通常逆变器具有 10%超配能力，即 1.1 倍的过载能力。

（2）电网形式和电网电压范围：涉及逆变器输出与电网形式及电压范围的匹配。

（3）电流总畸变率与直流分量：必须达到电网要求，方能并网。根据 NB/T 32004《光伏并网逆变器技术规范》相关要求，电流总畸变率小于 5%，直流分量小于 0.5%的额定电流。

（4）功率因数及可调范围：反映逆变器无功补偿的能力。

（三）保护功能

光伏发电系统应该具备较高的安全性和可靠性，作为光伏发电系统重要组成部分的逆变器应具有如下保护功能：

（1）输入欠电压保护：当输入电压低于规定的欠电压断开（LVD）值时，即低于额定电压的 85%时，逆变器应能自动关机保护和作出相应显示。

（2）输入过电压保护：当输入电压高于规定的过电压断开（HVD）值时，即高于额定电压的 130%时，逆变器应能自动关机保护和作出相应显示。

（3）过电流保护：应能保证在负载发生短路或电流超过允许值时及时动作，使其免受浪涌电流的损伤。当工作电流超过额定值的 150%时，逆变器应能自动保护。当电流恢复正常后，设备又能正常工作。

（4）短路保护：当逆变器输出短路时，应具有短路保护措施。逆变器短路保护动作时间应不超过 0.5s。短路故障排除后，设备应能正常工作。

（5）极性反接保护：逆变器的正极输入端和负极输入端反接时逆变器应能自我保护。待极性正接后，设备应能正常工作。

（6）防雷保护：防雷器件的技术指标应能保证吸收预期的冲击能量，直、交流侧防雷应满足Ⅱ级防雷要求。

（7）防孤岛保护：当电网停电失压时，逆变器因失压而同时停止工作，具有防止孤岛效应发生的功能。

（四）安全性能要求

（1）绝缘电阻：逆变器直流输入与机壳间的绝缘电阻应大于等于 50MΩ，逆变器交流输出与机壳间的绝缘电阻也应大于等于 50MΩ。

（2）绝缘强度：逆变器的直流输入与机壳间应能承受频率为 50Hz、正弦波交流电压为 500V、历时 1min 的绝缘强度试验，无击穿或飞弧现象。逆变器的交流输出与机壳间应能承受频率为 50Hz、正弦波交流电压为 1500V、历时 1min 的绝缘强度试验，无击穿或飞弧现象。

（五）通用参数

（1）防护等级：组串式逆变器通常为 IP66，集中式逆变器 IP55 或者 IP65（6，完全防止灰尘侵入；5，防止大浪或喷水孔急速喷出的水侵入）。

（2）工作温度与海拔：地面电站用逆变器通常能做到 4000m，40℃以下满功率运行。

（3）冷却方式与噪声：强制风冷和自然散热，安装环境影响风扇及逆变器寿命，同时风扇噪声也不小，NB/T 32004《光伏并网逆变器技术规范》中要求小于 80dB（噪声测量是距离机器 1m 远，测量前后左右 4 个点的均值）。

（4）显示方式：LCD 或指示灯+蓝牙+手机 App。

（5）通信协议：智能设备之间完成信息交换、资源共享所必须遵循的规则和约定，交流什么、怎样交流及何时交流都必须遵循此规则和约定。逆变器一般采用 RS485、PLC，以太网等通信协议。

光伏逆变器的主要参数如表 5-3 所示。

表 5-3　　　　　　　　　　光伏逆变器主要参数表

直流输入	最大光伏方阵功率（kWp）
	最大方阵开路电压（V）
	最大输入电流（A）
	直流输入电压范围（V）
	MPPT 电压跟踪范围（V）
	MPPT 综合跟踪效率保证值（%）

交流输出	额定交流输出功率（kW）	
	工作电压范围（V±%）相电压	
	工作频率范围（Hz±%）	
	最高转换效率（%）	
	中国效率（%）	
	功率因数	
	电流总谐波畸变率（%）	
	夜间自耗电（W）	
	噪声（dB）	
基本功能	过/欠压保护、过/欠频保护、过流保护、内部短路保护、防反放电保护、极性反接保护、过载保护、功率因数控制功能（有/无）	
	低电压穿越功能（有/无）	
	高电压穿越功能（有/无）	
	RS485 通信接口（有/无）	
	PLC/MBUS（有/无）	
安全要求	绝缘电阻	
	绝缘强度	
	外壳防护等级	
尺寸	宽×高×厚（mm）	
	质量（kg）	

二、光伏逆变器的选用

随着光伏发电系统及光伏电站类型日益多样化，对光伏发电系统的设计选型要求更高，光伏逆变器的选型应当遵循"因地制宜、科学设计"的基本原理。结合项目现场环境、电站分布情况、当地气候条件等因素选择合适的逆变器，不仅可以节省工程成本、简化安装条件、缩短安装时耗，而且可以有效提高系统发电效率。逆变器的选型一般还要重点考虑下列几项技术指标。

（一）输入/输出电压范围

选择逆变器时，需考虑逆变器满载 MPPT 的电压范围匹配组串的输出电压（高温/低温/弱光等情况），确保逆变器正常并网发电。同时需要考虑逆变器的交流电压满足电网电压的波动范围，特别是在选择分布式/户用逆变器时候，需要考虑并网点较远带来的逆变器输出电压升高的问题（可能会导致交流侧过压保护）。

（二）最大的组串输入电流

目前市场上主要有 182mm 和 210mm 组件，最大输出电流在 13.8A 和 18.5A 左右，所以对组串式逆变器来说，特别是 2 路组串接 1 路 MPPT，需要考虑组串的最大输入电流，MPPT 最大电流达到 30A 或 40A。

（三）额定输出容量

额定输出容量表示逆变器向负载供电的能力。选用逆变器时应考虑具有足够的额定容量，以满足最大负荷下设备对电功率的要求。同时为了获得最低的 LCOE（度电成本），需要考虑项目地的容配比（DC 容量/AC 容量），最大化地提高逆变器的利用率。

（四）整机效率

整机效率表示逆变器自身功率损耗的大小。容量较大的逆变器还要给出满负荷工作和低负荷工作下的效率值。

目前在国内市场，逆变器可考量的两个效率指标，即最大效率和中国效率。地面电站用逆变器最大效率已经达到 99%，中国效率达到 98.5%。分布式/户用逆变器的最大转换效率和中国效率也都已经在 98% 以上，并需要提供第三方（CGC 或 CQC）的测试报告。

（五）PID 的抑制功能

组件的 PID 衰减效应，随着时间的推移，衰减会越来越大，进而影响电量收益，因此选用逆变器时，需要考虑逆变器（含子阵方案）具备 PID 抑制功能。

（六）防护和防腐等级

光伏逆变器室外应用的环境比较恶劣，为了保证 25 年的寿命，根据不同的应用环境选择不同的防护和防腐等级，特别是高风沙（建议组串式 IP66、集中式 IP65）、高盐雾（如海边，建议 C5）的应用环境。

第六章

光伏发电的最大功率点跟踪技术

第一节 MPPT 概 述

在光伏发电系统中，光伏组件对太阳能的利用率除了与其内部特性相关，也受到使用环境的影响（如太阳辐照度、负载、环境温度等）。在不同的外界条件下，光伏组件可运行在不同的且唯一的最大功率点（maximum power point，MPP）上，对于光伏发电系统，需保持光伏组件工作在最优状态，从而最大限度地将太阳能转化为电能。因此，如何跟踪光伏阵列最大功率点对于提高系统的整体效率有着极其重要的意义。

根据 NB/T 32004《光伏并网逆变器技术规范》的定义，光伏逆变器的最大功率点跟踪（maximum power point tracking，MPPT）是指对因光伏方阵表面温度变化和太阳辐照度变化而产生的输出电压与电流的变化进行跟踪控制，使方阵一直保持在最大输出工作状态，以获得最大功率输出的自动调整行为。最大功率点跟踪的目标是让太阳能电池实时输出最大功率，使其发挥最大效率。

根据光伏电池的单二极管模型，在正常工作情况下的随辐照度和温度变化的光伏电池 $U\text{-}I$ 和 $P\text{-}U$ 特性曲线分别如图 6-1 和图 6-2 所示。由于光伏电池运行受外界环境

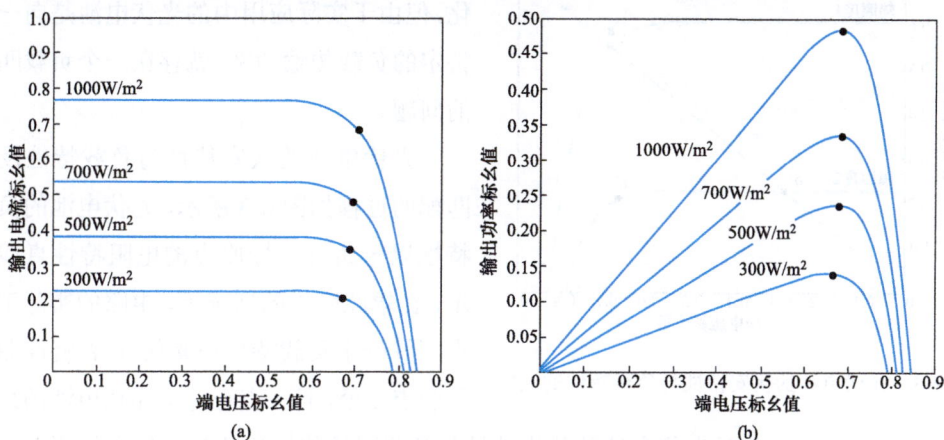

图 6-1　相同温度不同辐照度条件下光伏电池特性

（a）$U\text{-}I$ 特性；（b）$P\text{-}U$ 特性

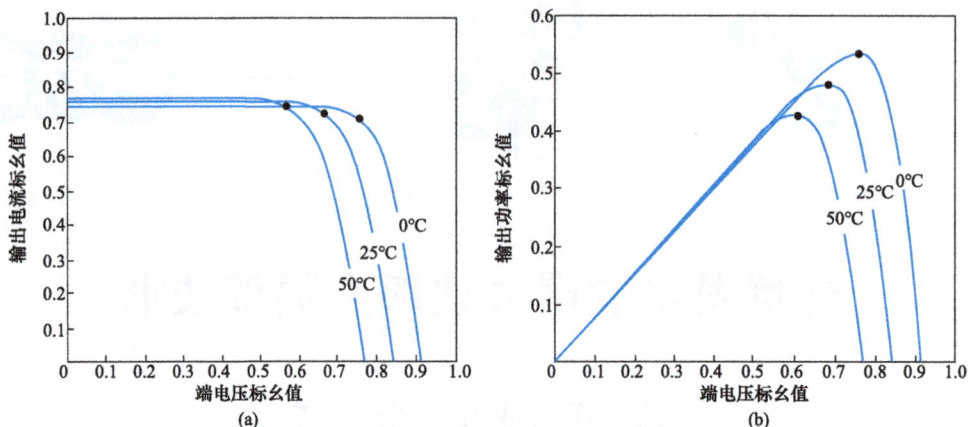

图 6-2　相同辐照度而不同温度条件下光伏电池特性

（a）*U-I* 特性；（b）*P-U* 特性

温度、辐照度等因素的影响，呈现出典型的非线性特征。因理论上很难得出非常精确的光伏电池数学模型，通过数学模型的实时计算来实现光伏系统准确的 MPPT 控制是较为困难的。

根据电路原理，当光伏电池的输出阻抗和负载阻抗相等时，光伏电池的输出功率最大，光伏电池的 MPPT 过程实际上就是使光伏电池输出阻抗和负载阻抗等值相匹配的过程。由于光伏电池的输出阻抗受环境因素的影响，如果能通过控制方法实现对负载阻抗的实时调节，并使其跟踪光伏电池的输出阻抗，就可以实现光伏电池的 MPPT 控制。为了方便讨论，光伏电池的等效阻抗 R_{opt} 被定义成最大功率点电压 U_{mpp} 和最大功率点电流 I_{mpp} 的比值，即 $R_{opt}=U_{mpp}/I_{mpp}$。当外界环境发生变化时，R_{opt} 也将发生变化，但由于实际应用中的光伏电池是向一个特定的负载传输功率，就存在一个负载匹配的问题。

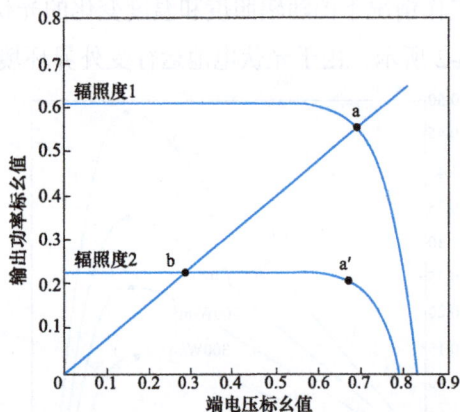

图 6-3　光伏电池的伏安特性与负载特性的匹配

光伏电池的伏安特性与负载特性及其匹配的过程如图 6-3 所示，光伏电池的负载特性以一条过坐标原点的电阻特性直线表示，在辐照度 1 的情况下，电路的实际工作点正好处于负载特性与光伏 *U-I* 特性曲线的交点 a 处，且 a 点正好是光伏电池的最大功率点（MPP），此时光伏电池的伏安特性与负载阻抗特性相匹配。但在辐照度 2 的情况下，电路的实际工作点则处于 b 处，而此时的最大功率点却在 a′处，必须进行相应的负载阻抗匹配控制，使电路的实际工作点处于最大功率点 a′处，实现光伏电池最大功率发电。

传统的 MPPT 方法有开环和闭环两种，主要依据判断方法和准则的不同进行区分。实际上外界温度、光照和负载的变化对光伏电池输出特性曲线的影响呈现基本的规律，如光伏电池的最大功率点电压 U_{mpp} 与光伏电池的开路电压 U_{oc} 之间存在近似的线性关系等。开环 MPPT 方法主要根据光伏电池开路电压和最大功率点电压之间的关系进行调节，方法简便、易行，但对光伏电池的输出特性有较强的依赖性，只是近似跟踪最大功率点效率较低，常与直接跟踪方法配合使用。闭环 MPPT 方法则通过对光伏电池输出电压和电流值的实时测量与闭环控制来实现 MPPT，适用范围更广泛。

随着模糊控制理论和人工神经网络理论的不断发展和完善，智能 MPPT 控制的应用也越来越广泛，其优点是不依赖于系统的模型，对各种工作情形均有较强的适应性。

第二节　常见 MPPT 方法

一、基于输出特性曲线的开环 MPPT 方法

基于输出特性曲线的开环 MPPT 方法从光伏电池的输出特性曲线的基本规律出发，通过简单的开环控制来实现 MPPT，常用的方法介绍如下。

（一）定电压跟踪法

由图 6-1 可知，在辐照度大于一定值并且温度变化不大时，光伏电池的输出 P-U 曲线上的最大功率点几乎分布于一条垂直线的两侧附近。因此，若能将光伏电池输出电压控制在其最大功率点附近的某一定电压处，光伏电池将获得近似的最大功率输出，这种 MPPT 控制称为定电压跟踪法。

定电压跟踪法是一种开环的 MPPT 算法，基于光伏电池的最大功率点电压 U_{mpp} 与光伏电池的开路电压 U_{oc} 之间存在近似的线性关系，即 $U_{mpp} \approx k_1 \times U_{oc}$（其中，系数 k_1 的值取决于光伏电池的特性，一般 k_1 的取值为 0.8 左右），其控制简单、快速，但由于忽略了温度对光伏电池输出电压的影响，故温差越大，该方法跟踪最大功率点的误差也就越大。虽然定电压跟踪法难以准确实现 MPPT，但其具有控制简单并快速接近最大功率点的优点，因此电压跟踪法常与其他闭环 MPPT 方法组合使用。一般可以在光伏系统启动过程中先采用定电压跟踪法使工作点电压快速接近最大功率点电压，然后再采用其他闭环的 MPPT 算法进一步搜索最大功率点，这种组合的 MPPT 方法可以有效降低启动过程中对远离最大功率点区域进行搜索所造成的功率损耗。定电压跟踪法一般可以用于低价且控制要求不高的简易系统中。

（二）短路电流比例系数法

由图 6-1 可知，在辐照度大于一定值并且温度变化不大时，光伏电池的输出 U-I 曲线最大功率点电流 I_{mpp} 与光伏电池短路电流 I_{sc} 也存在近似的线性关系，即 $I_{mpp} \approx k_2 \times I_{sc}$（其中，系数 k_2 的值取决于光伏电池的特性，一般 k_2 的取值大约为 0.9）。实际应用时，可在逆变器中添加相关的功率开关，通过周期性短路光伏电池的输出端来测得 I_{sc}，该方法也属于开环 MPPT 算法。因为该方法需要测量 U_{oc} 时将负载侧断开，存在瞬时的功率损失，而测量 I_{sc} 比测量 U_{oc} 更加复杂，因此短路电流比例系数法实际中较少应用。

（三）插值计算法

定电压跟踪法和短路电流比例系数法在外部条件发生较大变化时，处于最大功率点附近的工作点会出现偏移，如图 6-4 所示。当采用定电压跟踪法时，工作点电压为 U_1，当外部条件变化时，输出功率从原先最大输出功率 P_1 转变为 P'_1，而此时实际应输出的最大功率为 P_2，所对应的最大功率点电压应为 U_2，U_1 明显偏离实际的最大功率点区域。

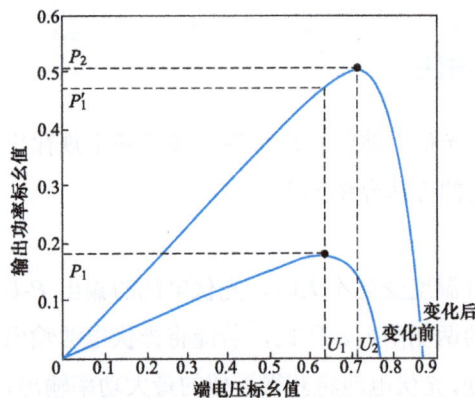

图 6-4　外部条件变化时工作点变化情况示意

针对上述情况，可以考虑根据数值分析的相关理论，通过采样点提供的数据进行插值计算，从而计算出处于最大功率点附近区域的工作点，这种方法称为插值计算法。其基本思路就是依据有限工作点提供的信息并利用拉格朗日插值运算拟合出一条以占空比为自变量的光伏电池输出功率曲线，当拟合曲线上最大输出功率与该占空比对应的实际输出功率差满足一定条件时，即将该点作为最大功率点输出。插值计算法较定电压跟踪法和短路电流比例系数法具有更高的准确性。

二、典型的闭环 MPPT 方法

闭环 MPPT 方法使用最广泛的是自寻优类算法。从图 6-1 中可以看出，正常光照条件下光伏电池的输出 P-U 特性曲线是一个以最大功率点为极值的单峰值函数，因此，在最大功率点处有

$$\frac{\mathrm{d}P}{\mathrm{d}U} = 0 \qquad\qquad (6\text{-}1)$$

自寻优类 MPPT 算法实际上就是通过自寻优控制，以使工作点满足式（6-1）条件。

考虑到系统运行时的数字控制，式（6-1）条件以 $\Delta P/\Delta U=0$ 来近似取代。实际中常采用对电压值进行步进搜索的方法，即从起始状态开始，每次对电压值做一有限变化（ΔU），计算前、后两次的功率全增量（ΔP）的值。由于在同一搜索过程中，ΔU 值一定且不为 0，不论扰动的方向如何，系统总是朝 ΔP 为正值的方向搜索。当 ΔP 值足够小时，系统判定为最大功率点，从而实现自寻优控制。典型的自寻优类 MPPT 算法有扰动观察法和电导增量法。

（一）扰动观测法

扰动观测法（perturbation and observation method，P&O）是实现 MPPT 最常用的自寻优类方法之一。扰动光伏电池的输出电压（或电流），然后观测光伏电池输出功率变化，根据功率变化的趋势连续改变扰动电压（或电流）方向，使光伏电池最终工作在其最大功率点。对于光伏并网系统，从观测对象角度来说，扰动观测法又可以分为两种，一种是基于并网逆变器输入参数的扰动观测法；另一种是基于并网逆变器输出参数的扰动观测法。

基于并网逆变器输入参数的扰动观测法直接检测逆变器输入侧光伏电池的输出电压和电流，通过计算光伏电池的输出功率并采用功率扰动寻优的方法来跟踪光伏电池的最大输出功率点。而基于输出参数的扰动观测法则是在不考虑逆变器损耗的情况下，根据功率守恒原理（逆变器输入功率等于逆变器输出功率），通过并网逆变器网侧输出功率扰动寻优的方法来跟踪光伏电池的最大输出功率点，实际上这是一种光伏并网逆变系统的 MPPT 方法。以下以基于并网逆变器输入参数的扰动观测法为例介绍其基本原理。

一般条件下，光伏电池 P-U 特性曲线是一个以最大功率点为极值的单峰值函数，这一特点为采用扰动观测法来寻找最大功率点提供了条件。扰动观测法实际上采用了步进搜索的思路，从起始状态开始，每次对输入信号做有限变化，然后测量由于输入信号变化引起输出变化的大小及方向，待方向辨别后，再控制被控对象的输入按需要的方向调节，从而实现自寻最优控制。在扰动观测法中，电压初始值及扰动电压步长对跟踪精度和速度都有很大影响。

扰动观测法具有控制概念清晰、简单、被测参数少等优点，因此被普遍地应用于实际光伏系统的 MPPT 控制。

（二）电导增量法

电导增量法（incremental conductance method，INC），主要基于光伏电池输出功率随输出电压变化率而变化的规律，推导系统工作点位于最大功率点时的电导和电导变化率之间的关系，进而提出相应的 MPPT 算法。图 6-5 给出了光伏电池 P-U 特性曲线及 $\mathrm{d}P/\mathrm{d}U$ 变化特征。在光强维持不变的情况下，仅存在一个最大功率点，且最大功率点两边 $\mathrm{d}P/\mathrm{d}U$ 符号相异，在最大功率点处 $\mathrm{d}P/\mathrm{d}U=0$，通过对 $\mathrm{d}P/\mathrm{d}U$ 的定量分析，可以得到相应的最大功率点判据。

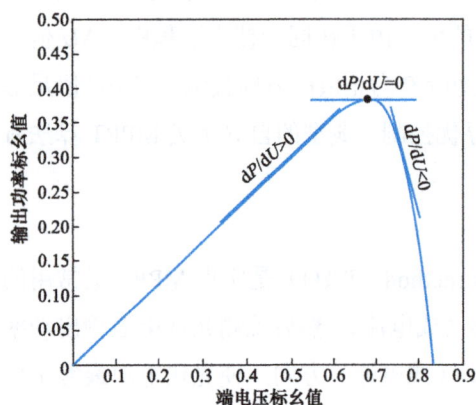

图 6-5 光伏电池 $P\text{-}U$ 特性的 dP/dU 变化特征

由于采样与控制精度的限制，实际应用中可以将 $dP/dU=0$ 条件改造为 $dP/dU<\varepsilon$，其中 ε 是在满足最大功率点跟踪一定精度范围内的阈值，由具体的要求决定。电导增量法对控制系统的要求则相对较高，电压初始化参数对系统启动过程中的跟踪性能有较大影响。采用电导增量法的主要优点是 MPPT 的控制稳定度高，当外部环境参数变化时，系统能平稳地追踪其变化，且与光伏电池的特性及参数无关，在需要高性能的控制场合，电导增量法是比较理想的 MPPT 策略。

三、智能 MPPT 方法

（一）基于模糊理论的 MPPT 控制

模糊控制是以模糊集合理论为基础的一种新兴的控制手段，它是模糊系统理论与自动控制技术相结合的产物，特别适用于数学模型未知的、复杂的非线性系统。而光伏系统正是一个强非线性系统，太阳电池的工作情况也很难用精确的数学模型描述出来，因此采用模糊控制的方法来进行太阳电池的最大功率点跟踪是非常合适的。

基于模糊理论的 MPPT 控制的基本原理是引入模糊控制。为实现 MPPT 控制，首先确定模糊逻辑控制器的输入和输出变量，然后将采样得到的数据经过运算，判定出工作点与最大功率点之间的位置关系，自动校正工作点电压值，使工作点趋于最大功率点。将模糊控制引入到光伏系统的 MPPT 控制中，系统能快速响应外部环境变化，减轻最大功率点附近的功率振荡。

（二）基于人工神经网络的 MPPT 控制

人工神经网络控制不依赖模型，适合于非线性控制领域。因此，基于神经网络的智能控制方法也被用于并网光伏逆变器的 MPPT 技术中。下面以检测信号为电压的 MPPT 控制器为例，对最基本的神经网络算法及其在并网光伏逆变器 MPPT 控制中的应用进行介绍。

基本原理是在并网光伏发电系统中，基于神经网络的 MPPT 控制器可以利用三层前馈神经网络与 PID 控制器相结合来控制逆变器，以使光伏电池工作在最大输出功率状态。系统要求控制环节实时估算出光伏电池的最大功率点，神经网络算法恰恰可以满足这一要求。图 6-6 所示为以光伏电池的开路电压 U_{oc} 和时间参数 T_p 为输入信号的三层神经网络。在工作过程中，算法基于输入的开路电压 U_{oc} 和时间参数 T_p 的信息估算出实时的最大功率点电压值 U_{mpp}，并将 U_{mpp} 与相同的采样频率下采得的输出电压 U_{dc} 进行比较，比较后的结果作为 PID 调节器的输入，在调节器输出端得到逆变器的控制信号，从而调节工作电压 U_{dc} 跟踪最大功率点电压 U_{mpp}。

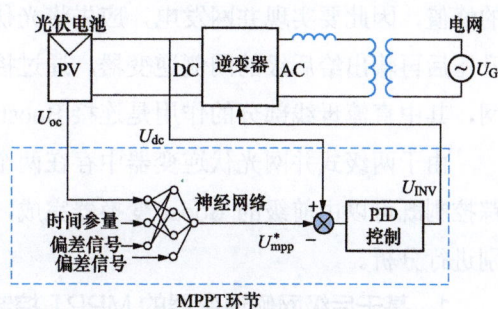

图 6-6　基于神经网络的 MPPT 控制器的控制结构图

（三）基于智能方法的 MPPT 复合控制

智能方法虽然设计过程复杂，但可以自行对多种不同的变化情况进行运算，调整最终输出量，并提供较高的精确度。不同的智能 MPPT 方法也各有优、缺点，可以考虑综合应用，发挥该类控制方法的优势。以下通过模糊逻辑控制和人工神经网络相结合的方案，介绍基于智能方法的 MPPT 复合控制。

图 6-7 为基于智能方法的 MPPT 复合控制的结构示意图。复合控制结构中采用了神经网络与模糊逻辑控制相结合的控制结构，其中，人工神经网络单元根据光伏电池提供的开路电压 U_{oc} 和温度 T 的条件预测出最大功率点工作电压 U_{mpp}，将 U_{mpp} 与光伏电池输出电压 U 的差值作为模糊控制单元的输入信号。模糊控制单元经过运算最终输出控制信号 U_c，并通过 U_c 的反馈控制来"校正"光伏电池的工作点电压，使光伏电池工作在最大功率点。

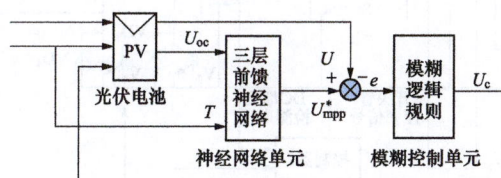

图 6-7　基于智能方法的 MPPT 复合控制结构示意

四、两类基本拓扑结构的 MPPT 控制

并网光伏逆变器按实现 MPPT 跟踪的不同拓扑和实现位置主要分为两级式并网光伏和单极式并网光伏。

（一）两级式并网光伏逆变器的 MPPT 控制

常用的两级式并网光伏逆变器主要由前级 DC/DC 变换器（常用 Boost 变换器）和后级的网侧逆变器组成。一般情况下，由于光伏电池的输出电压通常都低于电网电压的峰值，因此要实现并网发电，应先将光伏电池输出的直流电通过前级 Boost 变换器升压后再输出给后级的网侧逆变器，通过控制将网侧逆变器输出的交流电并入工频电网，其中直流母线部分的作用是连接 Boost 变换器和网侧逆变器，并实现功率传递。

由于两级式并网光伏逆变器中存在两个功率变换单元，光伏电池的最大功率点跟踪控制既可以由前级的 Boost 变换器完成，也可以由后级的网侧逆变器完成，以下分别进行分析。

1. 基于后级网侧逆变器的 MPPT 控制

基于后级网侧逆变器实现 MPPT 的控制系统如图 6-8 所示。其中，前级的 Boost 变换器通过其开关占空比的控制使中间直流母线的电压恒定，从而平衡前、后级能量输出，而后级网侧逆变器则要完成 MPPT 控制以及并网逆变控制（单位功率因数正弦波电流控制）。在基于后级网侧逆变器的 MPPT 控制过程中，首先根据 MPPT 算法得到网侧逆变器输出指令电流幅值的变化量 ΔI_o，再经过 PI 环节得到网侧逆变器输出指令电流幅值的调节量 I_o，将 I_o 和电网电压同步的单位正弦信号相乘得到网侧逆变器输出指令电流的瞬时值 I_{ref}，将 I_{ref} 与网侧检测电流瞬时值 I_o 的差值经过一个比例调节器调节后，与电网电压前馈信号共同合成调制波信号，最终与三角波比较后得到实现 MPPT 算法的 PWM 控制信号，从而实现 MPPT 控制以及单位功率因数正弦波电流控制。

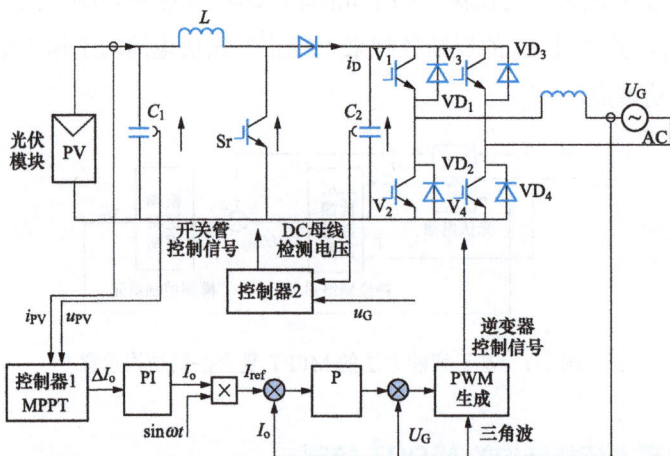

图 6-8　基于后级 DC/AC 逆变器实现 MPPT 的并网逆变器控制系统

控制器 1—最大功率点跟踪控制；控制器 2—单位功率因数正弦波电流控制和直流侧稳压控制

在整个系统的控制过程中，前、后级的控制响应速度要保持一定的协调，以确保能量传输的动态平衡，从而使 DC 母线电压稳定。为此，在控制系统设计时，前级 Boost 变换器的响应速度应快于后级网侧逆变器的响应速度。

2. 基于前级 DC/DC 变换器的 MPPT 控制

在实际应用中，基于前级 DC/DC 变换器的 MPPT 控制方案更为常用。该方案可以在实现 MPPT 控制的同时完成网侧逆变器的单位功率因数正弦波电流控制。基于前级 Boost 变换器实现 MPPT 控制的两级并网光伏逆变器控制系统结构如图 6-9 所示。

其中，后级的网侧逆变器实现直流母线的稳压控制，而前级的 Boost 变换器则实现 MPPT 控制。由于 Boost 变换器的输出电压由网侧逆变器控制，因此调节 Boost 变换器的开关占空比即可调节 Boost 变换器的输入电流，进而调节光伏电池的输出电压。

在该控制策略中，前级 Boost 变换器的输出功率会因为环境的变化而不断变化，为了确保 Boost 变换器输出的功率及时传递到电网，而不在直流母线上产生能量堆积和亏欠，要求在控制系统设计时，后级网侧逆变器直流电压外环的控制响应快于前级 Boost 变换器的 MPPT 控制响应。实际上，增大直流母线的电容或采用图 6-9 所示的直流母线上、下限电压的截止负反馈控制均可以防止直流母线出现过电压。另外，为了确保前级 Boost 变换器足够快地 MPPT 控制响应，并且又能使网侧逆变器较好地控制直流母线电压，可加入光伏电池电压前馈的基于前级 Boost 变换器的 MPPT 控制策略。由于采用了光伏电池输出电压的前馈控制，从而在环境快速变化时，后级的网侧逆变器能加快与光伏电池输出的同步调节，因而有效地抑制了直流母线电压的波动。

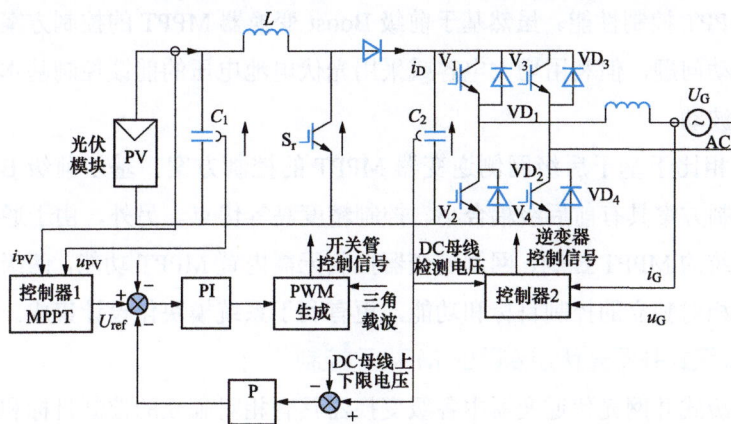

图 6-9　基于前级 DC/AC 逆变器实现 MPPT 的并网逆变器控制系统

控制器 1—最大功率点跟踪控制；控制器 2—单位功率因数正弦波电流控制和直流侧稳压控制

下面从直流母线稳压和 MPPT 控制性能两个方面来比较基于前、后级变换器的 MPPT 控制方案。

（1）直流母线稳压方面：对于两级式并网光伏逆变器而言，保持中间直流母线电压的稳定是实现并网控制的一个重要前提。基于后级网侧逆变器的 MPPT 控制方案中，采用了前级 Boost 变换器实现直流母线的稳压控制，与后级网侧逆变器采用双环的稳压控制方案相比，Boost 变换器的稳压控制一般可以取得较快的动态响应，另外，当电网电压不平衡时，采用后级网侧逆变器的直流稳压方案，则可能会出现直流侧电压的二次脉动。因而利用 Boost 变换器进行稳压控制可以获得较好的直流母线的稳压控制性能。

（2）MPPT 控制性能方面：虽然基于后级网侧逆变器 MPPT 的控制方案可以取得较好的直流母线稳压性能，但是在 MPPT 控制性能方面，当采用后级网侧逆变器进行 MPPT 控制时存在一些不足，即由于后级网侧逆变器的 MPPT 控制主要是通过网侧逆变器输出电流幅值的调节来搜索 MPP 的，而对于网侧逆变器输出电流一定的变化幅值，其所对应的 Boost 变换器输入侧（光伏电池的输出侧）电压的变化幅值却随着光伏电池输出电流的变化而变化，即实际的电压步长是变化的，因此影响了 MPP 的搜索精度。另外，当采用后级网侧逆变器进行 MPPT 控制时，对光伏电池的 MPPT 控制实际上是通过前级 Boost 变换器的稳压控制间接实现的，因此 Boost 变换器的稳压控制与后级网侧逆变器的 MPPT 控制存在耦合，这在一定程度上也影响了 MPPT 的控制性能。

而当采用基于前级 Boost 变换器 MPPT 的控制方案时，由于光伏电池的 MPP 由 Boost 变换器直接进行搜索，即实际的电压步长是可控的。并且由于直流母线电容的缓冲，Boost 变换器的 MPPT 控制与后级网侧逆变器基本不存在控制耦合，因而可取得较好的 MPPT 控制性能。虽然基于前级 Boost 变换器 MPPT 的控制方案存在直流母线电压的波动问题，但利用增大电容或采用光伏电池电压的前馈控制基本上可以抑制直流电压的波动。

综上，相比于基于后级网侧逆变器 MPPT 的控制方案，基于前级 Boost 变换器 MPPT 的控制方案具有前后级耦合小、控制精度高等优点。另外，由于通过 Boost 变换器实现系统的 MPPT 控制，网侧逆变器控制无需内置 MPPT 功能，两级系统中各级变换器具有相对独立的控制目标和功能，更有利于系统模块化设计集成。

（二）单级式并网光伏逆变器的 MPPT 控制

虽然两级式并网光伏逆变器中各级变换器具有相对独立的控制目标和结构，而且各控制器的实现相对简单、独立，对辐照度、温度等环境变化的适应范围广，但由于两级变换器的结构相对复杂，且系统的成本、损耗也相对较高，因此，具有结构简单、成本低、效率高等特点的单级式并网光伏逆变器系统得到了一定的关注。由于单级式并网光伏逆变器系统中只存在一个 DC/AC 环节以实现能量变换，其中的 MPPT、电网电压同步和输出电流正弦控制等目标均由 DC/AC 环节来实现，控制相对复杂。

单级式并网光伏逆变系统由光伏电池、直流母线电容 C、逆变桥以及滤波电感 L 等组成。在部分光伏发电系统中，由于光伏组件电压较低，逆变桥后还会增加一个升压变压器。为此，需要在足够高的光伏组件电压条件下，方可以采用无变压器的单级式并网光伏逆变系统，如图6-10所示。

与两级式并网光伏系统类似，单级式跟踪最大功率点的过程就是不断调整逆变器电路有功输出，使光伏电池实际工作点能跟踪其最大功率点。针对单级式并网逆变器的控制，可以采用三环或双环两种控制结构来实现MPPT控制，分别讨论如下：

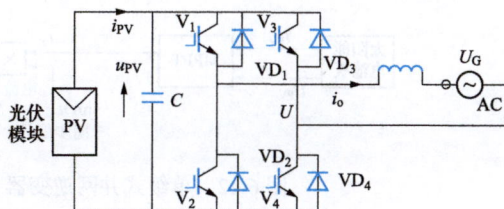

图6-10 单级式并网光伏系统电路

1. 三环控制结构

在单级式并网光伏系统中，若采用基于电压扰动的自寻优MPPT方案，则一般采用基于电流内环、直流电压中环以及MPPT功率外环的三环控制，如图6-11所示。其中，电流内环主要由电网电压和电流采样环节、电压同步环节、电流调节器、PWM调制和驱动环节等组成，以此实现直流到交流的逆变以及网侧单位功率因数正弦波电流控制；直流电压中环主要由直流母线电压检测、电压调节器等组成，以调节直流母线电压；MPPT功率外环主要由输入功率采样环节和功率点控制环节等组成。MPPT功率外环的输出作为直流电压中环的直流电压指令，通过直流电压中环的电压调节来搜索光伏电池的MPP，从而使并网光伏系统实现MPPT运行。

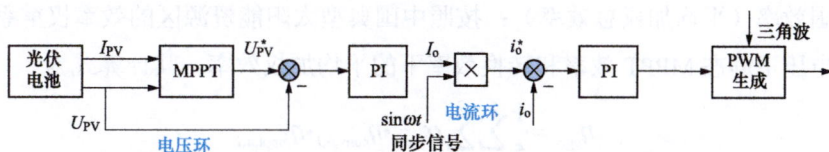

图6-11 单级式并网逆变器MPPT控制的三环控制结构

2. 双环控制结构

在上述三环控制结构中，MPPT控制是通过并网逆变器直流母线电压的调节来实现MPP搜索的，即当光伏电池的工作电压大于最大功率点搜索电压指令时，通过电压中环、电流内环的双环调节来增加逆变电路的输出功率，从而使光伏电池的工作电压降低；而当光伏电池的工作电压小于最大功率点搜索电压指令时，也是通过电压中环、电流内环的双环调节来减少逆变电路的输出功率，从而使光伏电池的工作电压增加。

实际上，在单级式并网光伏逆变器的MPPT控制中，可以采用更为简化的MPPT功率外环以及电流内环的双环控制结构，如图6-12所示。通过电流内环电流幅值的增加来增加逆变电路输出功率，从而实现光伏电池最大功率点的搜索。换言之，双环控制结构并没有通过三环控制结构中直流母线电压的调节来调节并网逆变器的功率输出，而是直接通过电流内环的电流控制来直接调节并网逆变器的功率输出。

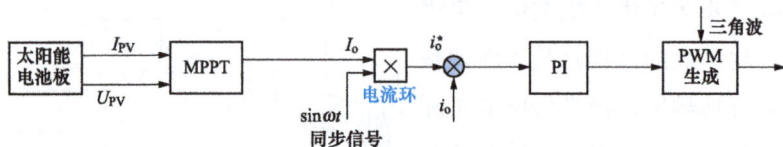

图6-12 单级式并网逆变器 MPPT 控制的双环控制结构

第三节 MPPT 的效率与测试

在光伏并网系统中，并网逆变器转换效率指标至关重要。逆变器随光照等环境因素实时变化，不可能一直工作在最大效率点，所以根据一个地区光照强度的条件，设置对应的加权值，就出现了欧洲效率和中国效率。

欧洲效率：根据欧洲光照条件，给出一个有标准配置阵列的光伏逆变器在不同功率点的权值，用来估算逆变器的总体效率。6 个系数的和是 1，每个系数反映了欧洲光照条件下逆变器在各自功率点工作的概率，总体反映了逆变器的效率。其计算式为

$$\eta_{euro}=0.03\eta_5+0.06\eta_{10}+0.13\eta_{20}+0.1\eta_{30}+0.48\eta_{50}+0.2\eta_{100} \qquad (6\text{-}2)$$

式中 η_x——在额定功率的 $x\%$ 时逆变器的效率。

中国效率（平均加权总效率）：按照中国典型太阳能资源区的效率权重系数计算出不同电压下静态 MPPT 效率和转换效率下的平均加权效率。其计算式为

$$\eta_{cgc}=\frac{1}{5}\sum_{n=1}^{5}\sum_{i=1}^{7}\alpha_{cgc,i}\cdot\eta_{conv,n,i}\cdot\eta_{mppt,n,i}$$

式中 $\alpha_{cgc,i}$——第 i 个负载点的权重系数；

$\eta_{conv,n,i}$——第 n 个电压、第 i 个负载点下的转换效率；

$\eta_{mppt,n,i}$——第 n 个电压、第 i 个负载点下的静态 MPPT 跟踪效率。

一般逆变器的效率指标是指最大转换效率和欧洲效率。

并网逆变器不仅完成直流到交流转换及并网控制，还控制着光伏电池是否运行在 MPP，且光伏电池是否运行在 MPP 将直接影响光伏发电系统能量的转换效率，单一的静态转换效率指标难以完整描述并网逆变器的转换效率。因此提出了 MPP 跟踪效率的概念。

国际上对于光伏系统 MPPT 的研究始于 2000 年前后，通过应用与研究，评价光伏能量转换优劣的综合效率 η_{Total} 的概念得到了广泛的关注，而综合效率是由静态转换效率 $\eta_{Coversion}$ 与最大功率点跟踪效率 η_{MPPT} 之积来表示的，即

$$\eta_{\text{Total}} = \eta_{\text{Coversion}} \times \eta_{\text{MPPT}} \tag{6-3}$$

综合效率 η_{Total} 的定义方式明确了系统 MPPT 特性所具有的重要性，因此，针对并网光伏逆变器采用基于光伏电池阵列模拟器的 MPPT 效率测试实际上测试的是包括静态转换效率 $\eta_{\text{Coversion}}$ 和最大功率点跟踪效率 η_{MPPT} 在内的综合效率 η_{Total}。MPPT 效率测试一般适用于集成了单路 MPPT 的逆变器，或含有多路独立的 MPPT 的逆变器，或单独的 MPPT 跟踪装置。以下主要讨论基于逆变器的 MPPT 效率测试问题。

尽管各实验室机构的测试步骤和分析方法有所不同，主要还是分为静态 MPPT 效率 $\eta_{\text{MPPT.static}}$ 测试（以下简写为 η_{static}）与动态 MPPT 效率 $\eta_{\text{MPPT.dynamic}}$ 测试（以下简写为 η_{dynamic}）。其中，静态 MPPT 效率 η_{static} 描述了在稳定的环境因素情况下（辐照度和温度不变）系统找到和保持最大功率点运行的性能；而动态 MPPT 效率 η_{dynamic} 则描述了在辐照度和温度等环境因素变化情况下系统跟踪最大功率点的能力。

一、静态 MPPT 效率的测试

静态 MPPT 效率：PV 模拟源输出最大功率点与额定输入功率的比值。通过 PV 模拟源模拟不同的功率点（如 5%、10%、20%、30%、50%、75%、100%等），并在满载 MPPT 电压范围内选取合适的电压点，最终得出各点的逆变器静态 MPPT 转换效率。

（一）第一类测试方法

主要依据光伏阵列模拟器的直流输出功率与最大功率点的预期功率之比的原理实现，依据的 MPPT 效率的计算式为

$$\eta_{\text{MPPT}}(t) = \frac{P_{\text{PV}}(t)}{P_{\text{MPP}}(t)} \times 100\% \tag{6-3}$$

式中　$P_{\text{PV}}(t)$ ——光伏阵列模拟器的直流输出功率；

$P_{\text{MPP}}(t)$ ——最大功率点（MPP）的预期功率。

实测中，针对采样过程的不连续，通常需要对式（6-3）进行离散采样和运算处理。而运算处理一般采用基于离散时间点（k 时刻）采样的计算方式，由此在每个采样点（k 时刻）处的 MPPT 效率计算式为

$$\eta_{\text{MPPT}}(k) = \frac{P_{\text{PV}}(k)}{P_{\text{MPP}}(k)} \times 100\% \tag{6-4}$$

虽然静态 MPPT 过程中的最大功率点保持稳定，但在实际的离散采样运算中，为了减少随机误差，通常取 η_{static} 为稳态时间段内数个采样点效率值叠加后的平均值，即

$$\eta_{\text{static}} = \frac{\sum_0^k \eta_{\text{mppt}}(i)}{k} \times 100\% \tag{6-5}$$

该方法的主要不足是测试过程并未考虑光伏电池相关的特性因素。

（二）第二类测试方法

依据在不同光伏组件填充因数（填充因数从 50%以 5%的步长增加到 85%）条件下固定的 $U\text{-}I$ 曲线采用了不同的电流步长，根据最大短路电流 I_{SC} 选择开路电压 U_{OC}，并通过变化电流来改变功率，以模拟固定阵列温度下辐照度的变化。根据所选择组件的 $U\text{-}I$ 特性公式，随着电流的减小，最大功率点电压也会相应减小，因此该测试能清楚地表明不同功率等级下逆变器跟踪最大功率点的性能。具体测试算法是利用一个测量周期 T_M 内被有效利用的直流侧能量与直流侧输送给逆变器总能量 $P_{MPP}T_M$ 的比值来实现的，即

$$\eta_{static} = \frac{1}{P_{MPP}T_m}\int_0^{T_m} u_A(t)i_A(t)\mathrm{d}t \times 100\% \tag{6-6}$$

式中　$u_A(t)$ ——逆变器输入侧的阵列电压瞬时值；

　　　$i_A(t)$——逆变器输入端阵列电流瞬时值；

　　　T_m——测量周期；

　　　P_{MPP}——从阵列可获得的最大功率。

该方法在开始测量 MPPT 效率前，需要至少 60s 的稳定时间，并在之后的测量周期内，以一个较高的采样频率同时对阵列电流和阵列电压进行采样（例如每秒采样 1000～10000 次），然后对所采样的数据在 50ms 或 100ms 的时间段内进行算术平均处理，以减少单相逆变器直流侧二次纹波（100Hz）对采样数据的影响。

（三）第三类测试方法

同时根据电压、电流和功率 3 个参数来考察 MPPT 精度，并考虑逆变器实际常用的功率等级以及不同电池特性的影响，可给出被测试 MPPT 的最高、最低精度。其中 MPPT 精度的计算式为

$$\text{MPPT 精度=测量值/预期值} \tag{6-7}$$

预期值是指模拟器设定的最大功率点的电压、电流和功率值，而测量值是指测量到的 MPPT 设备实际跟踪模拟器的电压、电流和功率值。如果 MPPT 设备以预期的电压、电流和功率来跟踪最大功率点，那么此时 MPPT 的精度应当为 1.0。如果实际 MPPT 设备的跟踪点高于或低于最大功率点，那么 MPPT 的精度则一定小于 1.0。

该测试方法的条件十分细致，包含多种测试条件的集合，被测的 MPPT 设备应当稳定于某个光伏阵列工作点，并能围绕此点持续波动。每隔相当于设备最大波动周期 5 倍的时间，记录阵列模拟器的直流电压和电流。测试时应当对光伏阵列模拟器与被测设备输入端之间的线缆留有足够的裕量以保证在线缆上的电压降小于最大工作电压 U_{max} 的 0.5%。

在对使用每个测试条件的各输入功率等级下进行测试后，还需要计算测量到的稳定后的平均阵列电压、阵列电流和阵列功率，并计算相应的精度，即

电压精度=测量的阵列电压/预期的阵列电压

电流精度=测量的阵列电流/预期的阵列电流

功率精度=测量的阵列功率/预期的阵列功率

被测设备的最高 MPPT 跟踪精度应当是在输入功率等级 50%及以上等多种情况下测试所得的功率精度的最大值；而最低 MPPT 跟踪精度应当是在同等情况下测试所得功率精度的最小值。

二、动态 MPPT 效率的测试

动态 MPPT 效率相较于静态 MPPT 效率，更关注 MPPT 跟踪的速度和精度，确保在光照剧烈变化的情况下，检验 MPPT 的跟踪能力，测量跟踪过程中逆变器的转化效率。动态测试方法主要包括如下四类。

（一）第一类测试方法

采用了积分运算方式，并考虑到了积分的离散化处理。在动态 MPPT 测试情况下，当 MPP 随辐照度波动而发生变化时，通常使用阶梯坡或梯形坡的辐照度测试样本来分析测试 MPP。若通过动态测试获得光伏阵列模拟器的直流输出功率 $P_{PV}(t)$ 的瞬时值后，再由 MPP 的预期功率 $P_{MPP}(t)$ 的瞬时值，就可以根据式（6-8）所采用的积分比值计算出动态 MPPT 效率 $\eta_{Dynamic}$，即

$$\eta_{Dynamic} = \frac{\int_0^{T_m} P_{PV}(t)\mathrm{d}t}{\int_0^{T_m} P_{MPP}(t)\mathrm{d}t} \times 100\% \tag{6-8}$$

式中　　T_m——测试周期。

同样，数字运算也需要采用基于采样时间 T_s 的离散时间点下的计算，即

$$\eta_{Dynamic} = \frac{\sum_{k=1}^{N} P_{PV}(k)T_s}{\sum_{k=1}^{N} P_{MPP}(k)T_s} \times 100\% = \frac{\sum_{k=1}^{N} P_{PV}(k)}{\sum_{k=1}^{N} P_{MPP}(k)} \times 100\% \tag{6-9}$$

（二）第二类测试方法

考虑模拟多云天气下的动态测试，需要在多个（至少两个）已知的 MPP 值之间快速地改变电流（或功率）。小型光伏系统中实际观测到的输出变化斜率要比大型光伏系统中实际观测到的输出变化斜率更为陡峭。在某些有着剧烈变化云层（例如春天和夏初）的特殊天气情况下，特别是小型光伏系统，可以在小于 500ms 的时间内从额定功

率的 15%变化到 120%，此时利用一个合适的起始测试点可以在很短的时间内（例如 100ms）使电流或功率以非常陡的变化斜率从额定值的 10%变化到 100%。

考虑到某些逆变器的 MPP 动态跟踪性能与初始条件有关，例如有些逆变器的初始 MPP 功率为较低值时的 MPPT 响应与初始 MPP 功率为较高值的 MPPT 响应不同，因此需要同时研究与考察，如图 6-13 所示。

具体的测试过程与算法为：在进行动态 MPPT 测试前，必须先测量在计算的功率等级下的 P_{MPP}，且预留的稳定时间至少 60s，然后进行几次（例如 6 次）重复测试，以获得有效的动态 MPPT 测试结果。当然，大多数逆变器不可能一开始就立刻找到实际的 MPP，一次测试中从低功率到高功率等级之间的变化时间可能在 2～30s 之间，从而使得整个的测试时间在 4～60s 之间，动态 MPPT 测试的总测试时间（$T_M=\sum T_{Mi}$）一般小于 5min。动态的 MPP 跟踪效率可计算得出，即

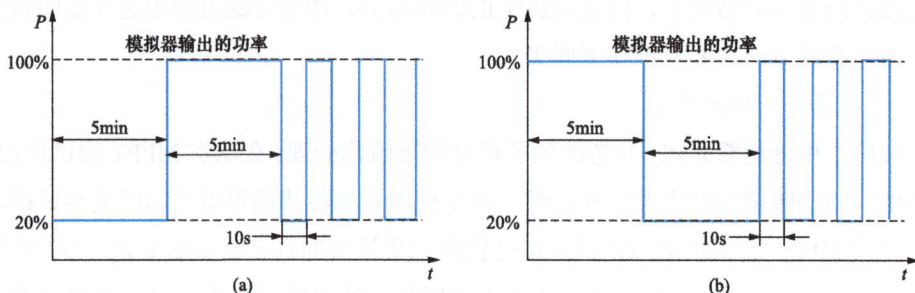

图 6-13　不同的初始 MPP 功率等级

（a）初始功率由低到高变化；（b）初始功率由高到低变化

$$\eta_{Dynamic} = 100\% \times \frac{1}{\sum P_{MPPig}T_{Mi}} \int_0^{T_m} U_A(t)i_A(t)\mathrm{d}t \qquad (6-10)$$

其中，$\sum P_{MPPig}T_{Mi}=P_{MPP1g}T_{M1}+P_{MPP2g}T_{M2}+\cdots+P_{MPPng}T_{Mn}$ 表示在不同功率等级及理想情况下可被吸收的 MPP 功率之和，$T_M=\sum T_{Mi}=T_{M1}+T_{M2}+T_{M3}+\cdots+T_{Mn}$ 表示光伏阵列模拟器提供 MPP 功率等级 P_{MPPi} 所需的时间。

本方法考虑了辐照度急剧变化情况下的 MPPT 测试，也考虑到了部分逆变器初始时 MPP 功率的高低对 MPPT 特性可能的影响。测试计算方法采用了分子积分、分母离散的计算公式，实际中分子的测量往往也是离散化实现的。同静态 MPPT 效率一样，动态 MPPT 效率也可能与 U-I 曲线的填充因数有关。

（三）第三类测试方法

不采用积分方式，而是采用了测量值与预期值的直接比值，测试方法中采用的测试函数为三角波函数，并且同时测量电压、电流与功率，以此得出动态 MPPT 的 $\eta_{Dynamic.P}$、$\eta_{Dynamic.V}$ 和 $\eta_{Dynamic.I}$。

实际的测试是在规定的测试条件和变化参数的条件下进行的。动态参数的测试函数采用了三角波信号函数，其中 U_{MAX} 或 P_{MAX} 按三角波函数变化，并且 dU_{MAX}/dt 或 dP_{MAX}/dt 是可调的。同时也容易得出对于阶跃函数（例如从额定功率的 10%阶跃到 100%）的响应。为进行动态 MPPT 特性的测量与评估，所采用的可编程光伏电池阵列模拟器应当具有对 $U_{MAX}(t)$、$P_{MAX}(t)$ 和 $I_{MAX}(t)$ 的实时输出能力，并将实际与预期的最大功率点值直接进行比较。根据测试结果可以得到分别作为 U_{MAX}、P_{MAX}、dU_{MAX}/dt 或 dP_{MAX}/dt 函数的 MPPT 跟踪误差。但是，第三类测试方法并没有考虑电池板特性的影响。

（四）第四类测试方法

与上述三种方法存在较大差异性。主要表现在考虑了不同光伏电池特性的影响；采用了缓斜坡、陡斜坡和三角斜坡的测试函数波形，更能全面反映逆变器在不同变化环境下的 MPPT 特性；引入了 MPP 稳定时间的概念，并同时考察 MPP 动态跟踪效率和跟踪速度，以及测试步骤的设计严谨、详细。

动态响应测试是为了得到在光伏阵列输出变化（因为天气变化导致的）条件下的 MPPT 性能。光伏阵列模拟器应当可以编程输出缓斜坡、快速斜坡和三角斜坡型 3 种情况下的 U-I 曲线。

对于从缓斜坡和三角斜坡测试中获得的数据，使用从光伏阵列模拟器实际获得的能量和预期获得的能量的比值来计算并记录动态 MPPT 效率。预期的能量取决于基于光伏阵列模拟器的输入参数、校准信息，以及根据以上信息得出的在每个测试点 i 的最大功率值；实际获得的能量取决于在每个测试点 i 的实际测量值。实际能量的测量始于第一个斜坡的初始时刻（忽略任何初始稳定时间），终点时刻是最后一个斜坡的结束时刻。动态 MPPT 效率测试的计算式为

$$\eta_{Dynamic} = 100\% \times \frac{\sum P_{测量值,i}}{\sum P_{预期值,i}} \tag{6-11}$$

对于快速斜坡测试数据，共有 10 组爬升和下降斜坡。对于每个爬升和下降斜坡，计算从斜坡结束到 MPPT 稳定的时间，并从这 10 个计算值中取最大值作为 MPPT 的稳定时间。

第四节　局部最大功率点问题

一、热斑效应

光伏电池是将光能转化为电能的核心环节。通常，假定同一类型的光伏电池具有完全一致的输出特性，但如果将制作过程中的误差以及随着时间而产生的老化问题都

考虑在内的话，这种假设并不成立。此外，在实际应用中，不同电池板在放置的方向上可能存在倾斜角度的差别，光伏电池还有可能出现裂纹、局部遮挡、积尘覆盖等情况，导致一块或一组光伏电池的特性与整体特性不协调，因此在实际使用中，每块光伏电池的性能不可能绝对一致。当光伏电池在串、并联使用时，光伏电池输出特性的不一致将导致串、并联后的总输出功率往往小于各块光伏电池输出功率之和，这就是所谓的光伏电池的不匹配现象。

当光伏电池出现不匹配情况时，其相应的失谐电池不仅对组件输出没有贡献，往往还会消耗其他电池产生的能量，形成局部过热，这种现象称为热斑效应。

通常情况，光伏组件的结构如图6-14所示。当光伏电池串联连接，并且并联旁路二极管时，支路的短路电流约等于该支路中所有光伏电池的最小光生电流。当某块光伏电池被遮挡时，其光生电流值将出现下降，整个支路的短路电流也将随之降低，从而降低了整个回路的输出功率。如果支路输出电流大于光伏电池串联支路的短路电流时，旁路二极管将会导通，被遮挡部分的光伏电池将作为耗能器件以发热方式将该组件中其余未被遮挡光伏电池产生的部分能量消耗掉，这种能量消耗是造成热斑效应的直接原因。

以下以 n 块串联的光伏电池为例简要介绍热斑效应的产生过程。

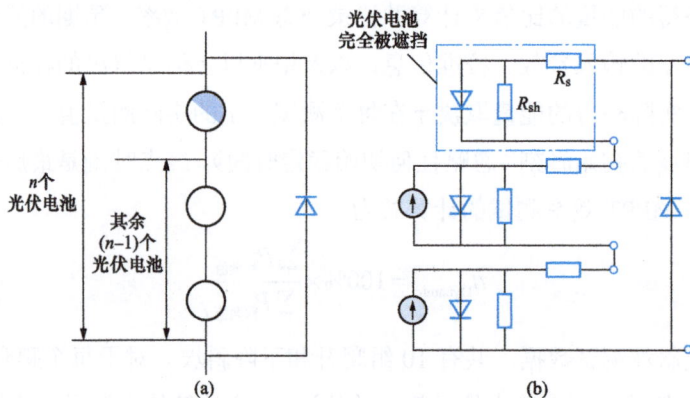

图6-14 n 块光伏电池串联及遮挡时的等效电路

（a）n 块光伏电池的串联结构示意；（b）某块光伏电池被完全遮挡时的等效电路

当某块光伏电池被部分遮挡时，在某个特定的遮挡条件下，若与其余光伏电池的内阻形成特定的匹配，则该光伏电池消耗的功率达到最大值，从而产生最严重的热斑效应。图6-15（a）为某块光伏电池被部分遮挡时的等效电路以及输出的 U-I 特性曲线。图6-15（b）中使用两个并联电池等效光伏电池部分情形。

由图6-15可知，其未遮挡的 $n-1$ 块光伏电池串的 U-I 特性曲线对 y 轴的镜像（如虚线所示）与被遮挡光伏电池的 U-I 曲线的交点 W 处的电压和电流值共同确定了被遮挡的光伏电池所消耗的功率（阴影面积），而 W 点处的电流值正是光伏组件的短路电流 I_{sc}。当该短路电流等于其余 $n-1$ 块光伏电池的最大功率点电流，即 $I_{sc}=I_n-I_{mpp}$ 时，被遮挡的光伏电池所消耗的功率最多，所以被遮挡光伏电池消耗的功率最大值不大于其余 $n-1$ 块光伏电池的最大输出功率。总之，被遮挡的光伏电池所消耗的功率与遮挡面积和遮挡强度都有关系，并且当 W 点电流值与其余 $n-1$ 块光伏电池的最大功率点输出电流 I_n-I_{mpp} 相等时，达到最大。

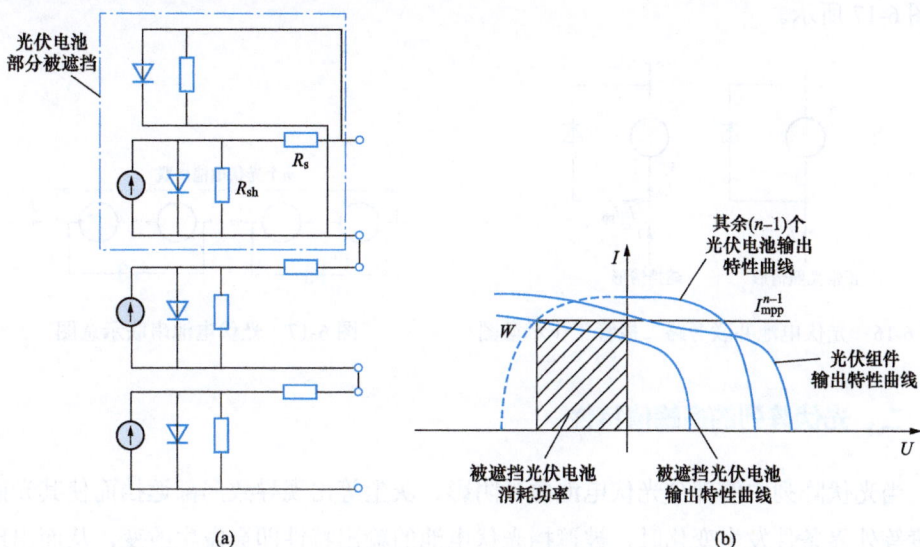

图 6-15　某块光伏电池被部分遮挡时的等效电路及其输出的 U-I 特性曲线

（a）等效电路；（b）特性曲线

以上分析表明：被遮挡的光伏电池的输出电流一旦确定，整条支路的输出电流值也就被确定。而未被遮挡的光伏电池发电量越大，消耗在被遮挡光伏电池上的能量也就越多。因此，当在其余 $n-1$ 块未被遮挡的光伏电池工作在相应的最大功率点时，相应光伏电池的发电量最大，消耗在被遮挡光伏电池上的能量也就最多。

当被遮挡的光伏电池反向电压值达到该光伏电池的反向雪崩击穿电压值时，光伏电池内部的 P-N 结发生雪崩击穿，流过该光伏电池的电流急剧上升，反向电压也大幅增长，从而出现严重的热斑效应。当热斑温度达到一定值时，P-N 结被热击穿，从而使光伏电池损坏，该支路也因此无法继续正常工作。

为了限制热斑效应强度，通常的做法是为光伏组件的正、负极间并联一个旁路二极管，如图 6-16 所示。正常工作情形下，旁路二极管处于反偏状态，不影响光伏电池的工作情形；当该块光伏电池被遮挡时，被遮挡的光伏电池成为负载，开始消耗其余光伏电池发出的电能，此时旁路二极管导通，支路电流中超过被遮挡光伏电池光生电流的部分被二极管分流，从而限制了被遮挡光伏电池的端电压，避免了被遮挡光伏电池因产生严重的热斑效应而损坏。

从理论上说，为每块光伏电池并联一个旁路二极管可以消除热斑效应。当旁路二极管导通时，其自身的管压降会使整条支路的电压减小 0.6V 左右，当被遮挡光伏电池的数量比较多时，旁路二极管的导通压降会带来额外功率损失。因此，一般不会给光伏组件中的每块电池配一个旁路二极管，而是一组（若干块电池）配一个旁路二极管，如图 6-17 所示。

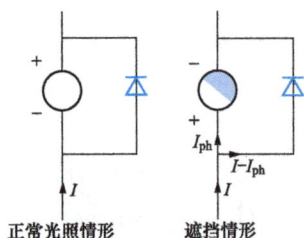

图 6-16　光伏电池并联旁路二极管工作示意图　　图 6-17　光伏电池串联示意图

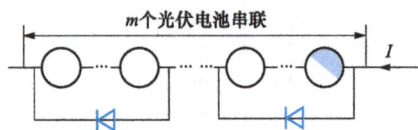

二、光伏阵列的多峰值特性

当光伏阵列中的部分光伏电池由于阴影、灰尘等出现导致局部遮挡而使其光照和温度等外界条件发生变化时，被遮挡光伏电池的输出特性即会发生改变，从而出现较为明显的不匹配情形（局部最大功率点），造成光伏阵列的输出功率损失和热斑效应。为了减小不匹配情形带来的功率损失和热斑效应，实际中常常为若干块电池反并联一个旁路二极管，但是旁路二极管的引入又带来了光伏阵列在不匹配情况下的多峰值特性，给光伏阵列的最大功率点跟踪控制带来困难。

被局部遮挡的光伏电池 U-I 特性曲线上的短路电流值下降；同时，由于遮挡导致光伏电池温度升高，其相应的开路电压值也会相应减小。显然，当光伏阵列中的某块电池被遮挡时，其光伏阵列的输出特性也会发生变化，即这时整个光伏阵列的 U-I 特性曲线上会出现两个膝点。当多块光伏电池被遮挡且遮挡的程度不同时，情况更为复杂。对于串联光伏阵列中，若有两块光伏电池被遮且遮挡的程度不同时，整个光伏阵列的 U-I 特性曲线上会出现 3 个膝点，对应的 P-U 特性曲线上则可能会出现 3 个峰值点。分析表明，当光伏电池被遮挡时，对应光伏阵列 P-U 特性曲线上的峰值点数小于等于光伏阵列 U-I 特性曲线上的膝点数，即当光伏阵列的 U-I 特性曲线上出现膝点时，相应的 P-U 特性曲线上并不一定出现峰值点。

当多个光伏组件串联组成的光伏阵列被部分遮挡时，光伏阵列的 P-U 曲线将会呈现出多峰值特性，此时若还采用单峰值形态的 MPPT 算法去跟踪光伏阵列 P-U 曲线的最大功率点，就可能会发生误判，因此必须持续研究适用于存在局部最大功率点的多峰值 MPPT 方法。目前，最常用的基本方法为改进的全局扫描法（POC）。POC 算法克服了两步法在某些情形下不能判断出最大功率点的缺陷，并且由于快速转移机制的引入，使得系统较快地越过了不可能出现最大功率点的区域，从而可以使系统在局部最大功率点发生的情形下，仍然可以快速、准确地跟踪到最大功率点。但是由于 POC 算法在跟踪过程中需要从短路电流处的工作点开始搜索，所以要求控制电路具有较宽的工作电压范围。同时，该方法仍然使用全局扫描的思路，因此在搜索的快速性上尚有不足，特别是最右侧极值点的功率值比较小时，会导致较多的能量损耗。

第七章

孤岛效应及防孤岛策略

第一节 孤岛效应概述

并网光伏发电系统直接将光伏阵列发出的电能逆变后馈送到电网,因此在工作时必须满足并网的技术要求,以确保光伏系统相关人员的人身安全和电网的可靠运行。通常,对于光伏系统工作时可能出现的功率器件过电流、功率器件过热、电网过/欠电压等故障状态,光伏并网逆变器可以比较容易地通过硬件电路与软件配合进行检测、识别并处理。但特殊故障状态(如孤岛效应),就需要有针对的检测手段。

按照 NB/T 32004《光伏并网逆变器技术规范》定义,孤岛效应是指电网失压时,光伏系统保持对失压电网中的某一部分线路和负载继续供电的状态。如图 7-1 所示,在光伏并网发电系统中,当电网因故障或停电维修而跳闸时,各个本地负载不能及时检测出停电状态,将自身电源切断,最终形成由并网光伏发电系统和其相连的负载组成一个自给供电的孤岛发电系统。

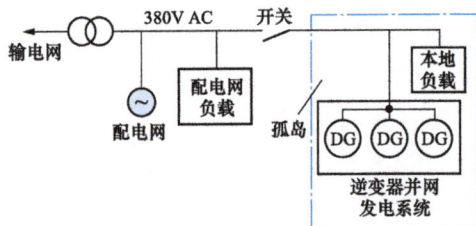

图 7-1 发电系统的孤岛效应示意

光伏发电设备的孤岛运行将对本地负载以及配电设备造成严重损害,因此在并网光伏发电系统中,并网发电装置必须具备防孤岛保护功能,即具有检测孤岛效应并及时与电网切离的功能。

第二节 孤岛效应的发生与检测

一、孤岛效应发生的机理

下面以典型的并网光伏发电系统为例,分析其孤岛效应发生的机理,并阐述孤岛效应发生的必要条件。

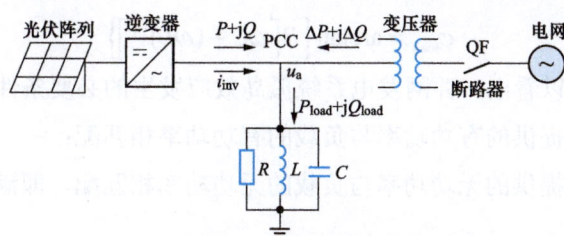

图 7-2 并网光伏发电系统的功率流图

图 7-2 是并网光伏发电系统的功率流图，并网光伏发电系统由光伏阵列和逆变器组成，该发电系统通常通过一台变压器（可能安装在逆变器外或不安装）和断路器 QF 连接到电网。当电网正常运行时，假设图 7-2 系统中的逆变器工作于单位功率因数正弦波控制模式，相关的局部负载用并联 RLC 电路来模拟，假设逆变器向负载提供的有功功率、无功功率分别为 P、Q，电网向负载提供的有功功率、无功功率分别为 ΔP、ΔQ，负载需求的有功功率、无功功率为 P_{load}、Q_{load}。根据能量守恒定律，公共连接点（point of common coupling，PCC）处的功率流具有以下规律，即

$$\begin{cases} P_{load} = P + \Delta P \\ Q_{load} = Q + \Delta Q \end{cases} \tag{7-1}$$

通常情况下，当电网断电时，由于并网发电系统的输出功率和负载功率之间的巨大差异会引起系统电压和频率的较大变化，因而通过对系统电压和频率的检测可以很容易地检测到孤岛效应。如果逆变器提供的功率与负载需求的功率相匹配，即 $P_{load}=P$、$Q_{load}=Q$，当线路维修或故障而导致网侧断路器 QF 跳闸时，公共连接点（PCC）处电压和频率的变化很小，很难通过对系统电压和频率的检测来判断孤岛的发生，这样逆变器可能继续向负载供电，从而形成由并网光伏发电系统和周围负载构成的一个自给供电的孤岛发电系统。

孤岛系统形成后，PCC 处电压瞬时值 U_a 将由负载的欧姆定律响应确定，并受逆变器控制系统的监控。同时，逆变器为了保持输出电流 I_{inv} 与端电压 U_a 同步，将驱使 I_{inv} 的频率改变，直到 I_{inv} 与 U_a 之间的相位差为 0，从而使 I_{inv} 的频率到达一个（且是唯一的）稳态值，即负载的谐振频率为 f_0。显然，这是电网跳闸后 RLC 负载的无功功率需求只能由逆变器提供（即 $Q_{load}=Q$）的必然结果。

这种因电网跳闸而形成的无功功率平衡关系可用相位平衡关系来描述，即

$$\varphi_{load} + \theta_{inv} = 0 \tag{7-2}$$

式中　θ_{inv} ——逆变器输出电流超前于端电压的相位角；

　　　φ_{load} ——负载阻抗角。

在并联 RLC 负载的假设情况下，有

$$\varphi_{\text{load}} = \arctan\left\{ R\left[\omega C - (\omega L)^{-1} \right] \right\} \tag{7-3}$$

从以上分析可以看出，并网发电系统孤岛效应发生的必要条件是：

（1）发电装置提供的有功功率与负载的有功功率相匹配；

（2）发电装置提供的无功功率与负载的无功功率相匹配，即满足相位平衡关系，即 $\varphi_{\text{load}} + \theta_{\text{inv}} = 0$。

二、孤岛效应发生的危害

孤岛效应发生时，由于系统供电状态未知，可能造成以下危害：

（1）危及电网线路维修人员和用户的生命安全；

（2）干扰电网的正常合闸；

（3）电网不能控制孤岛中的电压和频率，导致配电设备和用户设备损坏。

三、孤岛效应的检测要求

（1）必须能够检测出不同形式的孤岛系统。每个孤岛系统可能由不同的负载和发电装置（如光伏发电、风力发电等）组成，其运行状况可能存在很大差异，一个可靠的防孤岛策略必须能够检测出所有可能的孤岛系统。

（2）必须在规定时间内检测到孤岛效应。这主要是为了防止并网发电装置不同步的重合闸。空气开关通常在 0.5～1s 的延迟后重新合上，防孤岛策略必须在重合闸发生之前使并网发电装置停止运行。

第三节　防孤岛效应策略

目前，在并网光伏发电系统中，一个重要的安全问题就是避免电网跳闸后系统中的发电装置发生孤岛效应，解决办法就是及时检测到孤岛效应并立即断开发电装置与电网的连接。针对孤岛效应的危害与检测要求，已经研究出多种防孤岛效应策略，并且其已应用于并网逆变器的控制中。

防孤岛效应策略主要分为基于通信的防孤岛效应策略和局部防孤岛效应策略。基于通信的防孤岛策略主要有连锁跳闸方案和电力线载波通信方案，这种防孤岛策略采用无线电通信的方式来检测孤岛效应，与并网光伏系统的控制方式无关，因此不再介绍。

局部防孤岛效应策略基于并网逆变器，主要分为被动式防孤岛策略和主动式防孤岛策略。被动式防孤岛策略通过监控并网发电装置与电网接口处电压或频率的异常来检测孤岛效应，包括过/欠电压和过/欠频率保护、相位跳变、电压谐波检测等策略。一般来说，并网光伏发电装置都具有过/欠电压保护和过/欠频率保护的功能。由于被动式策略存在相对较大的不可检测区（non-detection zone，NDZ），为满足并网光伏发电系统防孤岛效应安全标准，必须采用主动式策略。主动式策略通过有意地向系统中引入扰动信号来监控系统中电压、频率以及阻抗的相应变化，以确定电网的存在与否来检测孤岛效应，主要包括输出功率变动、阻抗测量方案、滑模频移、主动式频移、阻抗插入和 Sandia 频移等策略。

一、被动式防孤岛策略

（一）过/欠电压（OVP/UVP）、过/欠频率（OFP/UFP）防孤岛策略

1. 过/欠电压（OVP/UVP）防孤岛策略基本原理

过/欠电压防孤岛策略是指当并网逆变器检测出逆变器输出的电网公共连接点 PCC 处的电压幅值超出正常范围（U_1、U_2）时，通过控制命令停止逆变器并网运行以实现防孤岛的一种被动式方法。其中，U_1、U_2 为并网发电系统标准规定的电压最小值和最大值。对于图 7-2 所示的并网光伏系统，当断路器闭合（电网正常）时，逆变电源输出功率为 $\Delta P + \mathrm{j}\Delta Q$，负载功率为 $P + \mathrm{j}Q$，电网输出功率为 $P_{\mathrm{load}} + \mathrm{j}Q\theta_{\mathrm{load}}$。此时，公共耦合点电压的幅值由电网决定，不会发现异常现象。断路器断开瞬间，如果 $\Delta P \neq 0$，则逆变器输出有功功率与负载有功功率不匹配，PCC 点电压幅值将发生变化，如果这个偏移量足够大，孤岛状态就能被检测出来，从而实现防孤岛保护。

并网逆变器大都采用电流控制策略，因此在孤岛形成前、后的两个稳态状态下，逆变器输出电流和它与 PCC 点电压之间的相位差都是不变的，即

$$I = I_0 \tag{7-4}$$

$$\varphi = \varphi_0 \tag{7-5}$$

式中　I、φ ——孤岛形成后并达到稳态时逆变电源输出电流及其与 PCC 点电压之间的相位差；

　　　I_0、φ_0 ——与 I、φ 对应的在孤岛形成前的稳态值。

一般并网逆变器常采用单位功率因数控制，从而使相位差趋近于 0。在电网正常条件下，由孤岛形成前的电路系统分析可知

$$\begin{cases} I_0 = \dfrac{P_{\mathrm{load}} - \Delta |P}{U_0 \cos\varphi_0} \\[2mm] \varphi_0 \approx 0 \\[2mm] R = \dfrac{U^2}{P_{\mathrm{load}}} \end{cases} \tag{7-6}$$

而当电网断开并达到稳态时，得到

$$U = IR\cos\varphi \tag{7-7}$$

式中 U——孤岛形成后并达到稳态时 PCC 点的电压。

联立式（7-6）、式（7-7）可得

$$U = U_0\left(1 - \frac{\Delta P}{P_{\text{load}}}\right) \tag{7-8}$$

式中 U_0——孤岛形成前 PCC 点的电压。

从式（7-9）可以看出，孤岛形成瞬间，只要 PCC 点的电压幅值就会发生变化。如果在正常范围内，即

$$U_1 < U < U_2 \tag{7-9}$$

孤岛检测就会失败。联立式（7-8）、式（7-9）可得过/欠电压防孤岛策略（OVP/UVP）的非检测区 NDZ 为

$$1 - \frac{U_2}{U_0} < \frac{\Delta P}{P_{\text{load}}} < 1 - \frac{U_1}{U_0} \tag{7-10}$$

2. 过/欠频率防孤岛策略（OFP/UFP）基本原理

过/欠频率防孤岛策略是指当并网逆变器检测出在 PCC 点的电压频率超出正常范围 (f_1, f_2) 时，通过控制命令停止逆变器并网运行以实现防孤岛的一种被动式方法，其中，f_2、f_1 分别为电网频率正常范围的上、下限值，根据 IEEE 的相关标准规定：当标准电网频率 $f_0 = 60\text{Hz}$ 时，$f_1 = 59.3\text{Hz}$、$f_2 = 60.5\text{Hz}$。我国标准电网频率采用的是 $f_0 = 50\text{Hz}$，因此根据比例计算出电网频率正常范围的上、下限值分别为 $f_1 = 49.4\text{Hz}$、$f_2 = 50.4\text{Hz}$。对于图 7-2 所示的并网光伏系统，电网正常时，公共耦合点电压的频率由电网决定，只要电网正常就不会发生异常现象。电网断开瞬间，如果 $\Delta Q \neq 0$，则逆变器输出无功功率（近似等于 0）与负载无功功率不匹配，PCC 点的电压频率将发生变化，一旦偏移出正常范围，孤岛状态就被检测出来。

若并网逆变器运行于单位功率因数状态，在孤岛形成前后的两个稳定状态下，逆变器输出电流与 PCC 点电压之间的相位差都趋近于 0，即

$$\varphi = \varphi_0 \approx 0 \tag{7-11}$$

在电网正常条件下，由孤岛形成前的电路系统分析可知

$$\begin{cases} \varphi_0 = \arctan \dfrac{Q_{\text{load}} - \Delta Q}{P_{\text{load}} - \Delta P} \\[2mm] Q_{\text{load}} = U_0^2\left(\dfrac{1}{w_0 L} - w_0 C\right) \\[2mm] Q_{\text{f}} = R\sqrt{\dfrac{C}{L}} \\[2mm] R = \dfrac{U^2}{P_{\text{load}}} \end{cases} \tag{7-12}$$

式中　w_0——孤岛形成前 PCC 点电压的角频率；

　　　Q_f——负载的品质因数。

而当电网断开并达到稳态时，得到

$$\tan\varphi = R\left(\frac{1}{wL} - wC\right) \tag{7-13}$$

式中　w——孤岛状态下并达到稳态时 PCC 点电压的角频率。

联立式（7-10）、式（7-12）可以解得

$$w = \frac{2Q_f P_{load} w_0}{-\Delta Q + \sqrt{(\Delta Q)^2 + 4Q_f^2 P_{load}^2}} \tag{7-14}$$

从式（7-14）可以看出：在孤岛形成瞬间，只要 $\Delta Q \neq 0$，PCC 电压的频率就会发生变化。如果在正常范围内，即

$$w_1 < w < w_2 \tag{7-15}$$

此时孤岛检测就会失败。联立式（7-13）、式（7-14）可得过/欠频率防孤岛策略（OFP/UFP）的 NDZ 为

$$Q_f\left(\frac{w_1}{w_0} - \frac{w_0}{w_1}\right) < \frac{\Delta Q}{P_{load}} < Q_f\left(\frac{w_2}{w_0} - \frac{w_0}{w_2}\right) \tag{7-16}$$

3. 过/欠电压、过/欠频率防孤岛策略优缺点

过/欠电压、过/欠频率防孤岛策略的作用不只限于检测孤岛效应，还可以用来保护用户设备，并且其他产生异常电压或频率的防孤岛策略也依靠过/欠电压、过/欠频率保护策略来触发并网逆变器停止工作，它是孤岛效应检测的一个低成本选择，而成本对并网光伏逆变器的推广应用是很重要的。

因为是被动式防孤岛策略，所以正常并网运行时，逆变器均不会影响电网的电能质量，多台并网逆变器运行时不会产生稀释效应。从过/欠电压、过/欠频率保护检测孤岛效应的方面出发，此防孤岛策略的 NDZ 相对较大，并且这种策略的反应时间是不可预测的。

（二）基于电压相位跳变的防孤岛策略

1. 基本原理

相位跳变防孤岛策略是通过监控并网逆变器端电压与输出电流之间的相位差来检测孤岛效应的一种被动式防孤岛策略。

为实现单位功率因数运行，正常情况下并网逆变器总是控制其输出电流与电网电压同相，而跳闸后逆变器的端电压将不再由电网控制，此时逆变器端电压的相位将发生跳变。因此可以认为，并网逆变器端电压与输出电流间相位差的突然改变意味着主电网的跳闸。

当与电网连接时，并网逆变器通过检测电网电压的上升或下降过零点，利用锁相环使逆变器输出电流与电网电压同步。当电网跳闸时，由于逆变器的端电压 U_a 不再由电网控制，而并网逆变器输出电流 I_{inv} 跟随逆变器锁相环提供的波形固定不变，这必然导致逆变器端电压的相位发生跳变，在逆变器端电压 U_a 发生跳变的下一个过零点，I_{inv} 和 U_a 新的相位差便可以用来检测孤岛效应。如果相位差比相位跳变方案中规定的相位阈值大，并网逆变器将停止运行，但若，则孤岛不会被检测出来，即进入不可检测区。

2. 优、缺点

相位跳变方案的主要优点是容易实现。由于并网逆变器本身就需要锁相环用于同步，执行该方案只需增加在 I_{inv} 与 U_a 间的相位差超出阈值时使逆变器停止工作的功能。作为被动式防孤岛方案，相位跳变不会影响并网逆变器输出电能的质量，也不会干扰系统的暂态响应。与其他被动式方案一样，在系统连接有多台并网逆变器时，不会产生稀释效应。

但该方案很难选择不会导致误动作的阈值，一些特定负载的启动，尤其是电动机的启动过程经常产生相当大的暂态相位跳变，如果阈值设置的太低，将导致并网逆变器的误跳闸，并且相位跳变的阈值可能要根据安装地点而改变，这也给实际应用带来不便。

（三）基于电压谐波检测的防孤岛策略

1. 基本原理

电压谐波检测防孤岛策略是通过监控并网逆变器输出端电压谐波失真来检测孤岛效应的一种被动式防孤岛策略。

当电网连接时，电网可以看作为一个很大的电压源，并网逆变器产生的谐波电流将流入低阻抗的电网，这些很小的谐波电流与低值的电网阻抗在并网逆变器输出端处的电压响应 U_a 仅含有非常小的谐波（THD≈0）。当电网跳闸后，因存在这两个因素使得 U_a 中的谐波增加：其一是电网跳闸后，由于并网逆变器产生的谐波电流流入阻抗远高于电网阻抗的负载，从而使逆变器输出端电压 U_a 产生较大的失真，并网逆变器可以通过检测电压谐波的变化来判断是否发生孤岛效应；其二是系统中分布式变压器的电压响应也会导致电压谐波的增加。如果切离电网的开关位于变压器的原绕组侧，并网逆变器的输出电流将流过变压器的二次绕组，由于变压器的磁滞现象及其非线性特性，变压器的电压响应将高度失真，从而增加了逆变器输出端电压 U_a 中的谐波分量。当然与之类似的也可能是局部负载中的非线性因素，如整流器等也会使 U_a 产生失真。通常上述由于变压器的磁滞现象及其非线性特性引起的电压谐波主要是三次谐波，因此采用电压谐波检测防孤岛策略主要是不断地监控三次谐波，当谐波幅值超过一定的阈值后，便能进行防孤岛保护。

实际应用研究表明：当并网光伏发电系统中包含有数十台并网逆变器时，这种电压谐波检测防孤岛策略能在孤岛发生后的 0.5s 内使所有光伏系统和电网断开连接。

可见，电压谐波检测防孤岛策略能够有效地阻止孤岛的发生，其可靠性较高，尤其适用于小规模并网光伏发电系统。

2. 优、缺点

理论上，电压谐波检测防孤岛策略能在很大范围内检测孤岛效应，在系统连接有多台逆变器的情况下不会产生稀释效应，即使在功率匹配的情况下，也能检测到孤岛效应。其作为被动式防孤岛方案，不会影响并网逆变器输出电能的质量，也不会干扰系统的暂态响应。

然而与相位跳变防孤岛策略一样，电压谐波检测防孤岛策略也存在阈值的选择问题。如果局部非线性负载很大，并网光伏发电系统的电压谐波可能大于 5%，并且失真的大小随非线性负载的接入和切离而迅速改变，这样就很难选择阈值，既要考虑并网逆变器输出电流谐波相对低的要求，又要使得阈值大于并网光伏发电系统中可能允许出现的电压 THD。另一个实际的问题是：当前的并网标准规定防孤岛测试电路使用线性 RLC 负载来代表局部负载，忽略了可能提高孤岛系统中电压 THD 的非线性负载的影响，因此电压谐波检测方案还不能广泛应用。

二、主动防孤岛策略

被动防孤岛策略具有较大的 NDZ，即在某些情况下无法检测孤岛的发生，为了减小 NDZ，提出了多种主动式防孤岛策略方案。

（一）频移法

频移法是主动式防孤岛策略方案中最为常用的方案，主要包括主动频移（active frequency drift，AFD）、Sandia 频移和滑模频移（slip mode frequency shift）等主动式防孤岛策略。

主动频移 AFD 防孤岛策略，是针对过/欠频率（OFP/UFP）防孤岛策略存在较大 NDZ 而提出的一种主动式防孤岛策略，通过理论仿真与实验研究可以看出：AFD 方案中的 NDZ 比过/欠频率（OFP/UFP）方案中的 NDZ 有明显减少。鉴于 AFD 方案仍然具有比较大的 NDZ，因而提出了 AFD 方案的改进，即带正反馈的主动频移防孤岛策略，也即通常提到的 Sandia 频移防孤岛策略，通过理论仿真和实验研究可知，Sandia 频移方案比起 AFD 方案来说具有更小的 NDZ，因而其检测孤岛的效率更高。但是无论是 AFD 方案还是 Sandia 频移方案均存在稀释效应，为克服这一不足，简单介绍无稀释效应的滑模频移防孤岛策略。

1. 主动频移防孤岛策略

为了克服单独使用过/欠频率 OFP/UFP 防孤岛策略的不足之处，首先提出了主动频移防孤岛策略。

（1）工作原理。AFD 策略原理是通过并网光伏系统向电网注入略微有点变形的电流，以形成一个连续改变频率的趋势。当连接有电网时，频率是不可能改变的。而与电网分离后，逆变器输出端电压 U_a 的频率被强迫向上或向下偏移，以此检测孤岛的发生。

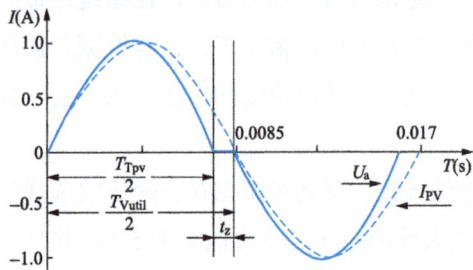

图 7-3　用于 AFD 防孤岛方案的电流波形

常用执行向上频移的方案是向电网注入略微变形的电流，即在正弦波中插入死区（见图 7-3），以一个给出的正弦波作为对照，可见并网光伏系统的输出电流波形的频率被相应提高。

在前半个周期，并网光伏系统输出电流的频率略微高于电网频率，当输出电流达到零时，电流保持直到后半周期的起始点，而在后半周期，当输出电流再次达到过零点时，将保持一段时间。

对于阻性负载，电压响应将跟随失真的电流波形，比纯正弦激励的响应更短的时间到过零点，如图 7-3 所示。当孤岛发生时，U_a 的上升过零点比期望的提前到达，因此增加了 U_a 和 I_{pv} 之间的相位误差，这样并网光伏逆变器继续检测到频率误差并且再次增加 U_a 的频率。这种状况一直持续到频率偏移足以触发过/欠频率保护，从而实现主动频移防孤岛保护。

但是，对于并联 RLC 负载，AFD 也可能存在不可检测区，设负载阻抗角小于 0，即负载呈阻容性，而负载的阻容性会导致电网跳闸时逆变器输出端的频率向下偏移，因此在孤岛发生后的第 K 个周期，若负载阻抗角的滞后作用和超前作用相抵消，且此时频率和电压未超出预设阈值，那么系统将无法检测到孤岛的发生。同理，对于负频率偏移 AFD 方案且大于 0 的情况，也会存在与上述类似的问题。

（2）优、缺点。对基于 DSP 控制的并网逆变器来说，主动式频移方案很容易实现，在纯阻性负载的情况下可以阻止持续的孤岛运行，与被动式防孤岛策略相比具有更小的NDZ。

但频率偏移降低了并网逆变器输出电能的质量，并且不连续的电流波形还可能导致射频干扰。为了在连接有多台并网逆变器的系统中维持防孤岛方案的有效性，必须统一不同并网逆变器的频率偏移方向。如果一些并网逆变器采用向上频移，而另一些采用向下频移，其综合效果可能相互抵消，从而产生稀释效应，并且负载的阻抗特性可能会阻止频率偏移，从而导致主动频移防孤岛策略的失效。

2. 基于正反馈的主动频移（Sandia 频移）策略

AFD 方案相对于被动式防孤岛策略，虽然可以减小孤岛检测的盲区，但是该方法引入的电流谐波会降低并网光伏系统输出电能的质量，而在多台光伏系统并网工作的情况下，若频率偏移方向不一致，其作用会相互抵消而产生稀释效应。此外，负载的阻抗特性也可能阻止频率的偏移。因此，AFD 方案仍然存在孤岛不可检测区的问题。

为了使 NDZ 更小、检测效率更高，美国 Sandia 实验室首先提出了对该方法改进的方法——基于频率正反馈的主动频移防孤岛策略，即 Sandia 频移法，具体说明如下：

（1）工作原理。相对电网来说，由于并网逆变器呈现出电流源的特性，即

$$i_{inv} = I_{inv} \sin(wt + \varphi_{inv}) \tag{7-17}$$

相应地，并网逆变器输出端电压可表示为

$$u_a = U_{am} \sin(wt + \varphi_a) \tag{7-18}$$

式中　I_{inv}、φ_{inv} ——并网逆变器输出电流 i_{inv} 的幅值和相位；

　　　U_{am}、φ_a ——电压 u_a 的幅值和相位；

　　　w ——并网逆变器控制的频率。

其中，u_a 与 i_{inv} 的相位差可用 φ 表示。

Sandia 频移策略就是对 U_a 的频率运用正反馈的主动式频移策略。

首先定义斩波因子 cf（$cf=2t_z/T_{Vutil}$），显然，cf 为逆变器输出端电压频率与电网电压频率偏差的函数，即

$$cf_k = cf_{k-1} + K\Delta w \tag{7-19}$$

式中　cf_k ——第 k 周期的斩波因子；

　　　cf_{k-1} ——第 $k-1$ 周期的斩波因子；

　　　K ——不改变方向的加速增益；

　　　Δw ——u_a 频率 w 与电网电压频率 w_{line} 的偏差，即 $\Delta w = w - w_{line}$。

Sandia 频移方案其实质是强化了频率偏差。当电网连接时，Sandia 频移方案检测到微小的频率变化，并试图加快频率的变化，但是电网的稳定性禁止了频率的改变。在电网跳闸后，若频率向上偏移，则频率偏差将随 u_a 频率的增加而增加，斩波因子也增加，于是并网逆变器增加了输出电流的频率，这种状况持续到频率增大到触发过频保护。对于频率向下偏移的情况，u_a 频率下降的情况与此类似，最终斩波因子变为负，i_{inv} 的周期变得比 u_a 的长。

（2）优、缺点。相比于 AFD，由于正反馈的作用，Sandia 频移方案将导致逆变器输出在电网跳闸后会出现更大的频率误差，这样就得到了比 AFD 更小的 NDZ。Sandia 频移方案兼顾考虑了检测的有效性、输出电能质量以及对整个系统暂态响应的影响。

然而由于正反馈增加了电网中的扰动，采用 Sandia 频移方案的并网逆变器降低了输出电能的质量。当连接到弱电网时，并网逆变器输出功率的不稳定可能导致系统不理想的暂态响应，并且当电网中并网逆变器的数量增多、发电量升高时，问题将更严重，

以上这两种现象可以通过减小增益 K 来缓解，但是这将增加不可检测区域。

3. 滑模频移法

主动频移法是在逆变器的输出电流中插入死区来扰动电流频率以达到孤岛检测的目的，然而这种基于频率扰动的主动频移法在多个并网逆变器运行时，会产生稀释效应而导致孤岛检测的失败。为克服这一不足，提出了基于相位偏移扰动的滑模频移防孤岛策略。

（1）工作原理。滑模频移防孤岛策略是对并网逆变器输出电流-电压的相位运用正反馈使相位偏移进而使频率发生偏移的策略，但电网频率不受反馈的影响。

在滑模频移防孤岛策略中，并网逆变器输出电流的相位定义为前一周期逆变器输出端电压频率 f 与电网频率 f_g 偏差的函数，即

$$\theta_{SMS} = \theta_m \sin\left(\frac{\pi}{2}\frac{f - f_g}{f_m - f_g}\right) \qquad (7\text{-}20)$$

式中　f_m——最大相位偏移发生时的频率。

一般情况下，控制并网逆变器工作于单位功率因数正弦波控制模式，所以并网逆变器输出电流与端电压之间相位差被控制为零。而在滑模频移方案中并网逆变器的电流-电压相位被设计成关于电压的频率的函数，使得在电网频率的附近区域中并网逆变器的电流-电压相位响应曲线增加得比大多数单位功率因数负载的阻抗角的响应曲线快（见图7-4），这使得电网频率成为一个不稳定的工作点。

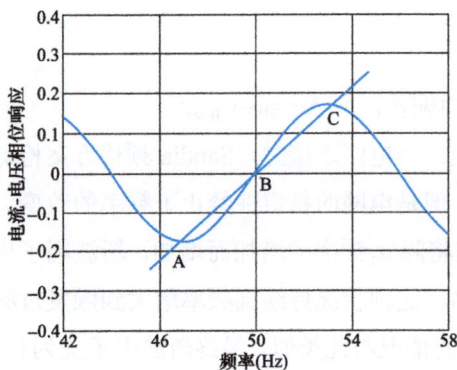

图7-4　滑模频移方案中并网逆变器输出
电流-电压相位与频率间的关系

当电网连接时，电网提供固定的相位和频率参考使工作点稳定在电网频率，而在电网跳闸后，负载与并网逆变器的相位-频率工作点成为负载阻抗角响应曲线与并网逆变器相位响应曲线的交点。

下面对图7-4中单位功率因数负载的阻抗角响应曲线进行详细分析。当电网连接时，并网逆变器的相位-频率工作点位于 B 点（频率为 50Hz，电流-电压相位为 0）。假设电网分离，一旦的频率受到任何扰动使之偏离 50Hz，并网逆变器的相位响应就将导致相位差增加，而不是下降。例如，孤岛系统中的频率向上偏移时，由于滑模频移方案对相位的正反馈，并网逆变器反而加快了输出电流的频率，这就是正反馈的机理。此时，将导致并网逆变器在电网频率处的不稳定。而这典型的不稳定加强了扰动，驱使系统到达一个新的工作点，是 A 点还是 C 点由扰动的方向决定。对 RLC 负载来

说，如果并网逆变器电流-电压相位响应曲线设计得很合适，那么 A 点或 C 点的频率将超出频率的正常工作范围，并网逆变器停止运行。

（2）优、缺点。与其他主动式方案相比，滑模频移方案只需要在原有的逆变器锁相环基础上稍加改动，因而易于实现，不可检测区域相对较小。在给定条件下且小于额定值时，可以很好地保证检测孤岛，甚至可以消除 NDZ。在连接有多台并网逆变器的系统中，滑模频移方案不会产生稀释效应，效率不受多台逆变器并联影响。与 Sandia 频移方案一样，兼顾考虑了检测的可靠性、输出电能质量以及对整个系统暂态响应的影响。

但是，由于滑模频移方案不停地对逆变器输出电流相位进行扰动，在一定程度上影响逆变电源输出电能的质量，并且在并网逆变器发电量高以及反馈环增益大的情况下，该方案可能带来整体供电质量下降以及暂态响应等问题，这些现象在其他使用正反馈的防孤岛方案中普遍存在。在并网逆变器发电量高及反馈环增益较大时，滑模频移方案的孤岛检测效率降低，性能几乎接近被动式孤岛检测，并且当 RLC 负载的相位增加变化快于逆变器扰动的相位变化时，会导致孤岛检测失败。

（二）功率扰动法

众所周知，孤岛发生时最不容易检测到的情况就是负载完全匹配（虽然情况极少），即 $P=P_{load}$，$Q=Q_{load}$。这种情况下，当孤岛发生时，显然逆变器的端电压及其频率是不发生变化的，通常的方法很难检测到电网断电，逆变器继续工作从而形成孤岛。如果当功率近似匹配时，逆变器的端电压及其频率的变化将非常小，从而进入不可检测区，导致逆变器的孤岛运行。因此可以采用一些其他的检测方法来加强孤岛的检测能力，如频移法。但各类频移法的共同不足就是会向电网注入谐波而影响并网系统的电能质量。为了可靠检测孤岛并且不向电网注入谐波，其中一种简单思路就是采用基于有功或无功扰动的防孤岛策略，这种基于功率扰动的防孤岛策略也属于主动式防孤岛策略。

1. 基于有功功率扰动的防孤岛策略

（1）工作原理。前面关于孤岛时功率匹配的理论分析表明：系统与电网断开瞬间，系统孤岛运行的系统电压可表示为 $U_i = \sqrt{k}U$ $\left(\text{其中} k = \dfrac{P}{P_{load}}\right)$。显然，当 PV 提供的功率 $P > P_{load}$ 时，逆变器的端电压不断线性增加；而当 $P < P_{load}$ 时，逆变器的端电压 U_i 不断地线性减小。

根据以上原理，一种简单的加强孤岛检测的防孤岛策略就是周期性地改变 PV 逆变器的输出有功功率。并网逆变器通常工作在电流控制模式，因此可以采用逆变器输出电流扰动来实现有功的扰动，即主动电流干扰法。

采用主动电流干扰法检测孤岛时，逆变器控制器将周期性地改变逆变器输出电流的幅值，亦即改变了逆变器输出的有功功率 P，从而在电网断电时打破逆变器输出有功功率与负载消耗的有功功率平衡来影响公共节点的电压，使其超出过/欠电压保护阈值，从而检测出孤岛。

在不添加电流扰动的情况下，控制逆变器的输出电流使其跟随给定信号 i_g（i_g 一般为电网信号或者与电网同频同相的正弦信号），此时

$$i_L=i_g \tag{7-21}$$

而在添加干扰信号后，电流的参考信号为正弦信号 i_g 和干扰信号 i_{gi} 的差，即

$$i'_L=i_g-i_{gi} \tag{7-22}$$

电网断电时，PCC 点的电压取决于逆变器输出电流和本地负载。如果逆变器输出与负载消耗的功率相匹配，那么在不添加扰动情况下电网断电时，PCC 点的电压不发生变化，孤岛无法被检测出，而在添加电流扰动情况下的 PCC 点的电压 U_i 变为

$$U_i=i'_L Z=（i_g-i_{gi}）Z \tag{7-23}$$

式中　Z——负载阻抗。

可以看出，U'_i 在原来 $i_g Z$ 的基础上添加了电压降 $i_{gi}Z$，当电压降 $i_{gi}Z$ 导致 U_i 超出欠电压保护阈值时，即使原先在功率相匹配的情况下，孤岛也可以被检测出来。

（2）优、缺点。当采用有功功率扰动方案，单台并网逆变器运行时即使在负载完全匹配的情况下也不存在不可检测区，并网运行时，逆变器输出电压电流严格同相位，仅影响逆变器输出功率的大小，而不会像频率偏移等方法给电网引入谐波。

有功功率扰动法的最大缺陷是：①当多台并网逆变器运行时，进行中的有功功率扰动必须同步进行，否则各个扰动量可能会相互抵消而产生稀释效应，从而进入不可检测区。②并网光伏系统实际上受到光照强度等影响，其光伏电池输出功率随时在波动，人为对逆变器加入有功功率扰动将对并网光伏系统的输出效率产生影响，从而影响发电量。③孤岛检测的动作阈值选取困难，如果动作阈值选取过大，显然会增加孤岛不可检测区，而动作阈值选取过小，可能引起孤岛检测与保护系统误动作，如当电网不稳定或大负载的突然投切时，电网电压会出现较大的波动，从而可能引起系统误动作，即出现虚假孤岛保护现象。

2. 基于无功功率扰动的防孤岛

与传统的 AFD 等方法相比较，基于有功功率扰动的防孤岛策略，虽然其输出波形谐波含量较小，但该方案最大的问题在于并网运行时会因有功的扰动而降低发电量，这在追求发电量的并网光伏系统是不可行的，因此可以考虑基于无功功率扰动的防孤岛策略。

（1）工作原理。无功补偿方法基于瞬时无功功率理论，利用可调节的无功功率输出改变孤岛状态下的源-负载之间的无功匹配度，通过负载频率的持续变化达到孤岛检

测的目的。

系统并网运行时，负载端电压受电网电压钳制，而基本不受逆变器输出的无功功率多少的影响。当系统进入孤岛状态时，一旦逆变器输出的无功功率和负载需求不匹配，负载电压幅值或者频率将发生变化。根据前面的讨论，当光伏系统提供的无功功率和负载所需的无功功率不匹配时，将导致检测点处频率的变化，因此可以考虑对逆变器输出的无功进行扰动，破坏光伏系统和负载之间的无功功率平衡，使频率持续变化，达到孤岛检测的目的。

由于逆变器输出的无功电流可调节，而负载无功需求在一定的电压幅值和频率条件下是不变的，在实际应用中，可以将逆变器输出设定为对负载的部分无功补偿或波动补偿，避免系统在孤岛条件下的无功平衡，从而使得负载电压或者频率持续变化达到可检测阈值，最终确定孤岛的存在。

（2）优、缺点。与传统的 AFD 等方法相比较，基于无功功率扰动的防孤岛策略，其输出波形谐波含量小，而且并网时只有极小的无功变化，与基于有功功率扰动的防孤岛策略相比，不会因扰动而降低发电量。但无功功率扰动方法要求多台光伏系统同步扰动，需要光伏系统之间进行通信才能实现，这增加了成本，而且若无法保证同步扰动，则该方法很可能会失效。

（三）阻抗测量法

1. 基本原理

在并网系统中，当电网连接时，电网可以看作一个很大的电压源，此时公共耦合点处的阻抗很低，而当电网断开时，在公共耦合点处测得的即为负载阻抗，通常都远大于电网连接时的阻抗。因此，可以通过测量公共耦合点处电路阻抗的变化来检测孤岛效应。例如，德国的 ENS 标准在防孤岛方面的要求是：测量公共耦合点（逆变器输出端）处电路阻抗变化的阈值 $\Delta Z=0.5\Omega$，且须在 5s 内做出判断。

在并网系统中需要实时在线监测电网的阻抗，最实用的就是暂态测量法，即在电路中外加由功率管构成的电路单元，产生一个对称三角波冲击电流，通过周期性地给电网施加冲击电流扰动，然后测量电网的电流和电压响应来计算出电网阻抗。具体实现方法为：在冲击电流扰动之前，先检测公共耦合点（PCC）处的电压和电流，然后在施加扰动以后，再检测一次公共耦合点处的电压和电流，最后用第二次测得的值减去第一次测得的值就可以得到所需的冲击电流所产生的电流和电压，通过对检测电流、电压值的计算可以得出各个频率处的阻抗。

暂态测量法的主要特点就是可以快速得到测量结果，这一点比较符合孤岛检测的要求。但是对采样环节和数字处理环节的要求比较高，这对于常规的并网逆变系统将很难实现。

2. 优、缺点

总体来说，阻抗测量法虽然可以很好地防止孤岛的发生，但还存在以下缺点：①持续地输入扰动会影响电网质量（但如果扰动谐波的频率选为电网频率，可以减小对电网质量的影响）；②对于弱电网或者电网本身波动较大的情况，很难实现电网阻抗监测；③当多个并网逆变器并联运行时，其检测信号会相互干扰，从而使得阻抗估算错误。

（四）防孤岛效应策略总结

并网逆变器的防孤岛策略，基本上无法绝对消灭不可检测区域（non-detection zone，NDZ）。在实际应用时，应选择两种或多种交叉检测，以实现孤岛效应的有效检测。各种策略的原理和优、缺点对比如表 7-1 所示。

表 7-1   防 孤 岛 策 略 对 比

防孤岛策略	名称	原理简介	优点	缺点	NDZ大小
被动式	过/欠电压	检测 PCC 点电压幅值	（1）成本低、易实现。（2）不影响电网的电能质量。（3）多机并联无稀释效应	（1）NDZ 相对较大。（2）反应时间不可预测	+++++
	过/欠频率	检测 PCC 点频率			
	电压相位跳变	监控并网逆变器端电压与输出电流之间的相位差		（1）阈值难以选择，容易误动作。（2）阈值根据应用环境的不同而不同	++++
	电压谐波检测	监控并网逆变器输出端电压谐波失真（三次谐波）	（1）反应速度快。（2）线性负载检测精度、可靠性高。（3）不影响电网的电能质量。（4）多机并联无稀释效应。（5）不会干扰系统暂态响应	（1）存在合适的阈值选择问题。（2）局部非线性负载对阈值选择影响很大，严重影响检测精度	+++
主动式	频移法	AFD 方案	向电网注入略微有点变形的电流，以形成一个连续改变频率的趋势，检测电流的频率变化	（1）成本低、易实现。（2）NDZ 小	（1）降低输出电能的质量。（2）多台逆变器向上或下频移，存在稀释效应。（3）负载的阻抗特性可能会阻止频率偏移	++
		Sandia 频移方案	频率偏差将随端电压的频率变化的方向而增加，检测电流的频率变化	（1）成本低、易实现、速度快。（2）NDZ 小	（1）降低输出电能的质量。（2）弱电网下存在不理想的暂态响应。（3）扰动步长和 NDZ 相互影响	++
		滑模频率偏移方案	对并网逆变器输出电流-电压的相位运用正反馈使相位偏移进而使频率发生偏移	（1）成本低、易实现、速度快。（2）NDZ 更小	（1）影响输出电能的质量。（2）可能存在暂态响应。（3）负载的相位增加变化过快，会导致孤岛检测失败	+

续表

防孤岛策略	名称	原理简介	优点	缺点	NDZ大小
主动式	功率扰动法	有功功率扰动	周期性地改变逆变器输出电流的幅值，改变逆变器输出有功功率 P，检测 PCC 点电压幅值	不影响输出电能的质量	（1）影响发电量。 （2）多台逆变器需同步扰动，否则会稀释。 （3）动作阈值选取困难	+
	功率扰动法	无功功率扰动	改变孤岛状态下的源—负载之间的无功匹配度，检测 PCC 点频率	（1）输出电流波形谐波含量小，电能质量影响小。 （2）不影响发电量	（1）多台逆变器同步扰动，需要通信支持，成本偏高。 （2）同步扰动执行难	
	阻抗测量法	周期性的给电网施加对称三角波冲击电流，测量电网的电流和电压响应，计算 PCC 点的电路阻抗	速度快	（1）对数据采样和数字处理的要求比较高。 （2）会影响输出电能的质量。 （3）弱电网情况下很难实现阻抗检测。 （4）多机并联时检测信号相互干扰	+

第四节　多逆变器并联运行时的防孤岛策略

以上是针对单台逆变器的检测算法与参数优化，但现在光伏电站中，都是多台逆变器并联运行的情形，研究多逆变器并网运行时的孤岛检测有效性是非常必要的。

对于被动式防孤岛策略，前述过/欠电压（OVP/UVP）和过/欠频率（OFP/UFP）等因具有较大的不可检测区域，在多逆变器并网运行时的孤岛检测中，不能单独使用，应与主动式防孤岛策略结合使用。

对于主动式防孤岛策略，主动频移（AFD）防孤岛策略、基于功率扰动的防孤岛策略以及阻抗测量法等防孤岛策略在单台逆变器运行条件下比被动式防孤岛策略具有更小的不可检测区域，但当多台并网逆变器并联运行时，上述主动式防孤岛策略会因为稀释效应而使其防孤岛性能降低。然而，在主动式防孤岛策略中，基于正反馈的主动频移（AFDPF）法和滑模频移（SMS）法在多台并网逆变器并联运行的条件下仍然可以保持较小的不可检测区域。

通常在并网逆变系统中，引入基于正反馈的主动频移法防孤岛策略可以产生良好的孤岛检测效果，这是因为当电网断开时，基于正反馈的主动频移法防孤岛策略可以使逆变电源与负载之间有功功率发生持续的不平衡，从而使负载电压持续变化，并最终超出设定限值而检出孤岛。实际上，这种结论只是在对单台并网逆变器运行时的孤岛分析中是正确的，而当多台并网逆变器并联接入电网，尤其是分布式发电系统容量较大，在区域电网中具有一定的影响时，上述基于正反馈的防孤岛策略中的正反馈增益的取值将直接影响到分布式发电系统中的最大输出功率与防孤岛性能。

针对多并网逆变器系统的孤岛检测问题，经过研究得出以下结论：

（1）多逆变器并网运行时的孤岛检测，被动防孤岛方案和主动式防孤岛方案应结合使用。

（2）当系统中同时使用主动式和被动式孤岛检测方法时，被动式孤岛检测方法的使用增大了不可检测区域，增加了孤岛发生的概率。

（3）当系统中同时使用两种主动式孤岛检测方法时，检测效果介于这两种孤岛检测方法之间，并且随着使用检测性能较差的方法进行孤岛检测的逆变器为本地负载提供的有功功率比例的增大，不可检测区域也随之增大，导致孤岛发生概率的增加。

（4）当系统中仅使用 AFDPF（基于正反馈的主动频移）方法或 SMS（滑膜频移）方法进行孤岛检测时，频率测量的传感器误差对孤岛检测性能影响较小。

第八章

聚 光 与 跟 踪

第一节 聚光与跟踪概述

太阳电池是将太阳能转换为电能的核心部件。在一定范围内，辐照度越大，太阳电池转换的电能也越多，但由于阳光到达地表分布不均匀，受到地理位置、空气等多重自然因素影响，光伏发电系统一般投资大、成本高、资金回收周期长。采取聚光、跟踪等措施增加单位太阳电池发电量，可以实现光能的高效利用，有效降低发电成本，缩短资金回收周期。

一、阳光聚集

地面太阳电池出厂标准测试条件为光谱 AM（air mass，AM）=1.5、辐照度 $1000W/m^2$、温度 25℃，从而得到光伏组件标识中的系列参数。

阳光垂直照射地面时，辐照度最大。辐照度达到实验室条件有很多客观因素影响，不同时间段辐照度不一样，多数时间是达不到实验室条件的。如果要达到实验室的数据，必然占用更多的面积去安装更多的光伏组件。如果能够创造比实验室更好的光照条件，光伏板会展示出其更强大的发电能力，阳光的聚集就是实现这种理想条件最好的办法。

如果阳光聚集提高了辐照度，光伏电池也能够承受，且大大提高其输出功率，那么通过采用阳光聚集技术提高电池板输出功率，就是很自然的一个选择。但光伏板承受辐照度的能力是有限度的，采用聚光技术或聚光到何种程度，就要看这种电池的物理特性。

在聚光光伏发电系统中，为了使汇聚的阳光落在比受光面积小的光伏电池表面上，一般采用跟踪系统。

二、阳光跟踪

辐照度是衡量阳光功率密度的物理量，其单位为 W/m^2。太阳常数（solar constant，SC）

是在平均日地距离时，地球大气层上界垂直于太阳辐射的单位表面积上所接受的太阳辐射能，标准值为（1367±7）W/m²。太阳光经过大气时，会被空气分子、蒸汽分子和尘埃等吸收、反射和散射，使得辐射强度减弱，辐射的方向和辐射的光谱分布发生改变。不同的地理纬度，太阳光到达地面的路径有很大差距，纬度越高，路径越长，受到的影响也就越大。辐照度减少，所包含的能量减少，对分散的能量进行收集、汇集才会产生更大效益。

在光伏发电系统中，太阳电池板的朝向选择能够保证获取比较大的发电量。现有光伏发电系统中的电池板大多固定放置，其朝向的设置依据所在地理纬度与太阳光线垂直为宜。但由于地球地轴与公转轨道面有 66°34′的夹角，不同时间段获得最佳太阳能的角度不一样，所以以获取最多太阳能为原则，综合考虑当地的地理位置、海拔、运行时间等因素，参考当地气象资源数据，设置一个比较经济的安装角度。

在固定式光伏发电系统中，光伏组件一旦安装，安装角度不会改变，不可能每时每刻保持光线的最佳入射角，再受到当地地形、现场施工质量等因素的影响，设计角度也不能够严格达成，这样就不能保证阳光的垂直入射，发电量就达不到设计要求，进而造成投资成本回收时间变长。这种固定式安装光伏组件方式，发电量只会被动地受到各种因素的制约，不能够主动进行调整。

跟踪式光伏发电系统的设计就是为了能够主动调整太阳电池板的朝向，使得电池板在一定范围内跟随太阳，在日照时间内尽可能保持与入射阳光垂直，减少光伏发电影响因素。

第二节 聚光光伏部件及系统

一、聚光光伏发电

聚光太阳能发电分为聚光光伏发电和聚光太阳能热发电两大类，这里我们主要针对聚光光伏发电进行讲解。

聚光光伏发电技术利用光学元件将太阳光汇聚到聚光太阳电池上，通过增加太阳电池上的辐照度，进而增加发电量。继第一代晶硅电池和第二代薄膜电池进行光电转换利用太阳能技术之后，聚光光伏发电成为第三代太阳能利用技术。

聚光比是指使用光学系统聚集辐射能时，每单位面积被聚集的辐射能量密度与其入射能量密度的比，它能够反映聚光系统的性能，从而比较聚光系统作用大小。一般有光学聚光比、几何聚光比和通量聚光比三种。例如聚光比为 1000，那就是光伏电池表面受到的光照是普通光强度的 1000 倍。这样的聚光光伏系统达到非聚光条件下同样的发电功率所需要的光伏电池的面积只需要普通光伏电池面积的千分之一。

二、聚光光伏发电的现状

聚光光伏发电作为新一代发电技术，具有发电效率高、占用土地少、模块化建设，设备设施可综合利用等优点。同样，它的缺点也很明显。光伏电池在承受 10 倍以上聚光技术上还需进一步研发，光伏电池散热技术还需改善，反光板技术还要在现实应用中不断实践，跟踪器长期保持高精度技术难度也比较大。

三、聚光光伏部件

常规光伏发电系统是由电池组件、支架、连接电缆、逆变器和汇流箱等组成。这些部件聚光光伏系统同样具有，但因为对进入电池的太阳光进行了前端跟踪、聚光处理，聚光光伏系统需有聚光光伏电池、聚光器、太阳跟踪器和散热系统等特有的部件。

四、聚光太阳电池

太阳电池在聚光光伏系统中正常工作，要能够承受高强度太阳光和极高温度，而且通过的瞬时电流也会比普通电池大很多倍，所以这种太阳电池要经过特别处理，最好是专用的电池。

聚光比不同的聚光光伏系统，所用的聚光太阳电池也不同，聚光比越大，光伏电池经受的极限条件越苛刻。应用于聚光光伏系统的电池有特制的单晶硅太阳电池、薄膜太阳电池。

五、聚光器类型

（一）按聚焦特性分

根据聚焦特性，聚光器可分为点聚光器和线聚光器。点聚光器也称轴向聚光器，在这类聚光器中，用以聚光的透镜或反射镜与太阳能电池处于同一条光学轴线上。线聚光器，包括条形透镜、抛物槽、线聚光组合抛物面等。

（二）按光学原理分

根据光学原理可分为折射聚光器、反射聚光器、混合聚光器、热光伏聚光器、荧光聚光器、全息聚光器等。

混合聚光器利用折射、反射和内部反射达到聚光。热光伏聚光器利用太阳把辐射器加热到高温，完成光热转换，辐射器再发出辐射到太阳能电池上，电池不能利用的长波辐射重新回到辐射器，完成光电转换，理论上可以达到很高的效率。荧光聚光器和光导纤维聚光器是两种尚未成熟的技术。反射聚光器包括平板、抛物槽、组合抛物面等，用在光伏反射聚光器中两种主要反射镜材料是镀银玻璃和镀铝面。折射聚光器的元件可以是菲涅尔（透镜）或普通透镜。

1. 反射聚光器

反射聚光器将太阳光线通过反射的方式聚集到太阳电池上。由于反射方式的不同，又可分为以下 5 种。

（1）槽式平面镜聚光器。槽式平面镜聚光器是用平面镜以适当的角度构成槽壁，在槽底放置太阳能电池，这是一种较易制作的反射聚光器，只需用普通的平面镜即可，它对跟踪要求低，可采用常规电池，聚光倍数也低，只有 2～6 倍。还有一种方法，即太阳能电池方阵的 V 型槽式安装法，用普通水泥墙壁作反射体，在适当的安放角度下，可使方阵的输出提高 20%左右。

（2）组合平面镜反射器。组合平面镜反射器是采用许多平面镜把阳光反射到一个共同的目标上，在目标上安放吸收器，取得高温和高光强。这种聚光器是在大面积范围铺设平面镜，可以高倍聚光得到很大的功率和极高温度，属于"塔式太阳能电站"。这种聚光器占地面积极大，仅能在山地或荒地建立。

（3）双曲面聚光器。双曲面与抛物面一样，即也具有一个共同的焦点，当一束阳光平行入射，双曲面聚光器将其会聚成一个光点，如果反射面做成正确的双曲抛物面，则聚光倍数可达 1000 倍。但这种聚光器加工难度较大，外形要求严格，跟踪要求也高，一般使用在水平较高的系统中。太阳光被会聚到太阳能电池上。伞式太阳灶是这种聚光器的一种近似结构，一般是在近似双曲抛物面的衬底上，贴上许多小块平面镜。

（4）抛物面聚光器。抛物面反射镜是能将平行于镜面光轴的光线会聚于焦点的镜面。因此，当太阳光投向一抛物面反射镜表面时，在其焦点处可形成能量密度极高的会聚光斑，这就是抛物面聚光器用于太阳能聚光的光学原理。在槽形抛物面反射镜中，接收器可为圆管或条形平板，聚焦旋转抛物面聚光器的吸收器可以是球体、圆板。现以槽形抛物面反射镜为例来分析抛物面反射镜的聚光性能，因为应用在聚光太阳能电池中，接收器为条形平板。

（5）复合抛物面聚光器（compound parabolic concentrator，CPC）。复合抛物面聚光器是由两片槽形抛物面反射镜以及底部的接收器构成。这种聚光器只聚光不成像，因而不需要跟踪装置，只需要根据季节变化做少量倾斜度的调整。

2. 折射聚光器

折射聚光器是将太阳光线通过折射的方式聚集到太阳电池上，以达到增强太阳辐照强度的目的。

折射聚光器是利用光在不同介质的界面发生折射的原理制成的透射式聚光器。这类聚光器的典型例子是凸透镜，但是，在太阳能利用中，如用大型凸透镜聚光，其中心部分很厚。比如，要得到一个焦距等于 50cm、口径为 50cm 的透镜，就需要一个厚度为 25cm 的玻璃半球。这种笨重的透镜实际上是无法使用的，因此，在聚光太阳能电池方阵中，绝大部分采用菲涅尔透镜。

菲涅尔透镜，实际上是对球面透镜进行微分切割，取出对光学折射无作用的部分而做成。为加工方便，还进行了整平，使球面透镜变成一个带有同心棱状条纹的平板，大大降低了质量和体积。菲涅尔透镜也可以做成线聚焦的，这种透镜是由一系列对称分布的平行棱状条纹组成。与传统的光学玻璃透镜相比，将菲涅尔透镜用于太阳能电池聚光有很多优点。

六、太阳跟踪器

聚光光伏系统在高聚光比下能接收较小角度范围的光线，为了保证聚光电池上接收足够的太阳光，聚光系统在聚光比超过 10 时，会采用跟踪系统。尤其是在高倍聚光系统影响更明显，太阳光角度与电池稍有偏差，发电功率便会急剧降低。聚光比越大，要求的跟踪系统精度越高。高倍聚光系统的关键部件之一便是太阳跟踪器，太阳跟踪器若发生故障，会导致高倍聚光系统失效。

七、散热部件

普通的硅光电池板在夏日中午时温度能到 75℃ 以上，普通的硅电池板在两倍太阳光强下，时间一长就会起泡。其在 5 倍太阳光强下 10min 就会起泡，在 10 倍太阳光强下 5min 就会起泡，起泡后太阳能电池片就会被氧化，在很短的时间内效率就会大幅降低。另外，起泡后由于受热不均匀，常常伴有电池片炸裂，这样系统就完全不可用。

如果太阳能电池板使用铝或者铜制的散热片进行自然散热，需要大量的散热片，造价特别贵。如果使用强制风冷，就要使用大量的电能，得不偿失，并且风扇的寿命与可靠性不高，要想达到高可靠性必须有错误检查与冗余设置，这样就会成几倍增加造价。如果在夏天的中午风扇坏了，整个硅光电池板有可能被彻底烧坏。如果使用水冷，除了要使用电力外，造价也不便宜，水冷由于管路多、连接点多，还需要水泵，故障点必然多，可靠性不如风冷。当然水冷的效率要高于风冷，但是在故障率一票否决制的太阳能系统中不可用。

八、聚光光伏系统

按照聚光比，聚光光伏系统可分为低倍聚光系统、中倍聚光系统和高倍聚光系统三类。一般认为聚光比 2～100 为低倍聚光系统，100～300 为中倍聚光系统，300 以上为高倍聚光系统。

（一）低倍聚光系统

低倍聚光系统一般不设置跟踪装置，太阳电池为晶体硅，聚光器的形式为槽式或平面反射式。若设置跟踪装置，也会增加聚光效果，提高发电量，可以采用东西方向单轴跟踪器。由于聚光倍数比较低，一般不需要配置散热器。

（二）中倍聚光系统

中倍聚光系统可使用点聚焦型聚光器或线聚焦型聚光器。使用点聚焦型聚光器时，一般采用双轴跟踪装置，聚光和发电量的效果较理想；采用线聚焦型聚光器时，用东西方向跟踪器就可以取得最好效果。

（三）高倍聚光系统

高倍聚光系统是由聚光组件、跟踪器和平衡部件三部分组成。平衡部件与常规太阳能发电系统基本相同。聚光组件由聚光电池、聚光器、散热部件等部件组成。在高倍聚光系统中，主要使用点聚焦型聚光器。

第三节　阳光跟踪伺服机构

太阳能跟踪根据应用场合的不同可分为非聚光跟踪和聚光跟踪两种类型。一般来讲，太阳能工程中所说的跟踪，是指聚光跟踪，即聚光系统的光孔跟踪太阳视位置。跟踪精度取决于聚光系统的容许偏差角。聚光系统越大，则对跟踪精度的要求也越高。

聚光系统分一维聚光和二维聚光两种系统类型，因此其跟踪装置也相应有一维跟踪和二维跟踪，也称单轴跟踪和双轴跟踪。

一、单轴跟踪机构

一维聚光系统只要求入射光线在光轴和焦线组成的平面内，因此反射镜面绕一根周转动即可完全满足要求，称为一维跟踪或单轴跟踪。

单轴跟踪按转轴的布置不同可分为南北水平轴跟踪、东西水平轴跟踪和南北地轴跟踪等方式。南北水平轴跟踪方式的转轴南北方向水平布置，受光面的朝向由东向西转动跟踪阳光。这种方式在夏天可捕捉较多的太阳能，在冬天则较差。

东西水平轴跟踪方式的转轴东西方向水平布置，靠受光面的朝向的南北俯仰运动跟踪阳光。这种方式在正午时可实现受光面与阳光垂直，但早晚时间却不能。与南北水平轴跟踪方式比较，这种方式捕捉阳光在夏季不如南北水平轴跟踪方式，而在冬季则优于南北水平轴跟踪方式。

南北地轴跟踪方式系统的转轴南北方向倾斜布置，自东向西转动跟踪太阳。一般让转轴的倾斜度即转轴与地轴的夹角等于 Φ，电池板的高度角为 $90°-\Phi$。如图 8-1 所示，其受光面实际上就是与所在的纬度平面垂直。单轴跟踪的优点是结构简单，但缺点是不能维持受光面与入射阳光垂直，收集太阳能的效果不佳。

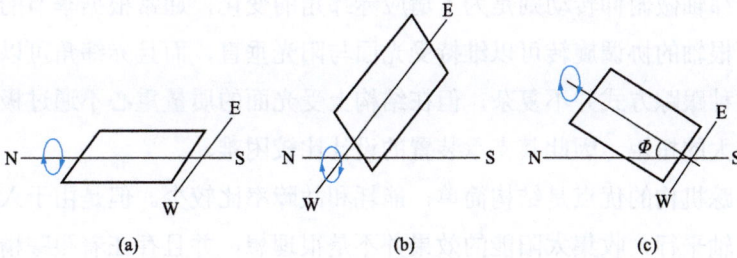

图 8-1　单轴跟踪机构

（a）南北水平式；（b）东西水平式；（c）南北地轴式

二、双轴跟踪机构

二维聚光系统必须使入射光线和光轴在 3 个方向上一致，所以聚光面要围绕两根轴转动，称为二维跟踪或双轴跟踪。

在太阳高度角和赤纬角发生变化时，如果太阳跟踪机构能够实时跟踪太阳视位置，就可以获得更多的太阳能，双轴跟踪机构就是为了满足这样的要求而设计的。根据坐标轴的种类不同，又可以分为高度-方位式和极轴式，如图 8-2 所示。

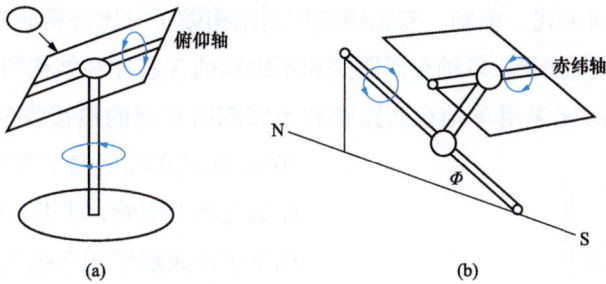

图 8-2　典型的双轴跟踪机构

（a）高度-方位式；（b）极轴式

高度-方位式跟踪机构：又称为地平坐标系双轴跟踪，如图 8-2（a）所示，该系统具有方位轴和俯仰轴两根转轴。方位轴垂直于地平面，来旋转控制电池板（法线）的方位角；而俯仰轴为一水平轴，来旋转控制电池板的俯仰角（高度角）。两轴的协调转动可使电池板表面维持与太阳光线的垂直。

极轴式跟踪机构：如图 8-2（b）所示，其中一根轴与地球自转轴平行，因此称为极轴，它与地平面夹角等于当地维度，如果只有这根轴那么就相当于单轴跟踪机构中的南北地轴跟踪方式；另一轴与极轴垂直，称为赤纬轴。工作时受光面绕极轴运转，其转速的设定与地球自转角速度大小相同但方向相反，用来跟踪太阳的视日运动；受光面围绕赤纬轴做俯仰转动则是为了适应赤纬角的变化，通常根据季节的变化定期进行调整。两根轴的协调旋转可以维持受光面与阳光垂直，而且赤纬角可以最多一天调节一次。这种跟踪方式并不复杂，但在结构上受光面的质量重心不通过极轴轴线，极轴承受了较大的扭矩，因此其支承装置的设计比较困难。

单轴跟踪机构的优点是结构简单，能耗和故障率比较少。但是由于入射光线不能始终与主光轴平行，收集太阳能的效果并不是很理想，并且存在着跟踪精度不高、误差累积、绕线等一些问题。在太阳跟踪方面，单轴式初期投资相对比较少，跟踪设备结构比较简单。目前，单轴跟踪机构在国外的太阳能热发电系统中主要应用于槽式集热系统。

双轴跟踪机构则能够最大效率地利用太阳辐射能量，并且自动化程度高，但同时又有控制复杂、成本高、耗电量大、系统维护费用高等缺点。双轴跟踪机构可应用于槽式集热系统来提高其运行效率，但在国外的太阳能热发电系统中，主要用于塔式和碟式集热系统。目前，光控或程控的双轴跟踪控制结构被普遍采用。在美国加州建造的发电功率为 300~600MW 的太阳能斯特林电厂中，所有太阳能集热器都采用双轴跟踪控制结构。在有些太阳能设备中，如点聚焦式接收装置，则只能采用双轴结构。

很多学者对固定式、单轴、双轴跟踪控制结构做了对比分析研究。通过理论计算对比了分别采用双轴跟踪、单轴东西跟踪和不跟踪的 3 套控制结构所获得的热接收量，发现采用双轴跟踪比采用单轴东西跟踪和不跟踪所获得的热接收量分别高 5.10%和20%。通过实验研究了双轴跟踪对复合抛物面聚光器的影响，结果表明，采用跟踪结构比不采用跟踪结构系统的热接收量高 75%。

综上可知，单轴跟踪系统比固定安装的系统得到的太阳辐射利用率高；双轴跟踪系统能够最大效率地利用太阳辐射能量。双轴跟踪系统成本高、耗电量大，并且系统维护费用高于单轴跟踪系统。

图 8-3、图 8-4 是高度角传动机构、方位角传动机构示意图。

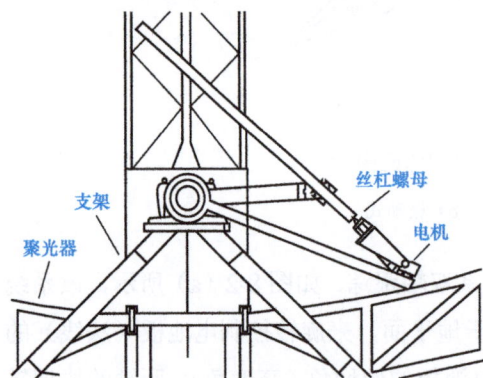

图 8-3　高度角传动机构

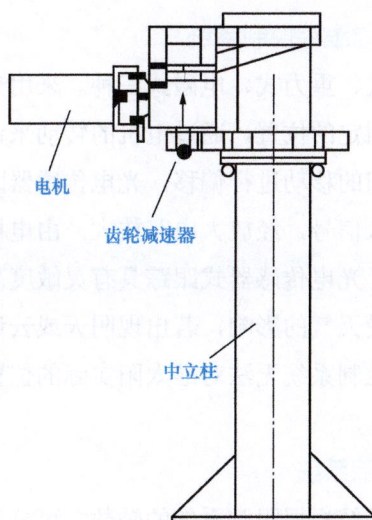

图 8-4 方位角传动机构

第四节 阳光跟踪控制系统

当前，阳光跟踪控制系统类型繁多，大致可以分为机械跟踪系统、电控跟踪系统、极轴式全跟踪、高度角-方位角式全跟踪。前两种多用于单轴系统，而后两种用于双轴系统。阳光跟踪控制系统是位置给定值随时间变化的位置控制系统，一般称为伺服控制系统或随动系统。可采用两种跟踪方法，一种是时钟跟踪法，即根据当前日期和时间得到此刻太阳的高度角和方位角，然后驱动伺服机构据此对准太阳，是开环系统；另一种跟踪方法则采用传感器对太阳进行观测以获取太阳的实时位置，是典型的闭环控制位置伺服系统，也是常用的方法。

一、机械跟踪系统（压差式跟踪系统）

压差式跟踪系统是指当太阳光入射角发生改变时，跟踪装置内部密闭容器的两侧由于接受光照面积不同，会产生一定的压力差，在压力差的作用下，会使跟踪装置重新对准太阳的系统。根据密闭容器内所装介质的不同，压差式跟踪又可分为重力差式、气压差式和液压式。

这类跟踪控制系统为纯机械控制系统，结构简单、造价较低，没有电子控制部分和外部电源。但该系统跟踪精度偏低，一般只能用于单轴跟踪系统。因此，此系统仅在一般用户的低需求时采用。

二、电控跟踪系统

电控跟踪系统可分为光电传感式跟踪控制系统和视日运动轨迹跟踪系统。

（一）光电传感式太阳能跟踪控制系统

光电跟踪系统有电动式、重力式、电磁式三种。采用光敏元件作为传感器，传感器一般安装在采光板上或固定的位置，通过电机的转动来调整采光板的位置使采光板正对太阳。采光板跟着太阳的移动进行偏移，光电传感器因受到阳光照射会输出一定值的电压或电流，作为输入信号，经放大电路放大，由电机转动调整太阳能采光板的角度使跟踪系统对准太阳。光电传感器式跟踪具有灵敏度高、反应快等优点，机械结构设计相对简单，但容易受天气的影响，若出现阴天或云遮住太阳的情况，太阳光线经过散射，就会导致跟踪控制系统无法对准太阳实际的位置，甚至引起执行机构的误动作，使跟踪失败。

（二）视日运动轨迹跟踪系统

视日运动轨迹式跟踪系统根据跟踪系统的轴数，可分为单轴和双轴两种。

单轴追踪分为倾斜布置东西追踪及焦线南北水平布置、东西追踪及焦线东西水平布置、南北追踪。这三种方式都是单轴转动的南北向或东西向追踪，工作原理基本相似。跟踪系统的转轴（或焦线）南北向布置，根据事先计算的太阳赤纬角的变化，柱形抛物面反射镜绕转轴作俯仰转动追踪太阳。采用单轴跟踪方式，一天之中只有正午时刻太阳光与柱形抛物面的母线相垂直，此时热流最大；而在上午或下午太阳光线都是斜射的。单轴追踪的优点是结构简单，但是由于入射光线不能始终与主光轴平行，收集太阳能的效果并不十分理想。

三、极轴式全跟踪系统

极轴式全跟踪是指聚光镜的一轴指向地球北极，即与地球自转轴相平行，故称为极轴；另一轴与极轴垂直，称为赤纬轴。工作时反射镜面绕极轴运转，其转速的设定与地球自转角速度大小相同、方向相反，用以追踪太阳的视日运动；反射镜围绕赤纬轴作俯仰转动是为了适应赤纬角的变化，通常根据季节的变化定期调整。极轴式全跟踪方式并不复杂，但在结构上反射镜的重量不通过极轴轴线，极轴支承装置的设计比较困难。

四、高度角-方位角式太阳能跟踪系统

高度角-方位角式太阳能跟踪又称地平坐标系双轴跟踪。当集热器的方位轴垂直于地平面时，另一根轴与方位轴垂直，称为俯仰轴。光伏系统工作时集热器根据太阳的视日运动绕方位轴转动改变方位角，绕俯仰轴作俯仰运动改变集热器的倾斜角，从而使反射镜面的主光轴始终与太阳光线平行。这种跟踪系统的特点是跟踪精度高，而且集热器装置的重量保持在垂直轴所在的平面内，支承结构的设计比较容易。

第九章

光伏并网系统及并网技术

光伏并网系统是指包含所有逆变器（单台或多台）和光伏平衡系统（Balance of System，BOS）以及具有一个公共连接点的太阳电池方阵在内的系统。

光伏并网发电系统可以分为分布式发电系统和集中式大型并网光伏电站。分布式发电是指将相对小型的发电系统分散布置在负荷现场或邻近地点实现发电供能的方式；而集中式大型并网光伏电站一般都是国家级大型电站，主要特点是将所发电能直接输送到电网，由电网统一调配向用户供电。

分布式发电具有以下特点：

（1）并网点在配电侧；

（2）电流是双向的，可以从配电网取电，也可以向配电网送电；

（3）大部分光伏电量直接被负载消耗，自发自用；

（4）分"上网电价"并网方式（双价制）和"净电量"方式（平价制）；

（5）大部分安装在建筑物上，安装功率受建筑物面积和并网点容量的限制，从1kW到数百千瓦不等。

而在输电侧并网的集中式大型并网系统大都安装在不能用做农田的沙漠、戈壁、荒漠，有时也安装在大型建筑物上，其特点如下：

（1）在发电侧并网，属于像风电场一样的发电站，电流是单方向的；

（2）并入高压电网（10、35、110kV）；

（3）不能自发自用和"净电量"计量，只能给出"上网电价"；

（4）少量自用电从电网取（小于1%）；

（5）一般功率很大，规模从1MW到几百兆瓦，甚至更大；

（6）一般占用荒地；

（7）自动跟踪或聚光电池一般都是用在此类电站；

（8）带有气象和运行数据自动监测系统及远程数据传输系统。

国际上目前最多的光伏并网发电系统是在配电侧并网的系统，包括一家一户的光伏并网系统和安装在商业、办公和公共建筑上的光伏并网系统；在配电侧并网的分布式光伏发电系统的安装方式一般是同建筑相结合，不单独占地。与建筑结合的光伏并网发电系统还可以分为建筑集成光伏（building integrated PV，BIPV）系统和建筑附加光伏（building attached PV，BAPV）系统。

对于 BIPV 系统，采用特殊制作的太阳电池组件，如光伏瓦、光伏幕墙等建筑材料，或光伏遮阳板、光伏雨棚、光伏拦板等建筑构件，直接替代建筑材料或建筑构件，与建筑物完美结合。对于 BAPV 系统，则是采用普通太阳电池组件，简单安装在建筑物屋顶或墙体上。

光伏并网发电可以采用发电、用电分开计价的"双价制"接线方式，也可以采用"净电量"计价的接线方式。

对于单相和三相接线方式的"净电量"计量线路示意图如图 9-1、图 9-2 所示。

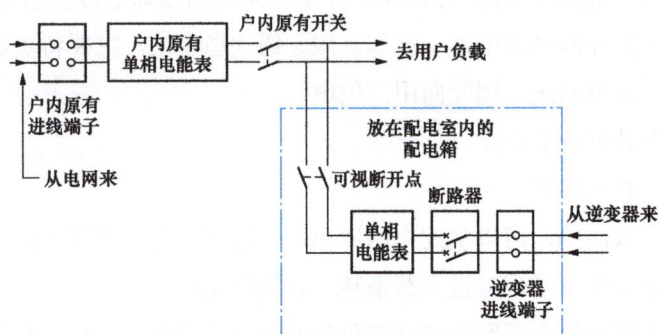

图 9-1　净电表计量单相线路连接图

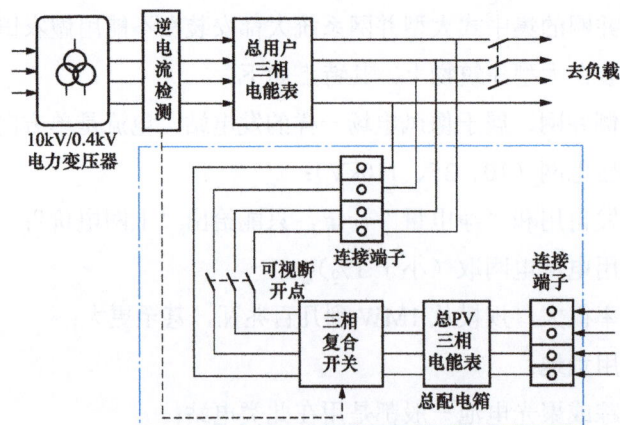

图 9-2　净电表计量三相线路连接图

第一节 光伏并网分类

一、按是否接入公用电网分类

光伏发电系统应用的基本形式可分为两大类：独立发电系统和并网发电系统。

独立发电系统通常需要蓄电池存储太阳电池方阵所产生的电能，并通过逆变器来满足用户用电的需要，独立发电系统有时也称为离网发电系统。独立光伏系统一般应用于远离公共电网覆盖的区域，如山区、岛屿等边远地区，独立光伏发电系统的安装容量（包括储能设备）必须满足用户最大电力负荷的需求。

光伏并网发电系统将白天发出的电通过逆变器出售给公共电网，当需要时再从公共电网购买使用。因此实际应用中，必须同时安装售电电表和购电电表。在光伏并网发电系统中，当用电负荷较大时，若太阳能电力不足，就向市电购电；而当负荷较小时，或用不完电力时，就可将多余的电力卖给市电。在背靠电网的前提下，该系统省掉了蓄电池，从而扩大了使用的范围和灵活性，并降低了造价。并网光伏发电系统适用于当地已存在公共电网的区域，并网光伏发电系统可将发出的电力直接送入公共电网，也可就地送入用户侧的供电系统，由用户直接消纳，不足部分再由公共电网作为补充。

二、按并网点分类

并网光伏发电系统按接入并网点的不同可分为用户侧光伏并网发电系统和电网侧光伏发电系统。

（一）用户侧并网

一般来说，光伏电站主要有如下并网发电利用形式：

（1）完全自发自用+逆功率控制。其是指纯粹的用户侧并网，并配置逆功率保护系统，保证不向上一级电网供电区域逆流。

（2）自发自用+剩余电力型。其是指用户侧并网，但允许有多余光伏电力存在，并且采取相应措施解决和利用这部分电力，在确保电网安全的基础上得到最大的经济效益。

（二）电网侧并网

一般来说，光伏电站主要有以下两种并网发电利用形式：

（1）全上网型。需要升压接入配电网，由电力公司对其电力进行全收购。

（2）自发自用+上网型。整个电站系统中部分自发自用，部分升压上网卖电。

三、按装机容量分类

光伏发电系统按装机容量的大小可分为下列三种系统：

（1）小型光伏发电系统。光伏安装容量小于等于 1MWp。

（2）中型光伏发电系统。光伏安装容量大于 1MWp，小于等于 30MWp。

（3）大型光伏发电系统。光伏安装容量大于 30MWp。

四、按并网电压等级分类

综合考虑不同电压等级电网的输配电容量、电能质量等技术要求，根据光伏电站接入电网的电压等级，可分为小型、中型或大型光伏电站。

（1）小型光伏电站。接入电压等级为 0.4kV 低压电网的光伏电站。

（2）中型光伏电站。接入电压等级为 10～35kV 电网的光伏电站。

（3）大型光伏电站。接入电压等级为 66kV 及以上电网的光伏电站。

五、按功率方向分类

根据是否允许通过公共连接点向公用电网送电，可分为可逆和不可逆的接入方式。

（1）可逆流并网系统。对于可逆流并网系统，光伏电站总容量原则上不宜超过上一级变压器供电区域最大负荷的 30%，并需要将原有的计量系统改装为双向表，以便发、用都能计量。

（2）不可逆流并网系统。光伏系统发出的电能只给本地负荷供电，多余的电需要通过防逆流装置控制逆变器的发电功能，不允许通过配电变压器向公用电网馈电。

第二节　光伏并网发电标准

随着《中华人民共和国可再生能源法》的实施，尤其是我国光伏产品的大量出口，国际上对产品认证的要求越来越高，光伏标准在我国光伏技术的发展、光伏工程以及商业活动中变得非常重要。因此，规范整个产业的相应标准尤为重要。

光伏并网发电技术的重要国内标准如下：

1. GB/T 19964《光伏发电站接入电力系统技术规定》

该标准规定了光伏发电站接入电力系统的技术要求。适用于通过 35kV 及以上电压等级并网，以及通过 10kV 电压等级与公共电网连接的新建、改建和扩建光伏发电站。

2. GB/T 29319《光伏发电系统接入配电网技术规定》

该标准规定了光伏发电站接入电网运行应遵循的一般原则和技术要求。适用于通过 380V 电压等级接入电网，以及通过 10（6）kV 电压等级接入用户侧的新建、改建和扩建光伏发电系统。

3. GB/T 37408《光伏发电并网逆变器技术要求》

该标准规定了光伏发电并网逆变器的分类、环境条件、安全要求、电气性能、电磁兼容性能、标识、文档、包装、运输和储运等相关技术要求。适用于并网型光伏逆变器。

4. GB/T 37409《光伏发电并网逆变器检测技术规范》

该标准规定了光伏发电并网逆变器的外观与结构、环境适应性、安全性能、电气性能、通信、电磁兼容性、效率、标识耐久性、包装、运输和储存方面检测的技术要求。适用于并网型光伏逆变器的型式试验，出厂试验和现场试验也可参照执行。

5. Q/GDW 617《光伏电站接入电网技术规定》

该标准规定了光伏电站接入电网运行应遵循的一般原则和技术要求。适用于接入 380V 及以上电压等级电网的新建或扩建并网光伏电站，包括有隔离变压器与无隔离变压器连接方式，但不适用于离网光伏电站。

6. Q/CSG 1211006《光伏发电并网技术标准》

该标准提出了光伏发电并网应遵循的一般原则和技术要求，适用于南方电网范围内含光伏发电的区域电源与电网适应性规划设计，以及通过 10kV（20kV）及以下电压等级接入电网的分布式光伏发电系统和通过 35kV 及以上电压等级接入电网的光伏发电站规划设计，并指导施工建设与运行工作。

7. CNCA/CTS《光伏电站接入电网技术规定》

该标准规定了光伏电站接入电网运行应遵循的一般原则和技术要求。适用于接入 380V 及以上电压等级电网的新建或扩建并网光伏电站，包括有隔离变压器与无隔离变压器连接方式，但不适用于离网光伏电站。

第三节　光伏并网技术

作为清洁能源的一个重要发展方向，光伏发电技术近年来取得了持续快速发展，光伏并网已经成为太阳能资源的主要利用形式。积极发展光伏发电并网技术，是我国应对环境压力，推动绿色、可持续经济发展模式的重要切入点。光伏并网发电系统通过可靠的技术，融入现代电网中，同时预防电网对光伏并网系统的影响。

光伏发电系统并网后，对大电网的系统稳定性、电能质量和运行的经济性等方面都有影响。特别是光伏电站功率输出受温度和光照强度等环境因素的影响，在多云天气下，因日照原因引起的功率变化率较大，最大可达光伏电站装机容量的 25% 左右。

同时，由于采用了大功率电力电子元件，光伏电站启动时对电网造成较大冲击，且会造成如电压闪变、高次谐波等电能质量问题。

光伏发电并网技术是指将光伏阵列输出的直流电转化为与电网电压同幅值、同频、同相的交流电，并与电网连接将能量输送到电网的技术系统。在光伏发电并网过程中，涉及的关键技术主要包括光伏并网逆变技术、光伏并网监控技术、反孤岛保护技术、光伏并网稳定技术、低电压穿越以及直流并网技术的选择等。

（1）光伏并网逆变技术。并网逆变器是实现光伏并网的重要组成部分，主要作用是将光伏电池产生的直流电能转化为交流电能，并实现与电网电压的同相同频，从而实现与电网电能的交互。目前光伏发电系统中常用逆变器来实现。

（2）光伏并网监控技术。为了保证光伏发电可靠、高效的并网运行，电站监控系统是其中的关键环节。目前光伏电站大多配有监控系统，除了具备常规的数据采集和保护功能外，往往还能够对光伏系统进行能量管理，针对不同的应用场合，对光伏发电功率进行控制，提高系统运行安全可靠性和经济效益，有些还具有远程控制和云数据功能。

（3）反孤岛保护技术。在光伏并网发电系统中，为了避免电网故障情况下光伏发电系统与本地负荷功率匹配，形成一定时间内的孤岛系统，对电网中的人和用电设备造成威胁的状况发生，光伏并网系统一般需要配备反孤岛保护功能。

（4）光伏并网稳定技术。光伏发电系统输出功率灵活控制并且响应较快，通过改变控制策略和运行方式，可以人为地将逆变器的输出功率与电网频率相关，模拟传统发电系统的惯量响应，以此保障电力系统的稳定。但是，如果没有保护措施或者合理的控制方案，电力系统不得不将其从电网中切除，因此需要通过规范约束发电系统的并网特性，确保电力系统的稳定性。

一、电能质量要求

（一）电能质量概念

电能质量主要是指通过公用电网供给用户端的交流电能的质量。电能质量问题可以导致用电设备故障或不能正常工作的电压、电流或频率偏差，其内容涉及频率偏差、电压偏差、电磁暂态、供电可靠性、波形失真、三相不平衡以及电压波动和闪变等。

一个理想的电力系统应以恒定的频率（50Hz）和正弦波形，按规定的电压水平向用户供电。在三相交流电力系统中，各相的电压和电流应处于幅值大小相等、相位互差120°的对称状态。

电能质量的理想状态在实际生活中并不存在，电能质量不完全取决于电力生产企业，有的质量偏差（例如谐波、电压波动和闪变、三相电压不平衡度）往往是由用户干扰造成的。对于不同的供（或用）电点在不同的供（或用）电时刻，电能质量的指标往往是不同的。

（二）电能质量的影响

随着科学技术的发展，用户电力电子设备、非线性负荷和冲击性负荷不断增加，加剧了电网电能质量问题（见表9-1）。

（1）对电力系统，电能质量污染使系统的线损增加，变压器寿命降低，继电保护装置误动作，计量仪表误差增加。

（2）对电力用户，电能质量污染使用户电动机产生附加损耗、发热和振动，降低了电动机的最大转矩和过载能力，使无功补偿装置无法投入，补偿电容器的使用寿命降低或熔丝经常熔断，甚至会对居民的日常生活质量产生多种不好的影响。

（3）电能质量污染还使精密制造设备的使用年限减少，生产产品的废品率增加，干扰通信的信号灯。

表 9-1　　　　　　　　　　　　　　　电 能 质 量 问 题 描 述

类型	扰动性质	特征指标	产生原因	后果	解决方法
谐波	稳态	谐波频谱电压、电流波形	非线性负荷、固态开关负载	设备过热、继电保护装置误动，设备绝缘破坏	有源、无源滤波
三相不对称	稳态	不平衡因子	不对称负载	设备过热、继电保护装置误动，通信干扰	静止无功补偿
谐波	稳态	持续时间、幅值	调速驱动器	计时器计时错误，通信干扰	电容器、隔离电感器
电压闪变	稳态	波动幅值、出现频率、调制频率	电弧炉、电动机启动	伺服电动机运行不正常	静止无功补偿
谐振暂态	暂态	波形、峰值、持续时间	线路、负载和电容器的投切	设备绝缘破坏、损坏电力电子设备	滤波器、隔离变压器、浪涌保护器
脉冲暂态	暂态	上升时间、峰值、持续时间	闪电电击线路、感性电路开合	设备绝缘破坏	浪涌保护器
瞬时电压上升、瞬时电压下降	暂态	幅值、持续时间、瞬时值/时间	远端发生故障、电动机启动	设备停运、敏感负载不能正常运行	不间断电源、动态电压恢复器
噪声	稳态/暂态	幅值/频谱	不正常接地、固态开关负载	微处理器控制设备不正常工作	正确接地、滤波器

（三）光伏并网对电能质量的要求

光伏电站向当地交流负载提供电能和向电网发送电能的质量，在谐波、电压偏差、电压不平衡度、直流分量、电压波动和闪变等方面应满足国家相关标准。

光伏电站应该在并网点配置满足 IEC 61000-4-30《电磁兼容　第 4-30 部分：试验

和测量技术电能质量》标准要求的 A 类电能质量在线监测装置。对于大型或中型光伏电站电能质量数据应能够远程传送到电网企业，保证电网企业对电能质量的监控。对于小型光伏电站，电能质量数据应具备年及以上的存储能力，必要时供电网企业调用。

1. 谐波

电力系统中谐波产生的根本原因是非线性负载所致。当电流流经负载时，与所加的电压不呈线性关系，就形成非正弦电流，即电路中有谐波产生。谐波频率是基波频率的整倍数，根据法国数学家傅里叶（M.Fourier）分析原理证明，任何重复的波形都可以分解为含有基波频率和一系列为基波倍数的谐波的正弦波分量。谐波是正弦波，每个谐波都具有不同的频率、幅度与相角。谐波可以分为偶次与奇次性，第 3、5、7 次等编号的为奇次谐波，而 2、4、6、8 次等编号的为偶次谐波，如基波为 50Hz 时，2 次谐波为 100Hz，3 次谐波则是 150Hz。一般地讲，奇次谐波引起的危害比偶次谐波更多、更大。在平衡的三相系统中，由于对称关系，偶次谐波已经被消除了，只有奇次谐波存在。对于三相整流负载，出现的谐波电流是（$6n \pm 1$）次谐波，例如 5、7、11、13、17、19 次谐波等，变频器主要产生 5、7 次谐波。

"谐波"一词起源于声学。有关谐波的数学分析在 18 世纪和 19 世纪已经奠定了良好的基础。傅里叶等人提出的谐波分析方法至今仍被广泛应用。电力系统的谐波问题早在 20 世纪 20 年代和 30 年代就引起了人们的注意。当时在德国，由于使用静止汞弧变流器而造成了电压、电流波形的畸变。1945 年，J.C.Read 发表的有关变流器谐波的论文是早期有关谐波研究的经典论文。

由于电力电子技术的飞速发展，各种电力电子装置在电力系统、工业、交通及家庭中的应用日益广泛，谐波所造成的危害也日趋严重，世界各国都对谐波问题予以充分关注。国际上召开了多次有关谐波问题的学术会议，不少国家和国际学术组织都制定了限制电力系统谐波和用电设备谐波的标准和规定。

谐波研究的意义，是因为谐波的危害十分严重。谐波使电能的生产、传输和利用的效率降低，使电气设备过热、产生振动和噪声，并使绝缘老化，使用寿命缩短，甚至发生故障或烧毁。谐波可引起电力系统局部并联谐振或串联谐振，使谐波含量放大，造成电容器等设备烧毁。谐波还会引起继电保护和自动装置误动作，使电能计量出现混乱。对于电力系统外部，谐波对通信设备和电子设备会产生严重干扰。

（1）谐波电压限值。

1）第 h 次谐波电压含有率 URH_h。

$$URH_h = \frac{U_h}{U_1} \times 100(\%) \tag{9-1}$$

式中 U_h ——第 h 次谐波电压（方均根值），V；

     U_1 ——基波电压（方根均值），V。

2）谐波电压含量 U_H。

$$U_H = \sqrt{\sum_{h=2}^{\infty}(U_h)^2} \tag{9-2}$$

3）电压总谐波畸变率 THD_u。

$$THD_u = \frac{U_H}{U_1} \times 100(\%) \tag{9-3}$$

4）光伏电站接入电网后，公共连接点的谐波电压应满足 GB/T 14549《电能质量公用电网谐波》的规定，见表 9-2。

表 9-2   公用电网谐波电压（相电压）

电网标称电压（kV）	电压总谐波畸变率（%）	各次谐波电压含有率（%）	
		奇次	偶次
0.38	5.0	4.0	2.0
6	4.0	3.2	1.6
10			
35	3.0	2.4	1.2
66			
110	2.0	1.6	0.8

（2）谐波电流允许值。

1）第 h 次谐波电流含有率 HRI_h。

$$HRI_h = \frac{I_h}{I_1} \times 100(\%) \tag{9-4}$$

式中 I_h ——第 h 次谐波电流（方均根值），A；

     I_1 ——基波电压（方均根值），A。

2）谐波电流含量 I_H。

$$I_H = \sqrt{\sum_{h=2}^{\infty}(I_h)^2} \tag{9-5}$$

3）电流总谐波畸变率 THD_i。

$$THD_i = \frac{I_H}{I_1} \times 100(\%) \tag{9-6}$$

4）光伏电站接入电网后，公共连接点处的总谐波电流分量（方均根值）应满足 GB/T 14549《电能质量公用电网谐波》的规定，应不超过表 9-3 中规定的允许值。其中，光伏电站向电网注入的谐波电流允许值按该光伏电站安装容量与其公共连接点的供电设备容量之比进行分配。

表 9-3　　　　　　　　　　注入公共连接点的谐波电流允许值

标准电压（kV）		0.38	6	10	35	66	110
基准短路容量（MVA）		10	100	100	250	500	750
谐波次数及谐波电流允许值（A）	2	78	43	26	15	16	12
	3	62	34	20	12	13	9.6
	4	39	21	13	7.7	8.1	6.0
	5	62	34	20	12	13	9.6
	6	26	14	8.5	5.1	5.4	4.0
	7	44	24	15	8.8	9.3	6.8
	8	19	11	6.4	3.8	4.1	3.0
	9	21	11	6.8	4.1	4.3	3.2
	10	16	8.5	5.1	3.1	3.3	2.4
	11	28	16	9.3	5.6	5.9	4.3
	12	13	7.1	4.3	2.6	2.7	2.0
	13	24	13	7.9	4.7	5.0	3.7
	14	11	6.1	3.7	2.2	2.3	1.7
	15	12	6.8	4.1	2.5	2.6	1.9
	16	9.7	5.3	3.2	1.9	2	1.5
	17	18	10	6.0	3.6	3.8	2.8
	18	8.6	4.7	2.8	1.7	1.8	1.3
	19	16	9	5.4	3.2	3.4	2.5
	20	7.8	4.3	2.6	1.5	1.6	1.2
	21	8.9	4.9	2.9	1.8	1.9	1.4
	22	7.1	3.9	2.3	1.4	1.5	1.1
	23	14	7.4	4.5	2.7	2.8	2.1
	24	6.5	3.6	2.1	1.3	1.4	1
	25	12	6.8	4.1	2.5	2.6	1.9

5）当电网公共连接点的最小短路容量不同于表 9-3 给出的基准短路容量时，则按式（9-7）修正标中的谐波电流允许值，即

$$I_h = \frac{S_{k1}}{S_{k2}} I_{hp} \tag{9-7}$$

式中　　S_{k1}——公共连接点的最小短路容量，MVA；

　　　　S_{k2}——基准短路容量，MVA；

I_{hp}——第 h 次谐波电流允许值，A；

I_h——短路容量为 S_{k1} 时的第 h 次谐波电流允许值，A。

（3）间谐波。

1）间谐波分量是对周期性交流量进行傅里叶级数分解，得到频率不等于基波频率整数倍的分量。

2）间谐波次数 ih 是间谐波频率与基波频率的比值。

3）间谐波含有率是周期性交流量中含有的第 ih 次间谐波分量的方均根值与基波分量的方均根值之比（用百分数表示）。

4）第 ih 次间谐波电压含有率以 $IHRU_{ih}$ 表示。

5）拍频是两个不同频率的正弦波电压合成时，其频率（例如公共电网中间谐波频率和基波频率）之差的绝对值。

6）220kV 及以下电力系统公共连接点（point of common coupling，PCC）各次间谐波电压含有率应不大于表 9-4 中给出的限值。

接于 PPC 的单一用户引起的各次间谐波电压含有率一般不得超过表 9-4 给出的限值。根据连接点的负荷情况，此限值可作适当变动，但必须满足表 9-4 的规定。

表 9-4　　　　　　　　　　间谐波电压含有率限值（%）

电压等级（V）	频率（Hz）	
	<100	100～800
≤1000	0.2	0.5
>1000	0.16	0.4

注　频率在 800Hz 以上的间谐波电压限值还处于研究中，频率低于 100Hz 的上限值参照 GB/T 24337《电能质量 共用电网间谐波》标准的附录 A。

7）同一节点上，多个间谐波源同次间谐波电压按式（9-8）合成，即

$$U_{ih} = \sqrt[3]{U_{ih1}^3 + U_{ih2}^3 + \cdots + U_{ihk}^3}$$ （9-8）

式中　U_{ih1}——第 1 个间谐波源的第 ih 次间谐波电压，V；

U_{ih2}——第 2 个间谐波源的第 ih 次间谐波电压，V；

U_{ihk}——第 k 个间谐波源的第 ih 次间谐波电压，V；

U_{ih}——k 个间谐波源共同产生的第 ih 次间谐波电压，V。

（4）电流谐波检测步骤。

1）在光伏发电系统公共连接点处接入电能质量测量装置。

2）在控制光伏发电系统中，无功功率输出 Q 趋近于零，从光伏发电系统持续正常运行的最小功率开始，每递增 10% 的光伏发电系统所配逆变器总额定功率为一个区

间，每个区间都应进行检测，测量时间为 10min。

3）取时间窗 T_w 测量电流谐波子群的有效值，取 3s 内 15 次输出结果平均值。

4）计算 10min 内所包含的各 3s 电流谐波子群的方均根值。

5）电流谐波子群应记录到第 50 次，计算电流谐波子群总畸变率总记录。

最后一个区间的终点取光伏发电系统持续正常运行的最大功率。

其中，对于 50Hz 电力系统，时间窗 T_w 取 10 个基波周期，即为 200ms。两条连续的频谱之间的频率间隔是时间窗的倒数，因此两条连续的频谱线之间的频率间隔是 5Hz。

电流谐波子群的有效值为某一谐波的方均根值以及与其紧邻的两个频谱分量的方均根值。在测量研究过程中，为顾及电压波动的影响，通过对所求谐波以及与其紧邻的频谱分量的能量累加而得到的离散傅里叶变换（DFT）输出分量的一个子群，其阶数由所考虑的谐波给出。

（5）电流间谐波检测步骤。

1）在光伏发电系统公共连接点处接入电能质量测量装置。

2）控制光伏发电系统无功功率输出 Q 趋近于零，从光伏发电系统持续正常运行的最小功率开始，每递增 10% 的光伏发电系统所配逆变器总额定功率为一个区间，每个区间都应进行检测，测量时间为 10min。

3）取时间窗 T_w 测量电流间谐波中心子群的有效值，取 3s 内 15 次输出结果的平均值。

4）计算 10min 内所含的各 3s 电流间谐波中心子群的方均根植。

5）电流间谐波测量最高频率应达到 2kHz。

其中，间谐波中心子群的方均根值位于两个连续的谐波频率之间，且不包括与谐波频率直接相邻的频谱分量的全部间谐波分量的方均根值。

（6）谐波检测准确度，如表 9-5 所示。

表 9-5　　　　　　　　　　　　　谐波检测准确度等级的要求

等级	被测量	条件	允许偏差
A	电压	$U_h \geqslant 1\% U_N$	$5\% U_N$
		$U_h < 1\% U_N$	$0.05\% U_N$
	电流	$I_h \geqslant 3\% I_N$	$5\% I_N$
		$I_h < 3\% I_N$	$0.15\% I_N$
B	电压	$U_h \geqslant 3\% U_N$	$5\% U_N$
		$U_h < 3\% U_N$	$0.15\% U_N$
	电流	$I_h \geqslant 10\% I_N$	$5\% I_N$
		$I_h < 10\% I_N$	$0.5\% I_N$

注　U_N 为标称电压；I_N 为额定电流；U_h 为谐波电压；I_h 为谐波电流。

A 级仪器用于较精确的测量（频率测量范围为 0～2500Hz，相角测量误差不大于±5°或±1°h）；B 级仪器用于一般监测，主要用于测量谐波大小，相角精度不作规定。

仪器应保证在额定电压±15%波动范围内，电压总畸变率不超过 8%条件下正常工作。

2. 电压偏差测量

（1）获得电压有效值的基本测量时间窗口为 10 周波，并且每个测量时间窗口应该与紧邻的测量时间窗口接近而不重叠，连续测量并计算电压有效值的平均值，最终计算获得供电电压偏差值，计算公式为

$$电压偏差(\%)=\frac{电压测量值-系统标称电压}{系统标称电压}\times100\% \tag{9-9}$$

（2）对 A 级性能电压监测仪，可根据具体情况选择 4 个不同类型的时间长度计算供电电压偏差，即 3S、1min、10min、2h。对 B 级性能电压监测仪，制造商应明确测量时间窗口、计算供电电压偏差的时间长度。时间长度推荐采用 1min 或 10min。

（3）A 级性能电压监测仪的测量误差不应超过±0.2%；B 级性能电压监测仪的测量误差不应超过±0.5%。

3. 三相电压不平衡度

（1）电网接口处的三相电压不平衡度不应超过 GB/T 15543《电能质量三相电压不平衡》规定的数值，允许值为 2%，短时不得超过 4%。当光伏电站并网运行时，光伏并网逆变器接入电网的公共连接点的负序电压不平衡度不应超过 2%，短时不得超过 4%；光伏并网逆变器引起的负序电压不平衡度不应超过 1.3%，短时不应超过 2.6%。

（2）测试方法：将逆变器启动并置于正常工作状态，测量逆变器 30%P_N、50%P_N、75%P_N、100%P_N 输出功率状态下的三相不平衡度。对于设备供电引起的电压负序不平衡度测量值的 10min 方均根的 95%概率大值，以及测量值中的最大值应不大于要求规定值。三相不平衡度测量仪器应满足测量要求，仪器记录周期为 3s，按方均根取值。电压输入信号基波分量的每次测量取 10 个周波的间隔。对于离散采样的三相不平衡度 ε 的测量推荐式（9-10）进行计算，即

$$\varepsilon=\sqrt{\frac{1}{m}\sum_{k=1}^{m}\varepsilon_k^2} \tag{9-10}$$

式中　ε_k——在 3s 内第 k 次测得的三相不平衡度；

m——在 2s 内均匀间隔取值数（$m\geqslant6$）。

4. 直流分量

（1）当光伏系统并网运行时，逆变器向电网馈送的直流电流分量应不超过其输出电流额定值的 0.5%或 5mA，应取二者中较大值。

（2）测试方法：将逆变器置于正常工作状态下，测量 30%P_N、50%P_N、70%P_N、

100%P_N功率输出状态下输出端的直流分量，连续采样时间不少于 1min，且要求直流分量满足国标限值范围。

5. 电压波动和闪变

电压波动和闪变大多产生于配电系统，并通过配电变压器传递到低压侧的用户电源端。产生电压波动和闪变的主要原因是工业用电负荷，如电弧炉、电焊机的运行和电容器投切等，都可能产生快速的电压变化。电压波动与谐波的产生有类似的物理原因，如冲击性负荷的非线性特性、规则或不规则的分合闸操纵等。使非线性的交变负荷电流在与频率有依赖关系的电网阻抗上造成电网的电压波动。

（1）电压波动与闪变形成的原因：

1）用电设备具有冲击负荷或波动负荷，如电弧炉、炼钢炉、轧钢机、电焊机、轨道交通、电气化铁路，以及短路试验负荷等。

2）系统发生短路故障，引起电网波动和闪变。

3）系统设备自动投切时产生操作波的影响，如备用电源自动投切、自动重合闸动作等。

4）系统遭受雷击引起的电网电压波动等。

（2）电压波动与闪变存在的影响：电压闪变主要是表征人眼对灯闪主观感觉的参数。它一般是由开关动作或与系统的短路容量相比出现足够大的负荷变动引起的。有些电压波动尽管在正常的电压变化限度以内，但可能产生 10Hz 左右照明闪烁、干扰计算机等电压敏感型电子设备和仪器的正常运行。

光伏电站接入电网后，公共连接点处的电压波动和闪变应满足 GB/T 12326《电能质量电压波动和闪变的规定》的相关要求。

（1）电压变动。电压变动 d 指的是电压方均根曲线上相邻两个极值电压之差，以系统标称电压的百分数表示。

$$d = \frac{U_{max} - U_{min}}{U_N} \times 100\% \qquad (9\text{-}11)$$

式中　U_{max}——用电设备端电压的最大波动值，kV；

　　　U_{min}——用电设备端电压的最小波动值，kV；

　　　U_N——系统标称电压，kV。

（2）电压波动。一系列的电压变动或电压包络路线的周期性变化，当其变化速度等于或大于每秒 0.2%时，称为电压波动。电压波动是电压方均根值（有效值）一系列的变化或连续的改变。

电压方均根曲线 $U(t)$ 是每个半个基波电压周期方均根（有效值）的时间函数。

电压变动频度 r 指的是单位时间内电压波动的次数（电压由大到小或由小到大各

算一次变动），如间隔时间小于 30ms，则算一次变动。

（3）电压波动限值。光伏电站单独引起公共连接点处的电压变动限值与变动频率、电压等级有关。对于电压变动频度较低（$r<1000$ 次/h）或规则的周期性电压波动，可通过测量电压方均根值曲线 $U(t)$ 确定其电压变动频度和电压变动值。

1）电压波动限值如表 9-6 所示。

表 9-6　　　　　　　　　　　　电 压 波 动 限 值

电压变动频度 r（次/h）	电压变动 d（%）	
	低压（LV），中压（MV）	高压（HV）
$r\leqslant1$	4	4
$1<r\leqslant10$	3	2.5
$10<r\leqslant100$	2*	1.5*
$100<r\leqslant1000$	1.25	1

注　对于随机性不规则的电压波动，依 95%概率大值衡量，标有"*"的值为其限值。

2）系统标称电压 U_N 的等级按以下划分：

低压（LV）　　　　$U_N\leqslant1kV$

中压（MV）　　$1kV<U_N\leqslant35kV$

（4）电压闪变。闪变是灯光照度不稳定造成的视感。短时间闪变值 P_{st} 主要是用来衡量短时间（若干分钟）内闪变强弱的一个统计值，短时间内闪变的基本记录周期为 10min/次。长时间闪变值 P_{lt} 由短时间闪变值 P_{st} 推算出，是反映长时间（若干小时）内闪变强弱的量值，长时间闪变的基本记录周期为 2h/次。

（5）闪变限值。光伏电站接入电网后，公共连接点的短时间闪变值和长时间闪变值应满足表 9-7 所列的限值。

表 9-7　　　　　　　　　各等级电压下的闪变限值

系统电压等级	低压（LV）	中压（MV）	高压（HV）
短时间闪变值（P_{st}）	1.0	0.9（1.0）	0.8
长时间闪变值（P_{lt}）	0.8	0.7（0.8）	0.6

注　MV 括号中的值仅适用于公共连接点（point of common coupling，PCC）连接的所有用户为同电压等级的场合。

（6）闪变等级。光伏电站在公共连接点单独引起的电压闪变值应根据光伏电站安装容量占供电容量的比例以及系统电压，按照 GB/T 12326《电能质量电压波动和闪变》的规定分别按照三级作不同的处理。

1）第一级，可以不做闪变核酸允许接入电网。表 9-8 所示为 LV 和 MV 用户第一级限值。

表 9-8   **LV 和 MV 用户第一级限值**

电压变动频度 r（次/min）	$k=\left(\dfrac{\Delta S}{S_{SC}}\right)_{max}$ (%)
$r<1$	0.4
$10\leqslant r\leqslant 200$	0.2
$200<r$	0.1

注　ΔS 为波动负荷视在功率的变动；S_{SC} 为 PCC 短路容量。

对于 HV 用户，满足

$$\left(\frac{\Delta S}{S_{SC}}\right)<0.1\%\tag{9-12}$$

满足 $P_{lt}<0.25$ 的单个波动负荷用户。

2）第二级，波动负荷单独引起的长时间闪变值必须小于该负荷用户的闪变限值。

每个用户按其协议用电容量$\left(S_i=\dfrac{P_i}{\cos\varphi_i}\right)$和总供电容量之比，考虑上一级对下一级闪变传递的影响（下一级对上一级的传递一般忽略）等因素后确定该用户的闪变限值。单个用户闪变的计算方法如下：

首先求出接于 PCC 点的全部负荷产生闪变的总限值 G，即

$$G=\sqrt[3]{L_P^3-T^3 L_H^3}\tag{9-13}$$

式中　L_P——PCC 点对应电压等级的长时间闪变值 P 限值；

　　　L_H——上一电压等级的长时间闪变值 P 限值；

　　　T——上一级电压等级对下一电压等级的闪变传递系数，推荐为 0.8，不考虑超高压（extra high voltage，EHV）系统对下一级电压系统的闪变传递。

电力系统公共连接点，在系统正常运行的较小方式下，以一周（168h）为测量周期，所有长时间闪变值都应满足表 9-9 给出的闪变限值的要求。

表 9-9   **闪　变　限　值**

$\leqslant 110kV$	$>110kV$
1	0.8

然后计算单个用户闪变限值 E_i 为

$$E_i=G\sqrt[3]{\frac{S_i}{S_t}\times\frac{1}{F}}\tag{9-14}$$

式中　F——波动负荷的同时系数，其典型值 $F=0.2\sim0.3\left(但必须满足\dfrac{S_i}{F}\leqslant S_t\right)$；

S_i ——用户协议用电容量，$S_i = \dfrac{P_i}{\cos\varphi_i}$；

S_t ——总供电容量。

3）第三级，不满足第二级规定的单个波动负荷用户，经过治理后仍超过其闪变限值，可根据 PCC（point of common coupling，PCC）点实际闪变状况和电网的发展预测适当放宽限值，但 PCC 点的闪变值必须符合上述闪变限制的规定。

（7）电压波动的测量和估算。电压波动可以通过电压方均根值曲线 $U(t)$ 来描述，电压变动 d 和电压变动频度 r 则是衡量电压波动大小和快慢的指标。

$$d = \frac{\Delta U}{U_N} \times 100\% \tag{9-15}$$

式中 ΔU ——电压方均根曲线上相邻两个极电压之差；

U_N ——系统标称电压。

当电压变动频率较低且具有周期性时，可通过电压方均根值曲线 $U(t)$ 测量，对电压波动进行评估，单次电压变动可通过系统和负荷参数进行估算。

（四）在线监测要求

1. 监测方式

电能质量监测主要有定期巡检、专项监测或抽检、在线监测三种方式。

（1）定期巡检主要用于需要掌握电能质量又不需要连续检测或不具备连续在线监测条件的场合，如检测居民、商业区及小工厂供电系统配电点的电能质量。根据重要程度一般一个月或一个季度检测一次。

（2）专项检测或抽检主要用于负荷容量变化大或有干扰源设备接入电网，或反映电能质量出现异常，需要对比前后变化情况的场合，以确定电网电能质量指标的背景状况和负荷变动与干扰发生的实际参量，或验证技术措施效果等。专项检测或抽检工作在完成预定任务后即可撤销。

（3）在线监测主要用于监测重要变电站或实施无人值班变电站的公共配电点或重要电力用户配电点的电能质量。

2. 监测数据

在线监测的功能包括数据显示、数据存储、数据远传及对监测项目的越限报警或发送控制指令。通过计算机网络将监测的实时数据、历史变化曲线、指标越限报警信号灯进行就地显示和实现远方监控。

3. 技术要求

（1）监测设备根据安装地点和监测要求，应具备可选择的监测功能，包括电压偏差、频率偏差、三相电压幅值相位不平衡度、负序电流、谐波、电压波动。

（2）监测设备应具有记录存储功能，且监测设备的存储记录应至少保存 15 天。

（3）监测设备应具有实时数据显示、权限管理、设置、对时、统计、自检等功能。

（4）监测设备应具有标准通信接口，实现监测数据的实时传输或定时提取，并能对通信口进行灵活配置与实时监视。通信规约可参照变电站综合自动化设备的相关规定（确保与变电站现有微机监控系统正常通信）。表 9-10 所示为电能质量监测内容。

表 9-10　　　　　　　　　　　　电能质量监测内容

检测项目	内容描述	低端要求		高端要求	
		精度	具备	精度	具备
基本测量	总有功功率、无功功率、功率因数		√		√
	电网频率、电压、电流有效值		√		√
监测指标	谐波次数	≥25 次	√		√
	三相基波电压、电流		√		√
	三相各次谐波电压畸变率、谐波电流含有率	精度均不得超过相应国家标准规定	√		√
	三相基波电压、电流总谐波畸变率		√		√
	电压不平衡度、负序电压、负序电流		√		√
	三相电压波动和闪变				√
	暂态过电压和瞬态过电压				√
	间谐波				√
	瞬变波形捕捉	尚无国标		尚无国标	√
	浪涌、骤升、骤降				√
传输控制功能	向各监测点发送指令提取数据或设置监测参数；监测点、监测指标、系统参数、定时传输数据向中心站发送具有统一格式的相关数据		√		√
对时功能	可与网络计算机对时或 GPS 对时		√		√
通信方式	网络		√		√
数据存储格式	—		√		√

二、其他关键指标及要求

（一）有功功率和功率因数控制

并网逆变器须具备有功功率、有功功率变化率和功率因数控制功能，有功功率、有功功率变化率和功率因数控制功能必须可以进行本地和远程设置（远程调度），其中，有功功率控制指令应可以通过百分比和绝对值的形式向逆变器下达。

并网逆变器有功功率指令的控制精度不低于 1%（百分比形式）或 1kW（绝对值

形式）；功率因数控制指令的控制精度不低于±0.01；功率变化率控制指令的控制精度不低于 1kW/S。所有控制指令及对应的控制参数应保证可以由后台一次性下达至并网逆变器。

逆变器有功功率的调节范围为 0～100%，功率因数的调节范围为超前 0.8 至滞后 0.8。并网逆变器应能够上传逆变器输出功率设定值（百分比和绝对值）、功率变化率设定值、功率因数设定值的当前状态。并网逆变器的有功功率控制功能应满足 GB/T 19964 和 GB/T 37408 的要求。

（二）频率控制要求

当电网频率出现波动时，光伏电站运行要求为：

（1）$f <$ 46.5Hz，根据逆变器允许的最低频率而定；

（2）46.5Hz$\leqslant f <$ 47.0Hz，频率每次低于 47.0Hz，逆变器能至少运行 5s；

（3）47.0Hz$\leqslant f <$ 47.5Hz，频率每次低于 47.5Hz，逆变器能至少运行 20s；

（4）47.5Hz$\leqslant f <$ 48.0Hz，频率每次低于 48.0Hz，逆变器能至少运行 1min；

（5）48.0Hz$\leqslant f <$ 48.5Hz，频率每次低于 48.5Hz，逆变器能至少运行 5min；

（6）48.5Hz$\leqslant f \leqslant$ 50.5Hz，连续运行；

（7）50.5Hz$< f \leqslant$ 51.0Hz，频率每次高于 50.5Hz，逆变器能至少运行 3min；

（8）51.0Hz$< f \leqslant$ 51.5Hz，频率每次高于 51.0Hz，逆变器能至少运行 30s；

（9）$f >$ 51.5Hz，根据逆变器允许的最高频率而定。

逆变器允许运行的最低频率和最高频率应能满足电网调度机构要求，电网频率范围超出 48.5～50.5Hz，此时停运状态的逆变器不得并网。

（三）无功控制要求

并网逆变器应具有多种无功控制模式，包括电压/无功控制、恒功率因数控制和恒无功功率控制等，具备接受功率控制系统指令并控制输出无功功率的能力，具备多种控制模式在线切换的能力。逆变器无功功率控制误差不应大于逆变器额定有功功率的 1%，响应时间不应大于 1s。

（四）电压适应性

为了使当地交流负载正常工作，光伏发电系统的输出电压应与电网相匹配。正常运行时，光伏系统和电网接口处的电压允许偏差应符合 GB/T 12325 的规定。三相电压的允许偏差为额定电压的±10%，单相电压的允许偏差为额定电压的±10%。

（五）低电压穿越

并网逆变器应满足国家电网对低电压穿越的要求，在电网电压出现瞬时跌落时，逆变器可保证以额定电流为电网供电，为电网尽可能提供大的电能支持，如图 9-3 所示。

图 9-3 中，U_{L2} 为正常运行的电压，宜取 0.9U_N；U_{L1} 为需要耐受的电压下限，宜取 0.2U_N；T_1 为电压跌落到 0 时需要保持并网的时间；T_2 为电压跌落到 U_{L1} 需要保持并网的时间。一般 T1 设定为 0.15s，T2 设定为 0.625s，T3 设定为 2s。T1、T2、T3 数值的确定需考虑保护和重合闸动作时间等实际情况，实际的限值需满足接入电网主管部门的相应技术规范要求设定。

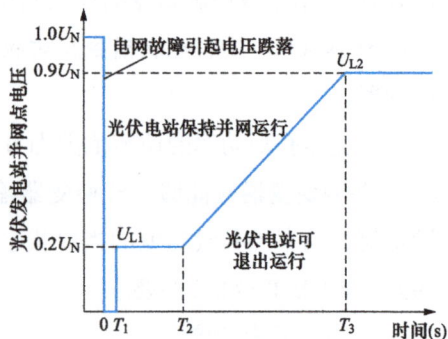

图 9-3 低电压穿越要求

（六）高电压穿越

逆变器高电压穿越能力应满足的要求如图 9-4 所示。当电网发生故障或扰动引起测试点电压升高时，逆变器并网点各线电压（相电压）在图 9-4 中电压轮廓线及以下的区域内时，逆变器必须保证不脱网连续运行；否则，允许逆变器切出。①逆变器具有在测试点电压为 130%额定电压时能够保证不脱网连续运行 0.5s 的能力。②逆变器具有在测试点电压为 120%额定电压时能够保证不脱网连续运行 10s 的能力。③逆变器具有在测试点电压为 110%额定电压时能够保证不脱网连续运行的能力。

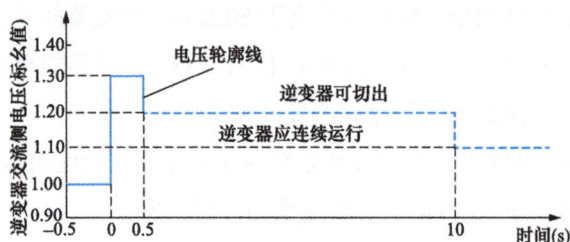

图 9-4 高电压穿越要求

（七）安全及保护

光伏系统和电网异常或故障时，为保证设备和人身安全，应具有相应的保护功能，逆变器应具有极性反接保护、交流缺相保护、反放电保护、防雷保护、短路保护、孤岛效应保护、过温保护、交流过流及直流过流保护、直流母线过电压保护、电网断电、电网过欠压、电网过欠频、光伏阵列及逆变器本身的接地检测及保护功能等，并相应给出各保护功能动作的条件和工况（即何时保护动作、保护时间、自恢复时间等）。

第四节 光伏并网系统并网趋势及新要求

随着新能源包括光伏发电系统和风力发电系统的不断开发和应用，新能源并网系统在电力系统中所占的比例不断升高，即新能源的渗透率不断提升，其特性对电力系统的影响将越来越大。高渗透率光伏新能源，由于其本身不可控、不可储的基因，相较传统能源同步发电机的运作，将对电网造成一定冲击。从 2016 年开始，世界各地逐步出现电站无法稳定并网甚至大停电的案例，各国电网公司逐步意识到弱电网环境下的光伏电站并网问题，新标准也因此不断出台，对新能源电站并网要求不断提高。能否前瞻性的对弱电网问题进行研判并预备应对措施，决定了光伏电站能否顺利并网，决定了光伏电站是否能成为主流能源，同时也决定了未来 5～10 年以后是否可以避免耗费巨大人力、物力的电站改造。

光伏电站往往建设在偏远地区，其常常位于电网结构较为薄弱的地区。网架结构脆弱，短路容量小，容易形成接入末端弱电网的局面。同时，在偏远地区，长距离传输，高压直流输电等各种因素结合在一起的时候，也会给光伏电站的并网带来挑战。例如，当直流输电出现故障闭锁时，在直流输电故障点附近的光伏电站并网点会出现电压暂态尖峰，光伏电站必须对这种电网暂态现象具有良好的适应性。又如，当光伏电站并网点与远端主干电网之间的等效电网阻抗较大时，就会带来电压不稳定、频率不稳定、次同步振荡和谐波谐振等多种问题，严重时会导致光伏电站脱网及电网设备的故障，甚至危害局域电网的安全稳定运行。

我国最新发布的 GB 38955《电网安全稳定导则》中，用"短路比（short circuit ratio，SCR）"描述新能源电站并网点的电网强弱，其定义为"电网同步短路容量与电站装机容量的比值"，SCR 越高电网越强。从 SCR 的定义可推算，电网中的火电、水电等传统同步机组装机容量越多，则 SCR 越高；新能源装机规模越大，SCR 越低。从长远判断，伴随着新能源渗透率的提高以及老旧火电的逐步退出，SCR 必然随之降低。当前行业要求逆变器在 SCR 不小于 1.5 的情况下，稳定运行。

一、渗透率越高，电网越"弱"，并网稳定难度日益提高

不同于具有旋转机械结构的同步发电机，光伏逆变器作为全电力电子设备，发电功率控制完全依赖于数学控制算法。逆变器发电的基本假设是具有稳定的电网提供电压参考，才能进行并网发电。然而，"稳定的电网"这一前提假设在高比例新能源渗透率情况下可能不再适用。2016～2019 年，与新能源有关的电站脱网、设备损坏屡见不鲜，甚至引发电网大停电（如在 2016 澳洲发生的电压跌落，造成大面积停电 50h；2019 英国英格兰与威尔士大部分地区停电，约有 100 万人受到停电影响）。

在较低的 SCR 情况下，逆变器注入的任何扰动都将被弱电网放大。因此电站保持稳态运行、完成暂态故障穿越、维持电能质量显得非常重要。任何一方面性能不达标，都有可能导致电站无法并网，或者频繁遭遇限发的局面。在新能源渗透率急速提高的背景下，改进逆变器的控制性能，使之与弱电网特征相适应，甚至更好的支撑电网，

成为亟待重视的问题。

二、光伏成为主力电，全球提高电站准入门槛，保障电网安全稳定

世界多国针对弱电网问题发布了针对性的电网标准，提高逆变器性能适配弱电网环境的政策导向非常明确，典型标准如下：

（1）2019 年 2 月，澳大利亚基于其 2016 年大停电的经验教训，发布新 National Electricity Rule，明确要求光伏电站需要适配 SCR=3 的弱电网环境（对应逆变器极端 SCR=1.5），并对电站无功能力、谐波水平（满足要求的逆变器 THDi 需小于 0.5%）、故障穿越、电压控制、频率调节等一系列指标做出详细规定。

（2）2019 年 9 月，西班牙电网 REE 修改其入网标准，原标准光伏电站只需要适应 SCR＞20 的极强电网，而新要求中光伏电站的最低标准为适应 SCR＞5（满足实际应用的逆变器 SCR 能力需要在 1.5 附近）。

（3）2019 年 9 月，北美电力可靠性委员会 NERC 基于 5GW 风电场无法并网教训，修改其监管导则，其中明确要求各地输电网公司必须监管新能源电站 SCR 水平。

三、中国电网标准与时俱进

中国电网网架坚强，但是面对激增的新能源，电网局部仍然呈现弱电网特点，风、光密集装机地区，SCR 降至 2.0 附近甚至更低的情况屡见不鲜。2019 年开始，一系列新标准新规定陆续发布，新能源的弱网适应性问题不可回避。

2019 年 12 月，中国发布 GB 38955《电力系统安全稳定导则》，其中首次在标准中加入了短路比的定义，并明确提出新能源需要提供必要的短路容量支撑；该标准在随后在多地电网公司的运行管理信函（如青海电网、张北地区电网等）中广泛沿用。

2019 年 12 月，中国针对高压直流输出的特点，发布了 GB/T 37408《光伏发电站并网逆变器技术要求》，强化了光伏逆变器有功稳定性、高低电压穿越能力、频率适应性等电网适应要求，提高了准入门槛，主要体现在如下方面：

（1）电网短路类型由三种增加到四种，全面覆盖电网短路类型；

（2）要求逆变器在高电压穿越期间输出的有功功率应保持不变，允许误差不应超过 $10\%P_N$；

（3）为了帮助电网将电压恢复到正常范围内，低电压穿越期间逆变器应发出动态感性无功功率，高电压穿越期间逆变器应吸收动态感性无功功率；

（4）故障穿越期间动态无功电流的响应时间不大于 60ms，最大超调量不大于 20%，调节时间不大于 150ms。

GB/T 37408 该技术规范标准较之前使用版本，强化了高穿有功稳定性、高低电压

穿越能力、频率适应性等电网适应性要求，提高了准入门槛，特别适合西北、西南电网特高压直流新能源送出环境，更有利于光伏并入电网的安全稳定性。

2020 年 6 月，中国电科院与华为一起，定义了弱电网适应测试用例，迈出了逆变器弱电网适应能力标准化的关键一步，针对逆变器稳定发电、谐波抑制、故障穿越能力进行了完善。

四、串联补偿技术系数要求

串联补偿技术是随着高电压、长距离输电技术的发展而发展的一种新兴技术。串补的作用能够降低交流输电系统的阻抗，变相缩短电气距离，能够倍增交流输电能力。交流输电线路串联补偿是现代电力电子技术在高电压、大功率领域应用的典范。虽然串补能够大幅提升特高压、超高压线路的电力输送能力，但大量串补会产生与电力电子设备形成次同步振荡的风险。次同步振荡问题会威胁到电力系统中设备的安全，尤其会危害到火力机组的机械部分，甚至造成火力机组大轴断裂的重大事故，因此电网必须在次同步振荡发生前加以避免。当串补度提高时，逆变器发生次同步振荡的几率大幅增加，需要从逆变器的控制算法上加以避免。要提高逆变器在串补输电场景下的适应性，使电站稳定工作。目前行业内要求逆变器串补系数至少 0.5，上限可做到 0.7。

第十章

箱式变压器及接入系统

第一节　箱式变压器

一、概述

电力变压器是一种静止的电气设备，是用来将某一数值的交流电压（电流）变成频率相同的另一种或几种数值不同的电压（电流）的设备。它是根据电磁感应原理实现电能传递的。

光伏发电用的箱式变压器是智能型组合式变压器，应用于光伏发电进行电能输送，同时对相关设备参数进行远程监控。

光伏发电用的箱式变压器具有三大特点：一是成套性强，智能化程度高，结构紧凑，占地面积小；二是安装简易、维护检修方便；三是生产成本低。

二、箱式变压器分类

光伏常用的箱式变压器具有按照变压器冷却方式不同分为干式变压器和油浸式变压器。干式变压器的冷却方式采用的是空气冷却，油浸式变压器的冷却方式通常采用油浸自冷式、油浸风冷式或者强迫油循环。

干式变压器适用于防火要求高的地方，如住宅楼、写字楼、办公室、停车场、车站、学校等地。而油浸式变压器主要适用于室外，环境相对恶劣的地方，如需要防水的地方、杆上、室外等地。

（一）干式变压器和油浸式变压器区别

（1）封装形式不同。从外观上看，干式变压器能直接看到铁芯和线圈，而油式变压器只能看到变压器的外壳。

（2）引线形式不同。干式变压器大多使用硅橡胶套管，而油式变压器大部分使用瓷套管。

（3）容量及电压不同。干式变压器一般适用于配电，容量大都在 1600kVA 以下，电压在 10kV 以下，也有个别做到 35kV 电压等级的；而油式变压器可以做到从小到大全部容量，电压等级也做到了所有电压。

（4）绝缘和散热不同。干式变压器一般用树脂绝缘，通常采用自然风冷，大容量的干式变压器也有采用冷却风机进行冷却的；而油式变压器采用绝缘油进行绝缘，通过绝缘油在变压器内部的循环将线圈产生的热量到变压器的散热器（片）上进行散热。

（5）应用场所不同。干式变压器大多应用在需要"防火、防爆"的场所，一般大型建筑、高层建筑上采用较多；油式变压器发生故障可能出现喷油或油泄漏，易造成火灾，大多应用在室外，并且需要设置事故油池。

（6）对负荷的承受能力不同。一般干式变压器在额定容量下运行，而油式变压器过载能力比较好。

（7）造价不同。同等容量下，干式变压器的价格比油式变压器价格要高。

（二）常见的一次系统方案

光伏箱式变压器主要分为双绕组和轴向双分裂两种。其中轴向双分裂高压采用轴向分段绕制、低压采用铜箔绕制的方案，低压两个分支可以单独运行，也可以同时运行和并联运行。一次系统方案示意图如图 10-1～图 10-3 所示。

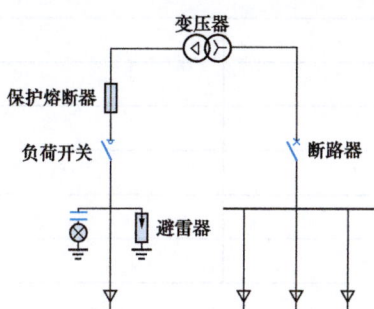

图 10-1 轴向双分裂型

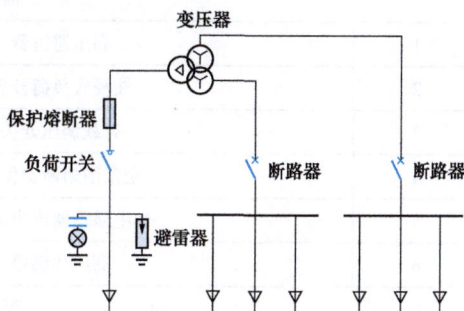

图 10-2 双绕组型

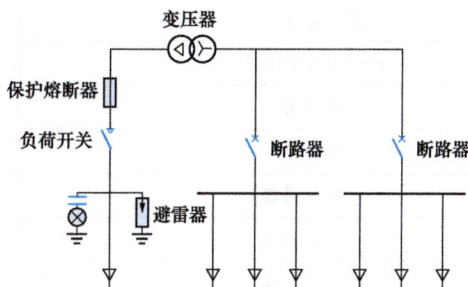

图 10-3 双绕组双出线型

三、箱式变压器主要组成部分

箱式变压器作为整套配电设备，是由变压器、高压电压控制设备、低压电压控制设备组合而成。其包括高压室、变压器室、低压室，高压室就是电源侧（一般是 35kV 或者 10kV 进线，包括高压母排、断路器或者熔断器、电压互感器、避雷器等）；变压室布置变压器，是箱式变压器的主要设备；低压室里面有低压母排、低压断路器、计量装置、避雷器等。主要设备清单见表 10-1。

表 10-1　　　　　　　　　　　　主 要 设 备 清 单

序号	设 备 名 称	备注
	本体变压器部分	
1	电力变压器	
2	变压器油	
3	温度控制器	4～20mA
4	压力释放阀	
5	油位计	
6	吸湿器	
7	高压套管	
8	瓦斯继电器	
	高压部分	
1	高压避雷器	
2	油浸式负荷开关	
3	有载调压开关	
4	全范围熔断器保护	
5	带电显示器连电磁锁	
6	高压传感器	
	低压部分	
1	低压智能断路器	
2	低压避雷器	
3	控制电源变压器	220V
4	电流表	
5	电压表	
6	电流互感器	
7	电压互感器	
8	微型断路器	
9	综合测控装置	
10	湿度控制器	
11	加热器	带温控器
12	UPS 不间断电源	

（一）变压器

1. 变压器种类

电力变压器种类较多，按照不同分类方法，变压器有以下几种。

（1）按变压器相数不同，分为单相变压器、三相变压器。

（2）按绕组数不同，分为单绕组自耦变压器、双绕组变压器、三绕组变压器。

（3）按调压方式不同，分为无载调压变压器、有载自动调压变压器。

（4）按变压器冷却方式不同，分为油浸自冷式、强迫油循环、风冷式、水冷式、环氧树脂浇注绝缘干式。

2. 电力变压器的电压组合和联结组标号

变压器并联运行时，一般要求联结组别标号相同，电压组合和联结组标号选择见表 10-2。

表 10-2　　　　　　　　　　　　　　电压组合和联结组标号

序号	额定容量（kVA）	电压组合（kV）		联结组标号
		高压	低压	
1	30～1600	6、10	0.4	Y，yn0，yn11
2	630～6300	6、10	3.15、6.3	Y，d11
3	50～1600	35	0.4	Y，yn0
4	800～31500	35（38.5）	3.15～10.5（3.3～11）	Y，d11（YN，d11）

3. 变压器主要附件

油浸式箱式变压器的附件比较多，主要包括：

（1）瓦斯继电器。瓦斯继电器带有轻瓦斯报警和重瓦斯跳闸接点，即轻瓦斯投信号，重瓦斯投跳闸。瓦斯保护是变压器的主要保护，它能反映油箱内的故障，包括油箱内多相短路、绕组匝间短路、绕组与铁芯或与外壳间的短路、铁芯故障、油面下降或漏油、分接开关接触不良或导线焊接不良等。瓦斯保护动作迅速、灵敏、可靠，而且结构简单。但它不能反映油箱外部电路的故障，所以不能作为保护变压器内部故障的唯一保护装置。

（2）压力释放阀。箱式变压器前壁上装有压力释放阀，当变压器超载或故障引起变压器内部压力达到 60kPa 时，压力释放阀动作释放压力；当压力减小到阀的关闭压力值时，压力释放阀又可靠关闭，有效地防止外部空气、水气及其他杂质进入油箱。

（3）温度计。箱式变压器前壁上装有表盘式小型温度计，可随时观察油温。

（4）放油阀。在油箱底部安装有放油阀，可作放油使用。

（5）油样阀。在油箱中下部安装有取样阀，可作变压器油取样使用。

（6）压力表。箱式变压器前壁上装有表盘式小型压力表，可随时观察变压器内部的压力。

（二）负荷开关和熔断器

负荷开关是一种油浸式的开关，能在额定电流下进行分、合切换，但不能用来开断故障电流。

光伏箱式变压器使用负荷开关加限流熔断器的结构型式居多。这种结构型式有两个优势，一是结构型式简单，造价低；二是保护特性好。用它保护变压器比用断路器更为有效。短路试验表明，当变压器内部发生故障时，为使油箱不爆炸，必须在 20ms 内切除短路故障。限流熔断器可在 10ms 内切除故障，而断路器的全开断时间由三部分组成，即继电保护动作时间、断路器固有动作时间和燃弧时间，一般需要三周波（60ms）。

（三）箱式变压器保护

箱式变压器的保护是专门保护变压器的，是集保护、监视、控制、通信等多种功能于一体的电力自动化高新技术产品，是构成智能化箱式变压器的理想电器单元。保护系统采用变电站微机综合自动化装置，分散安装，可实现"四遥"，即遥测、遥信、遥控、遥调，每个单元均具有独立运行功能。

继电保护功能齐全，箱式变压器高压侧采用断路器保护，作为变压器过载及短路保护；低压侧采用断路器作为箱式变压器内部及逆变器出口引线故障的保护。配置变压器重瓦斯、轻瓦斯、压力释放、油温等非电量保护，作用于跳闸和信号。

为实现对箱式变压器运行状况监测，其内设测控装置。测控装置应能够采集箱式变压器运行及异常信号，其中包括箱式变压器断路器开关信号、低压侧断路器位置信号、箱式变压器温度等遥信量，以及箱式变压器油温等遥测量，并将上述信号通过箱式变压器环网系统上传至升压站计算机监控系统，实现升压站计算机监控系统对箱式变压器的监控。

四、产品结构特点及制造工艺

（一）密封式结构箱式变压器

变压器器身与油箱配合紧密，且有固定装置。高、低压引线全部采用软连接，分接引线与无载分接开关之间采用冷压焊接并用螺栓紧固，所有连接（包括线圈与后备熔断器、插入式熔断器、负荷开关等）都采用冷压焊接，紧固部分带有自锁防松措施，变压器能够承受长途运输的震动和颠簸，用户安装后无需进行常规的吊芯检查。

变压器在封装时采用真空注油工艺，有效去除变压器中的潮气。运行时变压器油不与大气接触，有效地防止氧气和水分浸入变压器而导致变压器绝缘性能下降和变压器油老化。

（二）熔断器保护

一种是由高压后备保护熔断器和插入式熔断器串联提供保护，后备保护熔断器是油浸式限流熔断器，安装在箱体内部，用于保护一次侧线路；插入式熔断器是在二次侧发生短路故障、过负荷及油温过高时熔断。另一种是由全范围一体式高压限流熔断器提供保护。其结构为插入式，由熔断件、熔断器底座和载熔件（手柄和接触件）组成，熔断器底座固定在油箱上，熔断件的两端分别插入手柄、接触件中的孔内，并用锁紧螺钉固定，插入熔断器底座内。熔断器底座内部为空气绝缘，且通过端部法兰密封件与外部大气隔离，外部引出线在变压器油中。

（三）高低压室

1. 10kV 箱式变压器

高低压室是一个整体的防风雨外壳，两个并排的高、低压室由隔板隔开，门的转动幅度大，提供最大的维护方便性。外形布置图详见图 10-4。

2. 35kV 级组合式变压器

高、低压室分别设置防风雨外壳，两者采用"L"或"目"型排列，可设置避雷器和带电显示器等电气元件。外形布置图详见图 10-5 和图 10-6。

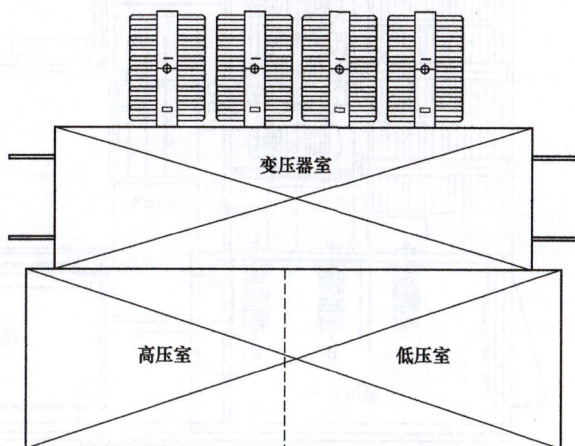

图 10-4　10kV 外形布置图

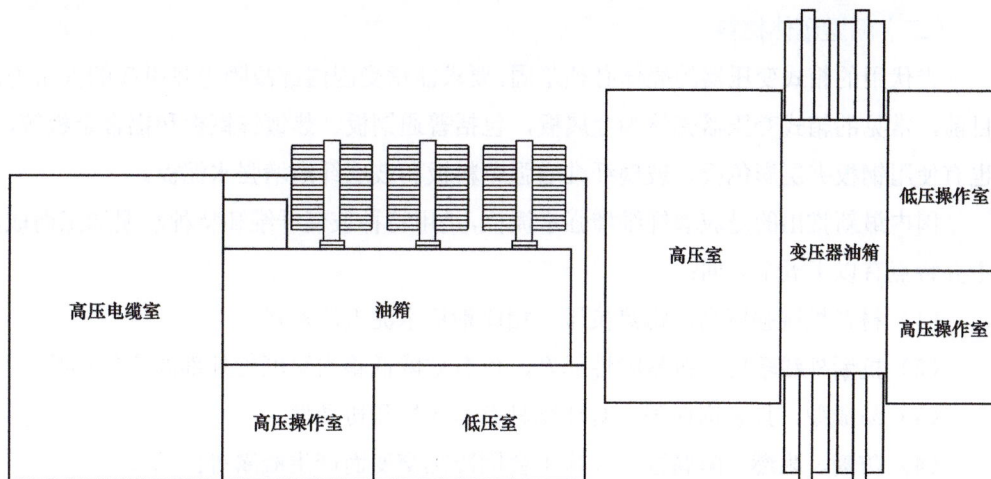

图 10-5　35kV "L" 型外形布置图

图 10-6　35kV "目" 型外形布置图

五、新工艺新技术新材料

（一）箱逆变一体化

箱逆变一体机，其特点是生产厂家把所有需要的设备设施集中放在一起，现场施工简单，如图 10-7 所示。

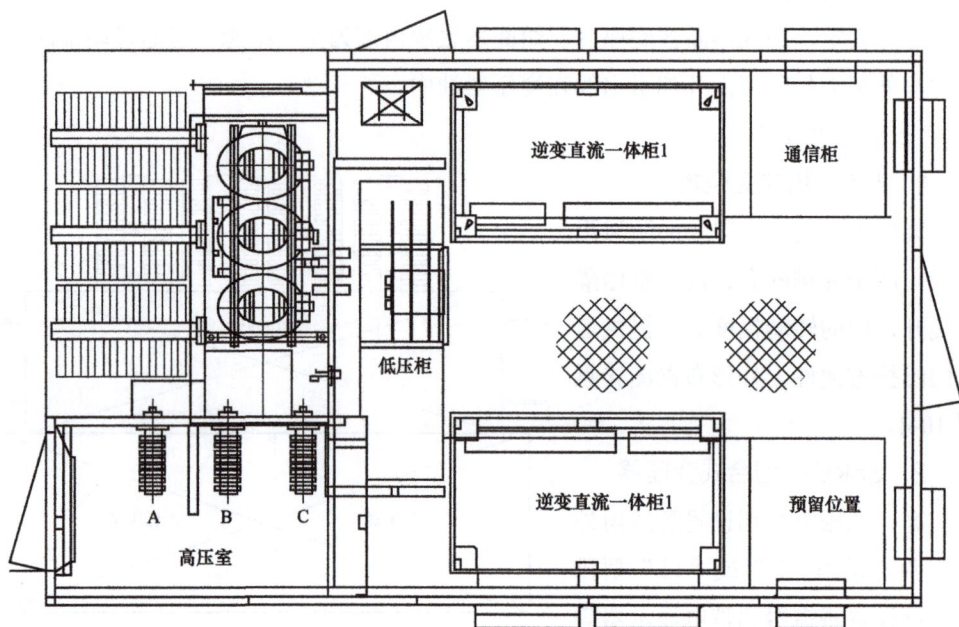

图 10-7　箱逆变一体机

（二）新型箱体材料

光伏用的箱式变压器的壳体必须坚固，要求能承受因内部故障电弧引起的冲击力。目前，常见的箱式变压器壳体为金属板，包括普通钢板、热镀锌钢板和铝合金板等，也有使用钢板夹层彩色板、玻璃纤维增强塑料板和玻璃纤维增强水泥板。

国内最新推出的是玻璃纤维增强水泥板，是用特种玻璃纤维和特种水泥加工而成，主要特点有以下五个方面：

（1）材料机械强度高，耐热抗压，相比钢筋水泥板质量轻。

（2）抗紫外线辐射，抗暴晒性能好，可有效降低箱内温度受外部温度的影响。

（3）易成型，且装饰性强，对环境具有适应性和协调性。

（4）防潮、阻燃、耐腐蚀，壳体不会因冷热交变而产生凝露等问题。

（5）制作成本比钢板、有色金属等材料低，有利于控制成本。

第二节　光伏发电接入系统

一、基本概念

（1）并网点。对于有升压站的光伏发电站，并网点是指升压站高压侧母线或节点。对于无升压站的光伏发电站，并网点是指光伏发电站的输出汇总点。

（2）低电压穿越。当电力系统事故或扰动引起光伏发电站并网点的电压跌落时，在一定的电压跌落范围和时间间隔内，光伏发电站能够保证不脱网连续运行的能力。

（3）孤岛。包含负荷和电源的部分电网，从主网脱离后继续孤立运行的状态。孤岛可分为非计划性孤岛和计划性孤岛。

1）非计划性孤岛。非计划、不受控地发生孤岛。

2）计划性孤岛。按预先配置的控制策略，有计划地发生孤岛。

（4）防孤岛。防止非计划性孤岛现象的发生。

（5）T接方式。从现有电网中的某一条线路中间分接出一条线路接入其他用户的接入方式。

二、电气主接线

（一）光伏发电站接入系统原则

从全局出发，统筹兼顾，按照建设规模、工程特点、发展规划和电力系统条件合理确定接入方案。

（二）光伏电站容量与接入电网的电压等级

综合考虑不同电压等级电网的输配电容量、电能质量等技术要求，光伏电站容量与接入电网的电压等级相匹配：

（1）小型光伏电站，安装容量小于或等于1MW，通常采用0.4～10kV电压等级。

（2）中型光伏电站，安装容量一般大于1MW，且不大于30MW，通常采用10～35kV电压等级。

（3）大型光伏电站，安装容量大于30MW，通常采用35kV及以上电压等级。

（三）光伏发电站母线的接线方式

光伏发电站母线的接线方式应按本期、远景规划的安装容量、安全可靠性、运行灵活性和经济合理性等条件选择，并应符合下列要求：①光伏发电站安装容量小于或等于30MW时，宜采用单母线接线（但是，对于容量较小的光伏电站，尤其是分布式光伏发电，线路变压器组接线或T接方式更常见）。②光伏发电站安装容量大于30MW

时，宜采用单母线或单母线分段接线。当采用单母线分段接线时，应增加分段断路器。

单母线接线和单母线分段接线优缺点分析如下：

（1）单母线接线。优点是接线简单清晰、设备少、操作方便、便于扩建和采用成套配电装置。缺点是灵活性、可靠性较差，任一元件（母线及母线隔离开关等）故障或检修，均需将整个配电系统停电。

（2）单母线分段接线。优点是用断路器将母线分段后，对重要设备或系统可以设置两个电源供电，可靠性提升；当单一母线侧设备出现故障或检修时，不需要全站停电，灵活性提升。缺点是当一段母线或隔离开关故障或检修时，该段母线的回路需要全部停电；扩建时需向两段母线均衡布置。

（四）接入系统并网点类型

并网点图例说明（见图 10-8）：虚线框为用户电网，在用户电网内部，有 2 个光伏发电系统，分别通过 A 点和 B 点与用户电网相连，A 点和 B 点均为并网点，但不是公共连接点，公共连接点是 C 点，通过 C 点与公共电网相连。虚线框外有 1 个光伏发电系统，它直接通过 D 点与公共电网相连，D 点既是并网点，也是公共连接点。

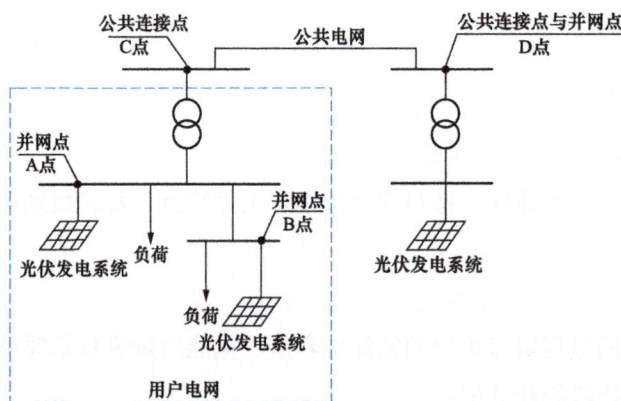

图 10-8　接入系统并网点示例图

（五）常见集中式光伏的典型接入系统方案主要特性汇总

典型接入系统方案主要特性汇总表见表 10-3。

表 10-3　　　　　　　　　典型接入系统方案主要特性汇总表

序号	项目	35kV 系统	110kV 系统（1）	110kV 系统（2）
1	装机规模（MW）	20	50	100
2	电压等级（kV）	35	110	110
3	主变压器台数（台）及容量（MVA）	—	1×50	2×50

序号	项目	35kV 系统	110kV 系统（1）	110kV 系统（2）
4	电气主接线	35kV：单母线	110kV：线路变压器组 35kV：单母线	110kV：单母线 35kV：单母线分段
5	动态无功补偿	1 套±6MvarSVG	1 套±10MvarSVG	2 套±10MvarSVG

（六）常见光伏发电典型主接线方式及主要设备

该案例适用于装机容量 50MW 的光伏电站 110kV 升压站，光伏组件以 3 回 35kV 集电线路接入升压站。35kV 配电装置采用户内开关柜电缆出线，与主变压器采用封闭母线连接，主变压器采用 1×50MVA 双绕组有载调压变压器，110kV 配电装置采用户内 GIS 设备、1 回架空出线接至系统变电站（见图 10-9 和表 10-4）。

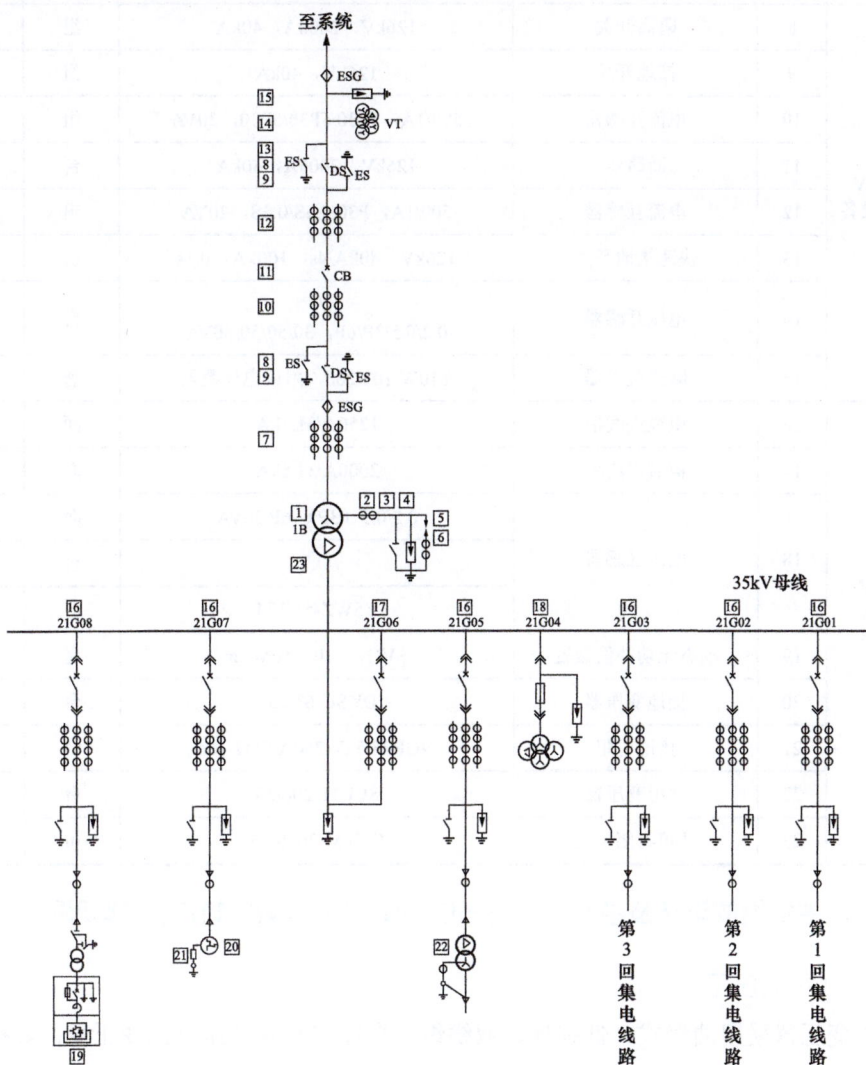

图 10-9 光伏发电典型主接线图

表 10-4 主 要 设 备 清 单

回路	序号	名称	型号规格	单位	数量
主变压器	1	主变压器	SZ11-50000/110，YNd11，115±8×1.25%/35kV，U_k=10.5%	台	1
	2	中性点电流互感器	150/1A，5P30/5P30，15VA	组	1
	3	中性接地开关	GW13-72.5W（G），630A	台	1
	4	氧化锌避雷器	Y1.5W-72/186	只	1
	5	中性点放电间隙	球形间隙	个	1
	6	间隙电流互感器	150/1A，5P30/5P30，15VA	组	1
	7	套管式电流互感器	500/1A，0.2S/0.5S/5P30，20VA	组	3
110kV 开关设备	8	隔离开关	126kV，2000A，40kA	组	2
	9	接地开关	126kV，40kA	组	3
	10	电流互感器	500/1A，5P30/5P30/5P30，20VA	组	3
	11	断路器	126kV，2000A，40kA	台	1
	12	电流互感器	500/1A，P30/0.5S/0.2S，20VA	组	3
	13	快速接地开关	126kV，40kA/4s，100kA，0.1s	组	1
	14	电压互感器	///，0.2/0.5/3P/6P，30/50/50/50VA	台	3
	15	罐式避雷器	Y10W-102/266，附放电计数器	套	1
35kV 户内开关柜	16	电缆进线柜	1250A/31.5kA	面	6
	17	柜后出线柜	2000A/31.5kA	面	1
	18	电压互感器	0.2/0.5（3P）/6P 50VA	面	1
			///kV	台	1
			Y5WZ-51/134	台	1
	19	动态无功补偿装置	SVG，−10～10Mvar	套	1
	20	接地变压器	DKSC-630/35	台	1
	21	接地电阻	NGR38.5kV-250A-58Ω-10s	台	1
	22	站用变压器	SCB11-200/35	台	1
	23	共箱封闭母线	GXFM-2000/35	m	15

三、主要组成设备及参数（容量 50MW，电压等级 110kV 典型设计）

（一）主变压器

主变压器采用油浸式、低损耗、双绕组、自冷式有载调压升压变压器，其技术参数见表 10-5。

表 10-5　　　　　　　　　　主变压器技术参数

序号	项目	技术参数
1	型式	三相油浸式双绕组有载调压升压变压器
2	额定容量	50000kVA
3	额定电压	115±8×1.25%/35kV
4	连接组别	YN，d11
5	短路阻抗	U_k=10.5%
6	冷却方式	ONAN
7	电流互感器	高压套管：500/1A，0.2S/0.5S/5P30，20VA
		中性点：150/1A，5P30/5P30，15VA
8	中性点设备	隔离开关：GW13-72.5W（G），630A，电动机构
		避雷器：Y1.5W-72/186，附在线监测仪
		电流互感器：50/1A，5P30/5P30，15VA
		放电间隙
9	空载损耗	≤36.9kW
10	负载损耗	≤193kW

（二）110kV 设备

110kV 主要设备典型配置见表 10-6。

（1）断路器。额定电流为 2000A，开断电流为 40kA。

（2）隔离开关。额定电流为 2000A，4s 热稳定电流为 40kA，动稳定电流峰值 100kA。

（3）快速接地开关。4s 热稳定电流为 40kA，动稳定电流峰值 100kA，关合动作时间小于 0.1s

（4）带电显示器。110kV GIS 设备应安装高压带电显示器。

（5）避雷器。110kV 出线避雷器采用罐式避雷器。

表 10-6　　　　　　　　110kV 设备主要技术参数表

序号	设备名称	技术参数	备注
1	断路器	126kV，2000A，40kA	
2	隔离开关	126kV，2000A，40kA/4s，100kA	
3	快速接地开关	126kV，40kA/4s，100kA，0.1s	
4	电流互感器	126kV，500/1A，5P30/5P30/5P30，5P30/0.5S/0.2S，20VA	线变组
5	电压互感器	126kV，///，0.2/0.5/3P/6P，30/50/50/50VA	母线

序号	设备名称	技术参数	备注
6	罐式避雷器	Y10W-102/266，附放电计数器	
7	带电显示器	110kV	

（三）35kV 设备

35kV 主要设备典型配置见表 10-7。

（1）35kV 开关柜。35kV 开关柜采用移开式金属封闭开关柜，额定开断电流为 31.5kA，动稳定电流峰值为 80kA。除 SVG 回路配 SF_6 断路器外，其他开关柜均配固封极柱真空断路器。

35kV 母线设备柜，其内部配 1 组氧化锌避雷器，1 组电压互感器，一次消谐装置。

（2）35kV 无功补偿装置。每段 35kV 母线上配置 1 组容量为 ±10Mvar 的 SVG 无功补偿装置。

（3）接地变压器。配置 1 台 35kV 专用接地变压器，选用三相、铜绕组干式变压器。

（4）接地电阻器。接地电阻采用金属材料，电阻值则由单相短路电流计算确定。

表 10-7 **35kV 主要设备技术参数**

序号	设备名称	型式及主要参数	备注
1	断路器	真空断路器：40.5kV/2000A/31.5kA	主变进线
		SF_6 断路器：40.5kV/1250A/31.5kA	SVG
		真空断路器：40.5kV/1250A/31.5kA	
2	电流互感器	40.5kV，1500/1A，5P30/5P30/5P30/0.5S/0.2S，31.5kA	主变压器进线
		40.5kV，200/1A（保护级 400/1A），5P30/5P30/0.5S/0.2S，31.5kA	接地变和站用变回路
		40.5kV，400/1A，35P30/5P30/0.5S/0.2S，31.5kA	无功补偿和光伏集电线回路
3	电压互感器	///kV，0.2/0.5（3P）/6P 50VA	
4	接地变	三相，铜绕组干式接地变压器，630kVA，35kV	容量根据实际电容电流调整
5	接地电阻	NGR38.5kV-250A-58Ω-10s	阻值根据实际电容电流调整
6	站用变	干式，200kVA，35±2×2.5%/0.4kV、Dyn11	容量根据实际工程调整
7	无功补偿	SVG，35kV，−10~10Mvar，响应时间小于 30ms	

（四）站用电系统

光伏发电站站用电系统的电压一般采用 380V，380V 系统采用中性点直接接地方式。站用电系统采用 380/220V 交流三相五线制，照明与动力系统通常混合供电。站用

174

电系统一般采用单母线接线方式，设两回进线电源，且之间设置备用电源自动投入。正常运行时一台变压器供电，当失电后，切换到备用变供电。

（1）站用电工作电源引接方式：当光伏电站安装高压母线时，一般从高压母线引接；其次，由外部电网引接电源；第三种方式，由光伏发电单元升压变压器低压侧引接。

（2）站用电系统备用电源的引接方式如下：

1）当光伏电站只有一段母线时，一般由外部电网引接备用电源；

2）当光伏电站母线为单母线分段接线时，既可由外部电网引接备用电源，也可由其中的另一段母线上引接备用电源；

3）各发电单元的工作电源分别由各自的就地升压变压器低压侧引接时，宜采用邻近的两发电单元互为备用的方式或由外部电网引接电源；

4）工作电源与备用电源间一般会设置备用电源自动投入装置。

（3）站用电变压器容量选择：站用电工作变压器容量不宜小于计算负荷的 1.1 倍；站用电备用变压器的容量与工作变压器容量相同。

（4）站用照明：开关站内设置正常工作照明和事故照明。正常工作照明采用 AC 220V，由站用电源供电，事故照明采用自带蓄电池的应急照明灯具。

（五）电气二次部分

电气二次部分包含的设备系统比较多，见表 10-8。

1. 计算机监控系统

（1）系统设备配置。110kV 升压站监控系统主要由站控层、间隔层以及网络设备构成。

站控层设备包含：主机兼操作员工作站、五防工作站、远动通信装置、站内通信装置、网络设备（以太网交换机）和 GPS 及北斗双对时时钟系统、集控中心数据采集相关设备及二次安防相关设备和系统、光功率预测设备等。

间隔层设备包含：110kV 主变压器测控装置、线路测控装置、35kV 各开关柜保护测控装置、主变压器保护装置、110kV 线路保护装置、35kV 母线保护装置、110kV 母线保护装置、110kV 系统故障录波柜、35kV 系统故障录波柜及系统所要求的安稳装置、电能质量检测装置等。

（2）系统网络结构。110kV 升压站监控系统采用分层、分布、开放式双以太网结构。间隔层的测控装置采用直接上站控层网络与站控层通信的方案。在站控层及网络失效的情况下，间隔层能独立完成就地数据采集和控制功能。网络传输介质选择原则为在同一小室内采用超 5 类屏蔽双绞线，出小室需要经户外电缆沟或电缆竖井时采用多模非金属光缆。

（3）系统软件功能。主机兼操作员工作站应采用安全的 Unix、Linux 系统，后台监控软件应能实现对升压站可靠、合理、完善的监视、测量和控制，并具备遥测、遥信、遥调、遥控等全部的远动功能和时钟同步功能，具有与远方调度中心和监控中心交换信息的能力。

（4）接入区域集控中心（分散式场站无该部分内容）。区域集控中心的功能是利用远程监控技术将区域内分散的光伏电站联系起来，实现区域集中运行监控，与现场维护人员远程协同工作，制订检修计划，并为规模化检修维护提供技术支持。另外，集控中心在收集光伏电站运行数据基础上，建设数字化生产管理平台，并通过生产数据的处理和分析，为现场检修维护人员及区域公司各部门管理人员提供数据支持。

2. 元件保护

（1）主变压器保护。①主变压器主保护采用差动保护，包括差动电流速断和比率差动保护，能保护变压器绕组及其引出线的相间短路故障，动作后跳主变压器各侧开关。②主变压器后备保护，包括 110kV 侧复合电压闭锁过流保护，动作后Ⅰ时限跳35kV 分段，Ⅱ时限跳主变压器各侧开关，复合电压取自 110kV 侧和 35kV 侧；110kV 侧中性点零序电流保护，动作后跳主变压器各侧开关；110kV 侧中性点间隙零序电流和零序电压保护，动作后延时跳主变压器各侧开关；35kV 侧复合电压闭锁过流保护，动作后跳主变压器各侧开关；复合电压取自 35kV 侧；主变压器过负荷保护，动作后发信号。③主变压器非电量保护，包括主变压器本体重瓦斯、有载调压重瓦斯、油温过高、绕组温度过高动作于跳闸并发信号；主变压器本体轻瓦斯、主变压器油温升高、绕组油温升高、主变压器油位异常、压力释放阀等动作于跳闸并发信号。

（2）110kV 线路保护。在本升压站至系统站的 110kV 线路两侧各配置 1 套全线速动的光纤分相电流差动保护，采用专用的光纤通道进行传输，并含有阶段式相间方向距离保护、阶段式零序方向保护、非全相保护及检同期和检无压的三相一次重合闸。保护配置方案最终以本方案接入系统报告及审查意见为准。

（3）35kV 进线保护。①电流速断保护，动作于跳闸；②电压闭锁电流速断，带时限动作于跳闸；③过电流保护，带时限动作于跳闸；④零序过电流保护，瞬时动作于跳闸；⑤过负荷保护，保护装置带时限动作于信号。

（4）35kV 无功自动补偿装置保护。①电流速断保护，动作于跳闸；②过电流保护，带时限动作于跳闸；③零序过电流保护，瞬时动作于跳闸；④对于配置降压变的SVG 回路，还需配置非电量保护（重瓦斯动作于跳闸、轻瓦斯动作于信号；高温报警、超温跳闸；压力释放动作于跳闸）。当变压器容量大于 10MVA 时应配置差动保护。

（5）35kV 接地变压器保护。①电流速断保护，动作于跳闸；②过电流保护，带时限动作于跳闸；③高温报警、超温跳闸；④零序过电流保护，带时限动作于跳闸。

（6）35kV 站用变压器保护。①电流速断保护，动作于跳闸；②过电流保护，带时限动作于跳闸；③高温报警、超温跳闸；④高压侧零序过电流保护，瞬时动作于跳闸；⑤低压侧零序过电流保护，带时限动作于跳闸。

（7）35kV 母线保护。35kV 母线在每段母线上配置一套微机型母线电流差动保护。

（8）110kV 母线保护。110kV 母线上配置一套微机型母线电流差动保护。

3. 交直流一体化电源

升压站采用直流电源、电力交流不间断电源和逆变电源等装置组合的一体化电源。

（1）直流系统。系统电压一般采用 220V 电压等级。

1）蓄电池型式、容量及组数：2 组阀控式密封铅酸蓄电池，250Ah，2V/节，共 104 节。

2）充电装置型式及台数：1 套高频开关充电装置，配 3+1 个充电模块，40A/模块。

3）接线型式：系统采用单母线分段接线。

4）供电方式：采用直流系统屏一级供电方式。继保室的测控、保护、故障录波、自动装置等设备采用辐射式供电方式，35kV 开关柜设柜顶直流小母线，采用环网供电方式。

（2）UPS 电源系统。站内通常配置一套 10kVA 的电力专用交流不间断电源系统，采用主机冗余配置。

4. 计量系统

计量系统包括关口计量系统和考核计量系统。

（1）关口计量系统。上网电量计量关口点设在光伏电站升压站（开关站）的送出线路出口处。关口计量电流互感器采用 0.2S 级，电压互感器采用 0.2 级，关口计量表配置主表、副表、电能采集装置各 1 套，计量传输采用专用光纤通道和专线拨号传输通道。

（2）考核计量系统。集电线路、无功补偿、接地变压器及站用变压器回路按 1+0 原则配置 0.5s 级多功能电能计量表，将数据上传至升压站（开关站）的计算机监控系统。

5. 其他系统

主要包括安保系统（图像监视及安全警卫系统）、火灾报警系统、电视、电话及网络等。

（1）图像监视及安全警卫系统。升压站（开关站）设置 1 套图像监视及安全警卫系统。

（2）火灾报警系统。升压站（开关站）设置 1 套火灾自动报警系统。

（3）电视、电话及网络。升压站（开关站）设置 1 套电视、电话及网络系统。

表 10-8　　　　　　　　　　电 气 二 次 设 备 汇 总

序号	设备名称	型号及规格
一	升压站综合自动化系统	
1	主机兼操作员工作站	含主机、显示器及软件（系统软件、支持软件、应用软件）

续表

序号	设备名称	型号及规格
2	五防工作站	含五防主机、电脑钥匙、充电通信控制器、编码锁具及五防主机软件
3	集控中心数据采集相关设备	—
4	网络打印机/本地打印机	—
5	远程通信柜	含远动工作站 1 台、2M 专线 MODEM、模拟和数字通道防雷器、规约转换器 1 台
6	网络通信设备及 GPS 对时柜	含核心网交换机 2 台、GPS 对时设备 1 台、对时扩展装置 1 台
7	110kV 主变压器保护柜	配置主变压器主保护和后备保护装置各 1 套，主变压器非电量保护 1 套，低压侧断路器操作箱 1 套，保护管理单元 1 套和打印机 1 台
8	35kV 母线保护柜	配置母线电流差动保护 1 套，保护管理单元 1 套和打印机 1 台
9	110kV/35kV 故障滤波柜	含 96 路模拟量，96 路开关量，打印机 1 台
10	110kV 测控柜	110kV 线变组测控装置 1 套
11	公用测控柜	公用测控装置 2 套
12	35kV 保护测控一体化装置（布置在 35kV 开关柜内）	
（1）	进线、站用变压器/接地变压器、无功补偿 SVG 保护测控装置	电流速断保护，电压闭锁电流速断，过电流保护，零序过电流保护。测控功能：含 20 路遥信，3 组遥控，14 个遥测量
（2）	35kV 母线测控装置	含 60 路遥信，工业以太网交换机 2 台
（3）	主变压器低压侧智能测控装置	含 60 路遥信
（4）	多功能表及接线盒	有功 0.5S 级，无功 1.0 级
二	交直流电源系统	
1	直流蓄电池柜	含铅酸蓄电池 250Ah，蓄电池监测仪 1 套，便携式放电仪 1 套
2	直流充电柜	高频开关充电装置 1 套，充电模块 3+1 个
3	直流馈电柜	含绝缘监察装置 1 套，馈线开关 48 路
4	交流事故照明柜	逆变器 1 台，3kVA，馈线开关 16 路
5	UPS 交流不间断电源柜	7.5kVA，UPS 主机 2 台，馈线开关 36 路
三	接入系统设备	
1	110kV 线路保护柜	110kV 线路保护装置 1 台，高压侧断路器操作箱 1 套，保护管理单元 1 套和打印机 1 台
2	电网安全自动装置柜	—
3	低频低压解列及高频切机装置柜	低频低压解列装置接入回路不少于 4 组 高频切机装置接入回路不少于 10 组
4	关口表及电能采集终端柜	含多功能表及接线盒 2 套（线路主、副关口表），失压计时装置 1 台，电量采集装置 1 台
5	电能质量监测装置柜	—
6	调度数据网接入及安全防护设备柜	含路由器，交换机，IP 认证装置，防火墙

序号	设备名称	型号及规格
7	保护及故障录波信息子站柜	—
8	光功率预测系统	—
9	调度交换机柜	—
10	综合配线架柜	—
11	PCM、调度数据网设备柜	—
12	通信设备柜	—
13	DC48V 通信电源柜	交流配电单元 1 套，高频开关电源模块 48V/30A 共 3 只，集中监控器 1 台，馈线开关
14	DC48V 通信蓄电池柜	阀控式铅酸蓄电池 12V/只，200Ah，共 4 只，蓄电池监测仪 1 台

四、接入系统的基本要求

（一）无功容量和电压调节

（1）光伏发电系统功率因数在超前 0.95～滞后 0.95 范围内要求连续可调。

（2）光伏发电系统的无功输出要求具备根据并网点电压水平调节，调节方式和参考电压、电压调差率等参数由电网调度机构确定。

（二）启动

（1）光伏发电系统启动时要考虑电网频率、电压偏差，当电网频率、电压偏差超出规定的正常运行范围时，光伏发电系统不能启动。

（2）光伏发电系统启动时不能引起电网电能质量超出规定范围，同时要确保其输出功率的变化率不超过电网设定值。

（三）运行适应性

（1）电压范围。光伏发电系统在并网点电压 90%～110%标称电压之间时能正常运行。

（2）电能质量。光伏发电系统并网点的电压波动和闪变值满足标准要求时能正常运行。

（3）频率范围。光伏发电系统并网点频率在 49.5～50.2Hz 范围之内时能正常运行。

（四）电能质量

光伏发电系统的公共连接点要求装设满足标准要求的电能质量在线监测装置，监测历史数据至少保存一年。

（五）安全与保护

（1）基本要求。光伏发电系统的保护要具有可靠性、选择性、灵敏性和速动性，并符合相关标准和规定；在逆变器输出汇总点设置便于操作、可闭锁且具有明显断开点的设备，以确保检修维护人员的人身安全。

（2）电压保护。光伏发电系统并网点电压波动范围与停止向电网线路送电的时间要求，见表 10-9。

表 10-9　　　　　　并网点电压波动范围与停止向电网线路送电的时间要求

序号	并网点电压	要求	备注
1	$U < 50\%U_N$	最大分闸时间不超过 0.2s	（1）U_N 为并网点电网额定电压；（2）最大分闸时间是指异常状态发生到电源停止向电网送电时间
2	$50\%U_N \leq U < 85\%U_N$	最大分闸时间不超过 2.0s	
3	$85\%U_N \leq U < 110\%U_N$	连续运行	
4	$110\%U_N \leq U < 135\%U_N$	最大分闸时间不超过 2.0s	
5	$135\%U_N \leq U$	最大分闸时间不超过 0.2s	

（3）频率保护。光伏发电系统并网点频率超出 47.5～50.2Hz 时，在 0.2s 内停止向电网线路送电。

（4）防孤岛保护。光伏发电系统具备快速监测孤岛且立即断开与电网连接的能力，防孤岛保护动作时间不大于 2s，要求与电网侧线路保护相配合。

（5）逆功率保护。光伏发电系统设计为不可逆并网方式时，需要配置逆向功率保护，当检测到逆向电流超过额定输出的 5%时，应在 2s 内自动降低出力或停止向电网送电。

（6）恢复并网。系统发生扰动后，在电网电压和频率恢复正常范围之前不允许光伏发电系统并网，且在系统电压频率恢复正常后，光伏发电系统需要经过 20s～5min 延时时间后才能重新并网。

（六）电能计量

（1）光伏发电系统接入电网前，必须明确上网电量和下网电量计量点。光伏发电系统电能计量点一般设在光伏发电系统与电网的产权分界处。如果产权分界点处不适宜安装电能计量装置，由光伏发电企业与电网企业协商确定关口计量点位置。

（2）每个计量点均应装设满足标准要求的电能计量装置。

（3）电能表采用静止式多功能电能表，具备双向有功和四象限无功计量功能、事件记录功能等，并配有标准通信接口，具备本地通信和通过电能信息采集终端远程通信的功能。

（4）10（6）kV 电压等级的光伏发电系统，在同一计量点要求安装同型号、同规格、相同准确度的主及副电能表各一套，且主、副表有明确标志。

（5）电能计量装置由具有相应资质的检测机构完成相关检测，并出具完整检测报告，加封条、封印或其他封固措施；投运前，由电网企业和光伏发电系统产权归属方共同完成竣工验收。

（七）通信与信号

（1）基本要求。10（6）kV电压等级并网的光伏发电系统要求具备与电网调度机构进行数据通信的能力，并满足继电保护、调度自动化、安全自动装置及调度电话等业务对电力通信的要求。

（2）正常运行信号。10（6）kV电压等级并网的光伏发电系统，向电网调度机构提供的信号应包括：①并网状态；②有功和无功输出、发电量、功率因数；③并网点的电压和频率、注入电力系统的电流；④变压器分接头挡位；⑤主断路器开关状态等。

（八）并网检测

（1）基本要求。光伏发电系统要在并网运行后6个月内，向电网企业提供有关光伏发电系统运行特征的检测报告；检测点为光伏发电系统并网点，由具备相应资质的单位或部门进行检测，在检测前要将检测方案报所接入电网企业备案。

（2）检测内容。其主要包括：①无功容量和电压调节能力检测；②电能质量检测；③通用技术条件检测；④并网运行适应性检测；⑤安全与保护功能检测等。

第十一章

自动化监控系统

第一节 光伏发电功率预测系统

一、光伏发电功率预测系统

光伏发电功率（以下简称光功率）预测是指根据气象条件、统计规律等技术或方法，对光伏发电站有功功率进行预报。

（一）主要功能

光功率预测系统是以数值天气预报为主，并参考电站实际发电总有功功率值、辐照度值和逆变器有功功率值等作为预测的依据，自动分析采集到的各个参数，实现短期预测文件的生成，并将预测曲线展现在操作画面上。当光功率预测系统实际投产运行时，可根据电站实际发电总有功功率计算出功率预测短期精度。

（二）网络拓扑

在整个光伏电站生产大区中，光功率预测系统设备主要布置于Ⅱ区和Ⅲ区，Ⅲ区天气预报服务器需经过Ⅲ-Ⅳ区防火墙装置获取预测厂家终端服务器里数值天气预报文件，并经过反向隔离装置传给Ⅱ区的光功率预测服务器，如图11-1所示。

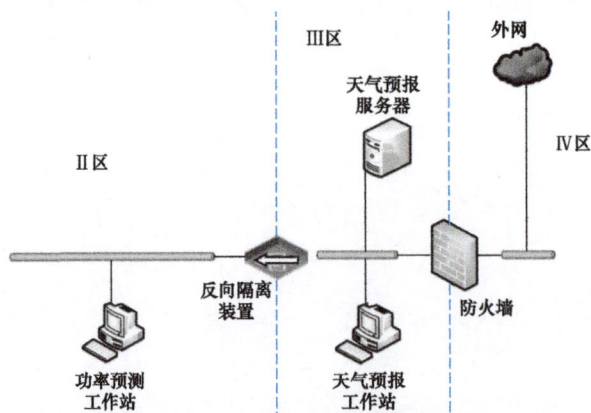

图 11-1　光功率预测系统网络拓扑

二、数值天气预报

数值天气预报是在一定的初值和边值条件下，通过数值方法求解描写天气演变过程的流体力学和热力学方程组，预测未来一定时段的大气运动状态和天气现象的方法。

（一）数值天气预报计算流程

光伏电站最终的数值天气预报是根据初值场物理数据，使用降尺度与数据同化的方式并结合气象物理过程参数化理论，依据动力学方程形成的预报场。

（二）数值天气预报数据要求

数值天气预报以 15min 为 1 个预测点，一天共 96 个预测点。单次预报的时段至少为次日 0～72h。数值天气预报辐射数据的类型至少应包括水平面总辐射辐照度、水平面太阳散射辐射辐照度、垂直于太阳入射光的直接辐射辐照度，以及风速、风向、气温、相对湿度、气压等气象要素预报值。

实时气象数据采集以 5min 为一个采集点，数据类型至少应包括总辐射、气温、相对湿度、风速和风向，宜包括直接辐射、散射辐射气压等。

三、数据采集

（一）环境监测仪

光功率预测系统中的环境监测仪使用 RS485 串口，采用 ModBus 通信协议或者 IEC 104 TCP 网络协议，经过站内 I-II 区防火墙采集环境监测仪的实际风速、风向、背板温度、环境温度、环境湿度、大气压力、水平总辐照度、斜面总辐照度、直辐照度、散辐照度。

（二）电站实际发电总有功

电站实际发电总有功功率数值一般是由光伏电站中的出线线路测控采集并传给站内远动装置及监控后台装置。同时，光功率预测系统需要使用 IEC104 协议经过 I-II 区防火墙通过站内远动装置采集电站实际发电总有功。

（三）逆变器单机信息

逆变器是光伏电站核心设备，其通过箱变测控装置或者 RS485 串口采用 ModBus 通信协议采集逆变器数据后，经过光伏区光纤环网转发至后台、远动、AVC/AGC（自动电压控制/有功功率自动控制）及光功率预测系统，如图 11-2 所示。同时，光功率预测系统使用 IEC104 协议经过 I-II 区防火墙采集逆变器信息。

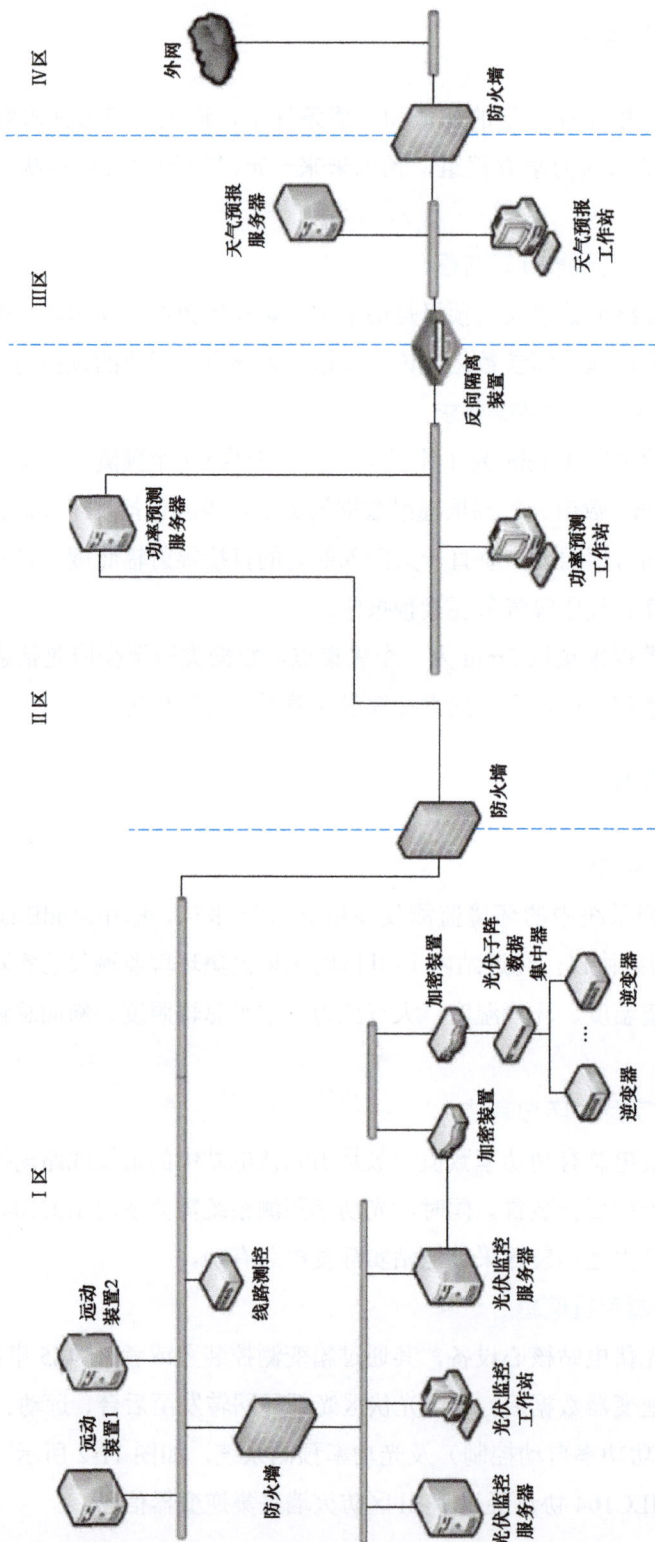

图 11-2 光功率预测采集 I 区信息网络拓扑

184

四、数据分析与上报

（一）预测原理

光功率预测系统是一种依靠外部环境参数对未来时间段该电站的发电功率预测的系统，如图 11-3 所示。该系统综合了站内环境监测仪的辐照度数据和实时有功功率的数据，以及数值天气预报数据文件而得出对未来时间段的预测数据。

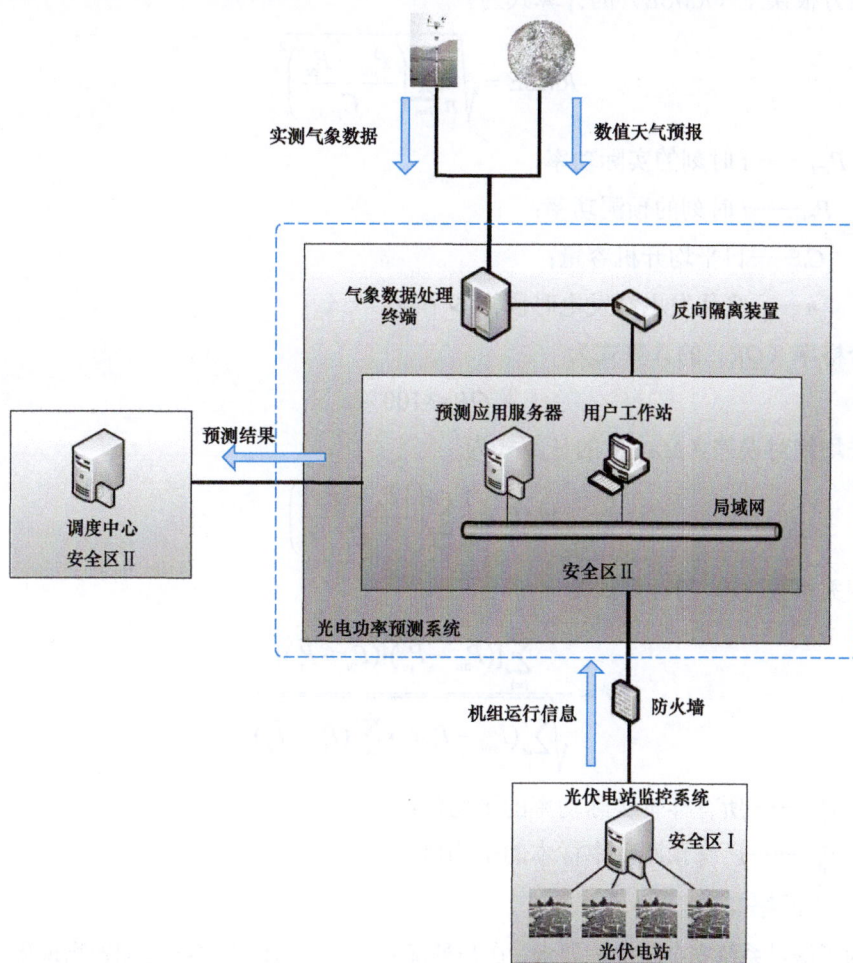

图 11-3 光功率预测信息网络拓扑

（1）短期预测文件。光功率预测系统可将数值天气预报文件解析出对应的文本文件，作为未来 3 天的短期预测数据及检修容量在每日规定的时间段转发给调度功率预测主站。主站会将站端短期预测文件与站端实时输出总功率做数学算法，得出短期预测精度值。

（2）超短期预测文件。光功率预测系统会结合现场输出实际总有功功率、辐照度、逆变器运行参数等数据，使用数学建模算出当前时间后 **4h** 的预测信息，并将此文件传送至预测主站做超短期预测文件精度分析。

（3）光功率预测误差分析。光功率预测的误差统计指标至少应包括均方根误差、合格率、平均绝对误差、相关系数。均方根误差、合格率、平均绝对误差分析的最小时间单位（日、月、年及任意时段）的分析为该时段内各日统计值的算术平均值。

均方根误差（*RMSE*）的计算式为

$$RMSE = \sqrt{\frac{1}{n}\sum_{i=1}^{n}\left(\frac{P_{mi}-P_{pi}}{C_i}\right)^2}$$

式中　P_{mi} ——i 时刻的实际功率；

　　　P_{pi} ——i 时刻的预测功率；

　　　C_i ——日平均开机容量；

　　　n ——光伏发电站发电时段样本个数。

合格率（*QR*）的计算式为

$$QR = \times 100\%$$

平均绝对误差（*MAE*）的计算式为

$$MAE = \frac{1}{n}\sum_{i=1}^{n}\left(\frac{|P_{mi}-P_{pi}|}{C_i}\right)$$

相关系数（*r*）的计算式为

$$r = \frac{\sum_{i=1}^{n}[(P_{mi}-\bar{P}_m)\cdot(P_{pi}-\bar{P}_p)]}{\sqrt{\sum_{i=1}^{n}(P_{mi}-\bar{P}_m)^2 \cdot \sum_{i=1}^{n}(P_{pi}-\bar{P}_p)^2}}$$

式中　$\bar{P}_m$ ——所有样本实际功率的平均值；

　　　$\bar{P}_p$ ——所有预测功率样本的平均值。

（二）网络安全

为了满足系统安全防护的要求，在与外部系统通信的边界网络处配置物理隔离装置。

根据自动化生产大区及信息管理大区划分，光功率预测系统服务器、工作站、交换机被分配在生产非控制大区里的安全Ⅱ区，气象服务器被划分在信息管理大区的Ⅲ区。数值天气预报服务器所在的外网划分为信息管理大区的Ⅳ区。

（1）外网至气象服务器。按照自动化网络安全防护需求，Ⅳ区外网与Ⅲ区气象服务器之间需要使用硬件防火墙作为物理边界进行 IP 地址及业务端口的限定。

（2）气象服务器至光功率预测服务器。根据网络拓扑可知，Ⅲ区气象服务器与Ⅱ

区光功率预测服务器之间需要使用横向隔离中的反向隔离装置作为边界，进行数据流方向的约束。目的在于只允许数据从气象服务器传给光功率预测服务器，而光功率预测服务器的数据不允许反传给气象服务器。

（3）光功率预测服务器至远动及光伏区逆变器。光功率预测服务器作为安全Ⅱ区的设备，它需要采集Ⅰ区远动的输出实发总有功和光伏区逆变器的运行参数。当物理通信接线时，安全Ⅱ区光功率预测服务器需要经过硬件防火墙作为接收Ⅰ区数据的边界防护。防火墙内部严格按照自动化网络要求以最小化配置，保证仅允许需要的 IP 及业务端口可以通过。

（4）光功率预测服务器至调度数据网。光功率预测系统作为站端一个Ⅱ区非实时业务，光功率预测系统需要使用 IEC102 协议将预测的相关文件通过调度数据网转发至省/地调功率预测主站。根据调度自动化网络安全要求，站内业务传至调度需要加上纵向加密。

（三）光功率预测系统平台功能

1. 实时状态监测

实时状态监测是以具体数据曲线展现并采用实时更新的方式对光伏发电场的预测功率、实际功率进行展示，页面的刷新周期根据光伏发电场实时功率的采集周期而定，一般为 1～5min 刷新一次，预测功率为 15min 一个点，所以预测功率 15min 刷新一次。

图形展示可同时展示天气预报和实时监测数据，包括辐照曲线（见图 11-4）、风速曲线、风向玫瑰图及温湿度大气压力曲线。

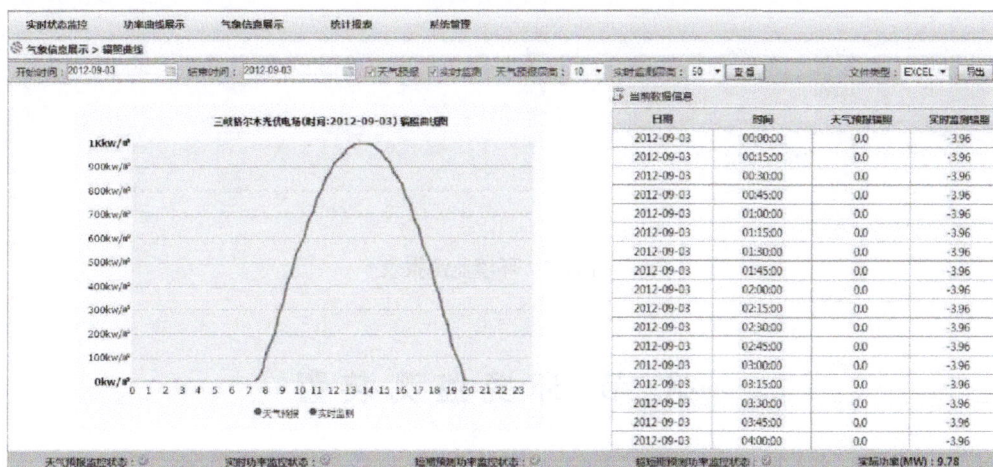

图 11-4 光伏电场辐照曲线图

2. 统计报表

（1）短期预测报表。光伏短期预测指标包含均方根、合格率、上报率等相关统计数据，如图 11-5 所示。

（2）超短期预测报表。光伏超短期预测指标包含均方根误差、平均绝对误差、相关性系数等，根据超短期精度划分 16 段，如图 11-6 所示。

（3）环境监测报表。展示天气预报和实时监测的数据统计，如图 11-7 所示。

数据来源	均方根	平均绝对误差	相关性系数	最大预测误差	合格率(%)	上报率(%)	小于20%比例
2012-07-15	0.08	0.06	-0.1	13.93	100.0	0.0	
预测数据总计	0.08	0.06	-0.1	13.93	100.0	0.0	100.0
人工修正数据总计	0.08	0.06	-0.1	13.93	100.0	0.0	100.0

图 11-5　短期预测报表

超短期精度	均方根误差	平均绝对误差	相关性系数	最大预测误差	合格率(%)
超短期15精度	0.04	0.03	0.04	9.62	100.0
超短期30精度	0.04	0.03	-0.04	9.33	100.0
超短期45精度	0.04	0.03	0.0	9.45	100.0
超短期60精度	0.04	0.03	0.08	9.7	100.0

图 11-6　超短期预测报表

日期	时间	辐照度	直射辐照度	散射辐照度	风速	风向	温度	湿度	层高
2012-07-15	23:45:00	0.00	0.00	0.00	0.00	13.00	0.00	0.00	170.00
2012-07-15	23:45:00	0.00	0.00	0.00	0.00	15.00	0.00	0.00	170.00
2012-07-15	23:45:00	0.00	0.00	0.00	9.45	253.00	42.62	9.46	10.00
2012-07-15	23:30:00	0.00	0.00	0.00	0.00	12.00	0.00	0.00	170.00
2012-07-15	23:30:00	0.00	0.00	0.00	9.14	250.00	42.90	9.25	10.00
2012-07-15	23:30:00	0.00	0.00	0.00	0.00	10.00	0.00	0.00	170.00
2012-07-15	23:15:00	0.00	0.00	0.00	0.00	13.00	0.00	0.00	170.00
2012-07-15	23:15:00	0.00	0.00	0.00	8.92	247.00	43.14	9.07	10.00
2012-07-15	23:15:00	0.00	0.00	0.00	0.00	18.00	0.00	0.00	170.00
2012-07-15	23:00:00	0.00	0.00	0.00	0.00	11.00	0.00	0.00	170.00
2012-07-15	23:00:00	0.00	0.00	0.00	8.81	245.00	43.52	8.82	10.00
2012-07-15	22:45:00	0.00	0.00	0.00	0.00	10.00	0.00	0.00	170.00
2012-07-15	22:45:00	0.00	0.00	0.00	8.68	242.00	44.02	8.52	10.00
2012-07-15	22:45:00	0.00	0.00	0.00	0.00	13.00	0.00	0.00	170.00

图 11-7　环境监测报表

第二节　环境监测装置

一、环境监测装置构成

光伏电站环境监测装置针对太阳能资源评估与发电监测而开发，包含直接辐射表、总辐射表及温湿度仪等传感器，用于测量光伏组件区域的辐射量、环境温湿度、风速、风向等环境参数。环境监测装置如图 11-8 所示。

（一）直接辐射表

直接辐射表（见图 11-9）是用来测量垂直于太阳表面的辐射量和太阳周围很窄的环日天空散射辐射量。它具有自动跟踪太阳并监测太阳直接辐射量的功能。

该表构造主要由光筒和自动跟踪装置组成，光筒内部由 7 个光栏和内筒、石英玻璃、热电堆、干燥剂筒组成。7 个光栏是用来减少内部反射，构成仪器的开敞角并且限制仪器内部空气的湍流。在光栏的外面是内筒，用以把光栏内部和外筒的干燥空气封闭，以减少环境温度对热电堆的影响。在筒上装置 JGS3（红外光学）石英玻璃片，它可透过 0.3～3μm 波长的太阳直接辐射。光筒的尾端装有干燥剂筒，以防止水汽凝结物生成。

图 11-8 环境监测装置

图 11-9 直接辐射表

光筒的感应部分是由快速响应的绕线电镀式多结点热电堆组成。感应面对着太阳一面涂有无光黑漆，上面是热电堆的热结点，当有阳光照射时，温度升高，它与另一面的冷结点形成温差电动势。该电动势与太阳辐射强度成正比。

（二）总辐射表

总辐射表用来测量水平面上在 2π 立体角内所接收到的太阳直接辐射和散射的总和辐射（短波）。一般情况，在安装总辐射表时会根据光伏组件安装的角度及方向进行调节。

总辐射传感器可以用来测量光谱范围为 0.28～3μm 太阳总辐射强度。辐射传感器的核心器件是高精度感光元件，其稳定性好、精度高；同时在感应元件外安装了由精密光学冷加工磨制而成的石英玻璃罩，有效防止了环境因素对其性能的影响，如图 11-10 所示。

安装孔φ5.5

调平螺钉

图 11-10　总辐射表

（三）环境监测仪

（1）组成。系统由风向传感器、光电式总辐射传感器、小百叶箱、风速传感器、横臂、直接辐射传感器、直接辐射控制器、太阳能板/太阳能支架、2M 支架、大金属防护箱、直接/散射辐射支架、散射辐射传感器，用于测量、监视光伏电站及其周边地区的环境温度、湿度、辐照、风向、风速等气象数据，作为运维数据分析或电站光功率预测系统的数据源，如图 11-11 所示。

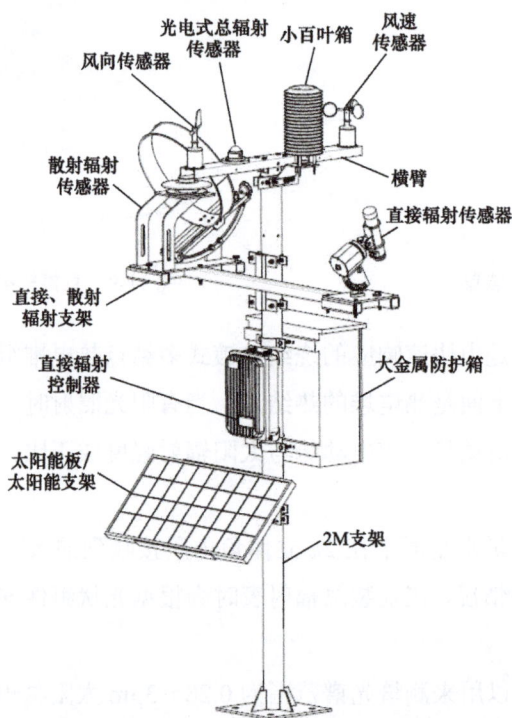

光电式总辐射
传感器

风向传感器

小百叶箱

风速
传感器

散射辐射
传感器

横臂

直接辐射传感器

直接、散射
辐射支架

直接辐射
控制器

大金属防护箱

太阳能板/
太阳能支架

2M 支架

图 11-11　环境监测仪组成示意图

（2）环境监测仪的功能。

1）使用环境监测仪上的风速传感器测量风速。

2）使用环境监测仪上的风向传感器采集风向动态。

3）温度监测分为组件背板温度和环境温度。环境温度传感器置于小百叶箱内，用于测量大气环境温度。背板温度传感器贴在环境监测光伏充电组件（太阳能板）后，用于测量光伏组件的背板温度。

4）湿度传感器位于小百叶箱内部，用于实时监测环境中的空气湿度。

5）大气压力传感器安装于小百叶箱内部，用于测量大气压力。

6）光电式总辐射传感器用于测量太阳总辐射的值。

7）散射辐射传感器用于测量太阳直辐射以外的散射的辐照量。

8）直接辐射传感器测量太阳垂直于传感器的辐照量。

二、数据通信

光伏环境监测装置需配备智能通信组件，将采集到的环境数据实时传送至后台。通信组件使用标准通信协议的一个子集作为通信规约，远程后台作为主机，环境监测装置为从机。

第三节 升压站综自系统

一、基本概念

数据采集与监视控制（supervisory control and data acquisition，SCADA）系统，由监控中心、远程测控终端（remote terminal unit，RTU）和通信介质三部分组成。①监控中心又称主站，是 SCADA 系统的核心，负责控制管理整个系统的运行；②RTU 又称外围站点，是采用微处理器可独立运行的智能测控模块，完成各种远端现场数据的采集与处理、现场执行机构的控制以及与远程控制中心的通信，具有易扩展和易维护特点；③通信介质根据实际需求和应用对象的不同有多种选择。

SCADA 系统具有参数超限和开关变位告警、显示、记录、打印制表、事件顺序记录、事故追忆、统计计算及历史数据存储等功能。同时，还可以对电力系统中的设备进行远方操作与调节，例如断路器的分合、变压器分接头、调相机及电容器等设备的调节与投切。

SCADA 系统广泛应用于电力、冶金、石油、化工、燃气、铁路等领域。在光伏电站中，通过 SCADA 系统对现场的运行设备进行监视和控制，以实现数据采集、设备控制、测量、参数调节以及各类信号报警等各项功能，即"四遥（遥控、遥测、遥调、遥信）"功能。

二、网络与通信

（一）站内保护测控装置通信

监控后台与站内保护装置可使用串行数据或网络数据进行通信。在网络系统发展初期，各继保厂家使用串口 103 方式进行通信，该通信方式抗干扰能力差，配置较为繁琐。

在网络系统发展较为成熟后，保护测控与后台通信中，多数使用网络 103，以及 IEC 61850 通信方式。此种通信方式无论是对开关量组、告警组、事件组、遥测组，还是对故障录波文件的调阅都比较方便、快捷。

多数综合自动化装置厂家的监控后台所用的网络 103 采用非标配置，存在一定差异，如南自 103、南瑞 103、四方 103、许继 103，大多情况下不能直接互相通信，一般须使用 IEC 61850 规约进行数据的交互。

（二）光伏区通信

对于光伏行业，监控后台 SCADA 系统使用 IEC 104 通信的比较多，IEC 104 协议在行业内有统一标准，每个厂家之间的 IEC 104 协议可以互通，如光伏区的逆变器、汇流箱、箱式变压器（简称箱变），经过箱变测控或者数据采集，使用 ModBus 串口通信，转换成 IEC 104 协议，通过光纤环网与 SCADA 系统进行通信。

（三）自动化系统通信

在光伏自动化设备中，多数终端设备从监控后台 SCADA 或者远动装置获取数据，如 AVC/AGC 所需要的全场输出电压值、无功值、有功值，以及光功率预测所需要的有功值、环境监测仪的数据，都可以通过监控后台使用 IEC104 协议进行数据交互。

（四）网络安全

光伏电站需要重视网络安全的部署，比如需要对监控后台主机做安全加固，对主机端口进行物理封堵以及在监控主机上安装 Agent 探针与网络安全监测装置进行实时通信，时刻监测主机的安全。在安全划分中，监控主机被划分在安全Ⅰ区，功率预测被划分在安全Ⅱ区，所以当功率预测与监控主机进行数据交互时，需要加上物理防火墙作为安全边界防护。

三、监控后台的功能

（一）全站数据采集

1. 站内数据采集

监控后台作为全站数据集中化管理平台，具有全站数据的接入、展示，以及对设备的控制功能，如汇集线开关柜的数据监控、主变压器数据监控、送出线路数据监控，以及光伏区逆变器、汇流箱、箱变数据监控等。监控后台配置过程比较灵活，可以根据用户不同的风格需求设计出不同的监控画面。同时可以实时监控线路的开关状态、线路的模拟量值等。在线路需要进行倒闸操作时，在监控后台进行远程遥控分合开关。

在其分画面中，可以看到单个间隔中的设备状态，如该间隔的每相电压、每相电流等模拟量，以及保护信号、压板状态、告警事件等光字牌信号。

2. 光伏区数据采集

监控后台具备监控光伏场区数据的功能，如光伏区逆变器、箱变、汇流箱。在光伏区箱变逆变器遥测画面中可以看到箱变的高低压侧模拟量以及逆变器的各个运行参数，并且在监控后台可以对逆变器的有功功率、无功功率进行遥调设置。

在光伏区监控画面箱变逆变器的遥信分图中，可以查看到箱变逆变器的运行状态，如箱变高压负荷开关位置、逆变器的运行状态等。

3. 电度表电量采集

光伏电站的每条集电线路、站用变压器、SVG 以及出线处都会安装一个电度表，用于计量上网或者下网电量，在日常运行维护中是一个很重要的数据。这些数据在后台展示前，一般都是电度表通过 RS485 总线使用 DL/T 645《多功能电能表通信协议》转给站内规约转换器或者通信管理机，然后再使用 103 协议转发给后台，便于现场运行人员日常抄表工作。

4. 光伏环境监测仪数据采集

环境监测仪数据反映了当地天气的温湿度、气压、风速风向、总值散辐照度数据。

（二）报表统计

监控后台在日常维护过程中需要定期做数据存储，方便后期对数据的统计分析。根据用户的需求，监控后台可以定制日报表、月报表。如用户需要每一小时统计一次线路的 I_a（电流）、P（有功功率）、Q（无功功率）、$\cos\theta$（功率因数）值时，利用报表编辑工具做出定制报表，且通过逻辑运算功能，可计算发电功率最大值和最大值时间。

除集电线日报表外，还可以根据用户需求完成光伏场区逆变器的日报，如逆变器的有功、无功、日发电量等数据。

（三）五防通信

电力系统的"五防"是指：①防止带负荷分、合隔离开关。断路器、负荷开关、接触器处于合闸状态不能操作隔离开关。②防止误分/合断路器、负荷开关、接触器。只有操作指令与操作设备对应才能对被操作设备操作。③防止接地开关处于闭合位置时合闸断路器、负荷开关。只有当接地开关处于分闸状态，才能合闸隔离开关或手车进至工作位置，才能操作断路器、负荷开关。④防止在带电时误合接地开关。只有在断路器分闸状态，才能操作隔离开关或手车从工作位置退至试验位置，才能合上接地开关。⑤防止误入带电间隔。只有隔室不带电时，才能开门进入隔室。

在电力系统进行倒闸操作时，需要严格遵守"五防"规则。"五防"系统通过监控后台获取现场各隔离开关、断路器的运行方式，实时保证"五防"系统中的隔离开关、断路器位置与现场相符。

第四节　有功功率、无功功率自动控制系统

一、基本概念

自动电压控制（automatic voltage control，AVC）系统，利用计算机和通信技术自动控制电网中的无功功率和调压设备，以达到确保电网安全、优质、经济运行的目的。光伏电站电压无功自动控制系统包含 AVC 控制主机、远动通信装置、光伏电站 AVC 控制主控单元等部分。通过 104 规约和上一级主站进行通信，获取主站的电压目标命令或无功目标命令后，对场内主变压器分接头、容抗器组、逆变器进行协调分区智能控制，通过调节场内无功出力，达到对并网点电压的调节作用。

有功功率自动控制（automatic generation control，AGC）系统，主要接收调度主站定期下发的调节目标或当地预定的调节目标，通过选择控制设备并进行功率分配，并将最终控制指令自动下达给被控制设备，实现光伏电站有功功率自动控制。

AGC 系统中被控制的设备：光伏场区逆变器。

AVC 系统中被控制的设备：静止无功发生器（static var generator，SVG）、主变压器调挡器、逆变器。

AVC/AGC 通信方式：站内使用 ModBusRTU，ModBus-TCP，IEC 104，103TCP 等通信协议。

根据不同地区调度要求，AVC/AGC 服务器直接把数据转发至主站，或 AVC/AGC 将数据先转发给远动，远动再转发至调度。

光伏场区逆变器数据经过防火墙装置，转发至 AVC/AGC 前置机进行数据通信。主要传输数据有逆变器遥测有功功率 P、逆变器遥测无功功率 Q、逆变器遥调有功功率 P、逆变器遥调无功功率 Q、逆变器遥控启停机、逆变器遥信运行状态等。SVG 数据一般通过 RS485 串口总线使用 ModBus 协议与 AVC/AGC 进行通信，主要传输数据有 SVG 遥测实时无功功率、SVG 遥信运行状态、SVG 遥调无功功率。继电保护装置和综合自动化保护系统会给 AVC/AGC 转发线路总出线的实时功率、实时无功、实时

电压以及主变压器挡位数据。

AVC/AGC 前置机收集到这些数据后，会将数据通过调度数据网直接转发至调度主站，或 AVC/AGC 前置机先将数据转发给远动，远动再转发给调度主站。因地方要求不同而定。

为了方便日常监盘及操作，一般会在监控室部署一套 AVC/AGC 工作站，便于日常的使用。其设计原理如图 11-12 所示。

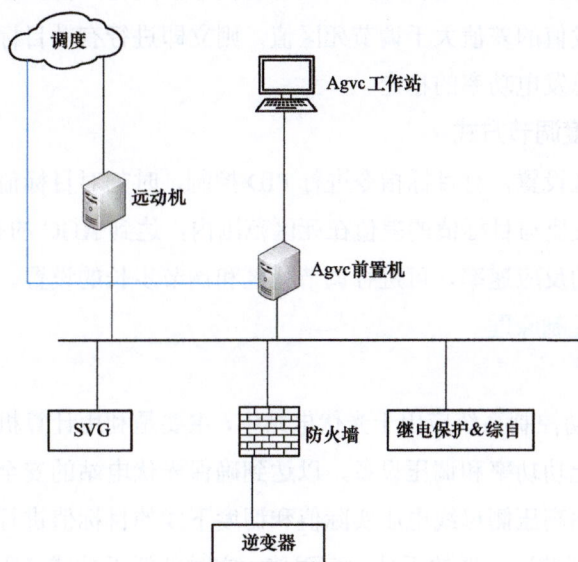

图 11-12　AVC/AGC 设计原理

二、控制原理

（一）AGC 控制原理

1. 工作原理

随着光伏发电的穿透率越来越高，从电网角度而言，由于光伏并网发电特性有别于常规发电方式，大量光伏电站的接入，不可避免地会对传统电网的潮流分布、安全稳定、继电保护、供电可靠、规划设计、调度运行、电能质量等多方面产生影响。为应对大量光伏电站接入电网后对电网造成的负面影响，规定光伏电站接入电力系统必须配备有功和无功控制系统。光伏电站 AGC 系统是为实现光伏电站自动发电控制而研制的专用系统及设备，与光伏电站侧通信终端、光伏监控系统、升压站综合自动化保护系统等相配合，根据调度中心主站下发的 AGC 有功功率控制指令，基于光伏电站逆变器的实时工况进行计算和优化分析，并根据计算和分析结果对逆变器输出有功功率进行统一协调控制，实现光伏电站并网点输出有功功率的闭环控制。

2. AGC 控制策略

AGC 系统根据调度下发的总指令，对各个逆变器进行有功目标分配。针对光伏发电特点的优化控制算法，在满足调度主站下发的有功功率目标值以及电网和设备的各种安全约束的前提下，结合逆变器的运行状况，对总目标指令进行分解。

3. AGC 控制计算方式

有功指令变化时，计算有功指令与当前实发值的差值，如果差值大于调节死区，则立即进行有功目标指令的重新计算；当有功指令没变化，但由于场内有功损耗造成的指令与当前实发值的差值大于调节死区值，则立即进行有功目标指令的重新计算，以维持光伏电站总发电功率的稳定。

4. AGC 精度调节方式

系统通过死区设置，对目标指令进行 PID 控制，时刻对目标值和当前实发值进行监视控制，使实发值与目标值的差值在死区范围内，达到 AGC 的有功调节精度要求。根据现场逆变器的反应速率，可进行调节死区和调节步长的设置。

（二）AVC 控制原理

1. 工作原理

AVC 电压无功控制系统应用于光伏电站中，主要是利用计算机和通信技术自动控制光伏电站中的无功功率和调压设备，以达到确保光伏电站的安全、优质、经济运行的目的。光伏电站高压侧母线电压实际值和调度下发的目标值进行比较，如果差值过大，AVC 将自动调节逆变器的无功功率限值，实时补偿无功或者吸收无功，实现将电压追平到目标值附近。光伏电站 AVC 电压自动控制系统主要由 AVC 控制主机、远动通信装置、光伏电站 AVC 控制主控单元等部分。通过 104 规约和上级主站进行通信，获取主站的电压目标命令或无功目标命令后，对场内主变压器分接头、容抗器组、SVC/SVG、逆变器进行协调分区智能控制，通过调节场内无功出力，达到对并网点电压的调节作用。

2. AVC 控制模式

无功源协调可设置多种模式，根据定值配置选择运行方式。无功源协调方式包括逆变器自给模式、SVG/SVC 单独控制模式、SVG/SVC 优先控制模式（无功置换）、逆变器优先控制模式。视逆变器组、SVG/SVC 等无功源为整体，实时计算无功损耗、变化率等安全约束，充分利用各无功源的响应时间差异，快速跟踪调度控制目标。

三、主要功能

（一）AGC 主要功能

（1）能够自动接收调度主站系统下发的有功控制指令，根据计算的可调裕度，优化分配逆变器组的有功功率，使整个电场的有功出力不超过调度指令值；

（2）具备人工设定、调度控制、预定曲线等不同的运行模式、具备切换功能。正常情况下采用调度控制模式，异常时可按照预先形成的预定曲线进行控制；

（3）向调度实时上传当前 AGC 系统投入状态、闭锁增状态、闭锁减状态、运行模式、电场生产数据等信息；

（4）能够对电场出力变化率进行限制，具备 1、10min 调节速率设定能力，具备逆变器调节上限、调节下限、调节速率、调节时间间隔等约束条件限制，以防止功率变化波动较大时对逆变器组和电网的影响；

（5）精确获取调节裕度、控制策略算法合理、保障逆变器组少调或微调。

（二）AVC 主要功能

（1）能够自动接收调度主站系统下发的调度计划曲线，根据计算的可调裕度，优化分配逆变器组和 SGV/SVC 的无功功率，使整个电场的无功输出或并网点电压跟踪调度的计划曲线。

（2）具备人工设定、调度控制、预定曲线等不同的运行模式，以及具备切换功能。正常情况下采用调度控制模式，异常时可按照预先形成的预定曲线进行控制。

（3）向调度实时上传 AVC 系统投入状态、闭锁增状态、闭锁减状态、运行模式、电场生产数据等信息。

（4）精确获取调节裕度、控制策略算法合理、保障逆变器组少调或微调。

（5）为了保证在事故情况下电场具备快速调节能力，对电场动态无功补偿装置预留一定的调节容量，即电场额定运行时功率因数 0.97（超前）～0.97（滞后）所确定的无功功率容量范围。电场的无功电压控制考虑了电场动态无功补偿装置与其他无功源的协调置换。

（6）能够对电场无功调节变化率进行限制，具备逆变器组、无功补偿装置调节上限、调节下限、调节速率、调节时间间隔等约束条件限制，以及具备主变压器分接头单次调节挡位数、调节范围及调节时间间隔约束限制。

四、并网性能测试

（一）有功功率控制能力

1. 测试条件

测试期间辐照度最大值应不小于 $400W/m^2$，电站所有逆变器并网运行不限功率（若限功率需向调度申请放开功率限制），不限制光伏发电站的有功功率变化速率，测试期间允许功率测试系统接入网络，电站拥有在测试期间投切全部功率及调节的权限，电站运行状态良好，运行人员就位。

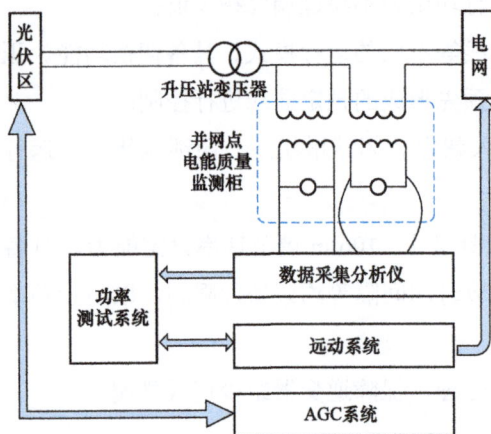

图 11-13　有功功率控制测试接线示意图

2. 测试方法

（1）在电站运维人员协助下，按照图 11-12 所示，将功率测试系统接入网络，测试仪器连接在光伏电站并网点 TV、TA 端，实时录取数据，见图 11-13。

（2）测试期间不应限制光伏发电站的有功功率变化速度，通过功率测试系统按照图 11-14 的设定曲线控制光伏发电站有功功率，在光伏发电站并网点连续测量并记录整个测试过程的电压和电流数据。

（3）以每 0.2s 数据计算一个有功功率平均值，用计算所得的所有 0.2s 有功功率平均值拟合实测有功功率控制曲线。

（4）利用图 11-14 中虚线部分的 1min 有功功率平均值作为实测值与设定基准功率值进行比对。

（5）计算有功功率调节精度和响应时间。

在对场站有功测试过程中，需要严格要求 AGC 接收到命令后的响应时间及执行后的精度，如图 11-14 所示。

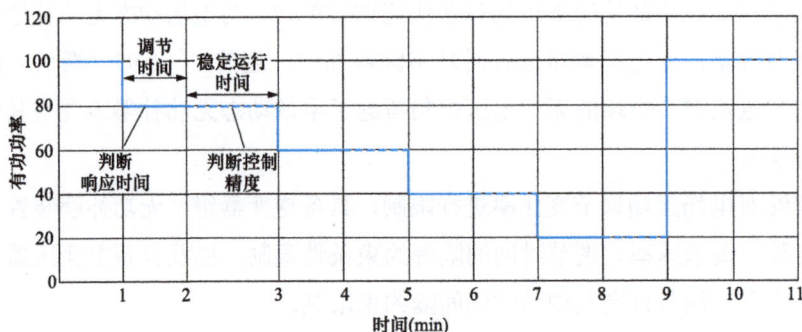

图 11-14　有功功率控制曲线

注：P_0 为辐照度大于 400W/m² 时被测光伏发电站的有功功率值。

（二）无功功率输出特性

1. 测试条件

测试期间，辐照度最大值应不小于 400W/m²，电站所有逆变器并网运行不限功率（若限功率需向调度申请放开功率限制），集中无功补偿装置处于正常运行状态，不限制光伏发电站的无功功率变化速度，测试期间允许功率测试系统接入网络，电站拥有在测试期间投切全部功率及调节的权限，电站运行状态良好，运行人员就位。

2. 测试方法

（1）在电站运维人员协助下，按照图 11-13 所示，将功率测试系统接入网络，测试仪器连接在光伏电站并网点 TV、TA 端，实时录取数据；

（2）按步长通过功率测试系统调节光伏发电站输出的感性无功功率至光伏发电站感性无功功率限值；

（3）测量并记录光伏发电站并网点的电压和电流值；

（4）在 $0 \sim 100\% P_0$ 范围内，以每 10% 的有功功率区间为一个功率段，每个功率段内采集至少 2 个 1min 时序电压和电流数据，并利用采样数据计算每个 1min 无功功率的平均值；

（5）按步长调节光伏发电站输出的容性无功功率至光伏发电站容性无功功率限值；

（6）重复步骤（3）～（4）。

以有功功率为横坐标，无功功率为纵坐标，绘制无功功率输出特性曲线，同时记录光伏发电站的无功配置信息。

注意：（1）P_0 为辐照度大于 400W/m^2 时被测光伏发电站的有功功率值。

（2）光伏发电站无功功率输出跳变限值为光伏发电站无功功率最大值或电网调度部门允许的最大值两者中较小的值。

（3）在测试过程中，应确保集中无功补偿装置处于正常运行状态。

（三）无功功率控制能力

1. 测试条件

测试期间，辐照度最大值应不小于 400W/m^2，电站所有逆变器并网运行不限功率（若限功率需向调度申请放开功率限制），集中无功补偿装置处于正常运行状态，不限制光伏发电站的无功功率变化速度，测试期间允许功率测试系统接入网络，电站拥有在测试期间投切全部功率及调节的权限，电站运行状态良好，运行人员就位。

2. 测试方法

（1）在电站运维人员协助下，按照图 11-13 所示，将功率测试系统接入网络，测试仪器连接在光伏电站并网点 TV、TA 端，实时录取数据。

（2）设定被测光伏发电站输出有功功率稳定至 $50\% P_0$，不限制光伏发电站的无功功率变化，设定 Q_L 和 Q_C 为光伏发电站无功功率输出跳变限值，按照图 11-15 的设定曲线，通过功率测试系统控制光伏发电站的无功功率，在光伏发电站出口侧连续测量无功功率，以每 0.2s 无功功率平均值为一点，记录实测曲线。计算无功功率调节精度和响应时间，如图 11-15 所示。

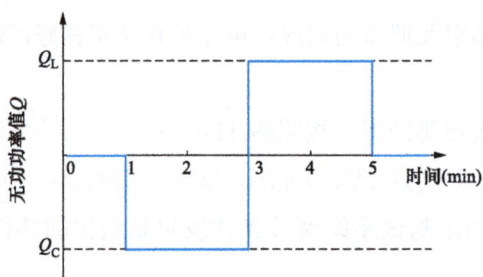

图 11-15 无功功率控制曲线

注意：（1）Q_L 和 Q_C 为与调度部门协商确定的感性无功功率阶跃允许值和容性无功功率阶跃允许值。

（2）P_0 为辐照度大于 400W/m^2 时被测光伏发电站的有功功率值。

（3）在测试过程中，应确保集中无功补偿装置处于正常运行状态。

第十二章

光伏电站附属设施

第一节 防雷与接地

一、基本概念

接地（earthing）是指电力系统和电气装置的中性点、电气设备的外露导电部分和装置外导电部分经由导体与大地相连。其主要分为工作接地、防雷接地和保护接地3大类型。

在光伏电站系统中，接地设计是电气设计中至关重要的一环，关系到电站人员和设备的安全。良好的接地设计，可防止人身遭受电击、防止设备和线路遭受损坏、预防火灾、防止雷击、防止静电损害，保证电力系统正常运行。

二、接地要求

光伏接地系统包括防雷地、安全地、工作地，三种接地线在某一公共点接在一起后再通过等电位连接带接到接地体。为防止雷电流或故障电流所产生的高电位对设备的损害，要求接地线长度尽可能短，还要尽可能避免弯曲、绕圈。一般情况下，接地支线的长度应小于15m。

三、接地位置

（一）组件侧接地

（1）组件边框接地。组件与支架均为金属体，直接接触导通，组件铝边框与镀锌支架或铝合金支架都做镀层处理，相邻光伏板框架之间、光伏板框架与光伏支架之间通过多股铜芯绝缘电线可靠连接。

（2）组件支架接地。光伏组件的防雷接地电阻应小于4Ω，逆变器和配电箱接地电阻应小于4Ω。对于达不到接地电阻要求的，通常采用添加降阻剂或选择土壤率较低的地方埋入。

（二）逆变器侧接地

（1）工作接地。一般工作接地（PE 端）接到配电箱里的 PE 排上，再通过配电箱接地。

（2）保护接地。逆变器机身一侧的接地孔做重复接地，保护逆变器和操作人员的安全。

（三）配电箱侧接地

（1）防雷接地。交流侧防雷保护一般由熔断器或断路器和防雷浪涌保护器构成，主要对感应雷电或直接雷电及其他瞬时过压的电涌进行保护，浪涌保护器（surge protective device，SPD）的下端接到配电箱的接地排上。

（2）箱体接地。根据 GB 50303《建筑电气工程施工质量验收规范》的相关要求，对柜、屏、台、箱、盘的金属框架及基础型钢进行可靠接地。

（3）配电箱的柜门与柜体的连接。光伏电站需从组件侧、逆变器侧、配电箱侧三个方面做好系统的接地，以保障系统安全运行。

第二节　光　伏　通　信

一、光伏方阵通信原理

光伏方阵通信主要是指通过专业设备对光伏方阵进行数据信息采集、处理、传输，以满足电力监控系统对于实时掌握光伏方阵信息的需要。

（一）光伏组件通信

（1）概述。光伏组件通信的主要目的是进一步掌握光伏组件运行状况，迅速准确判断组件故障点。光伏组件通信依靠电力载波通信装置，由装设在光伏组件的从站以及汇流箱处的主站互相配合实现功能。其通信原理见图 12-1。

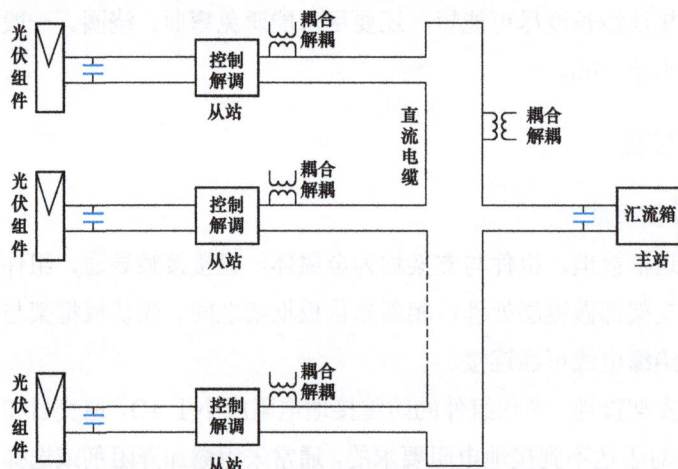

图 12-1　光伏组件通信原理图

汇流箱的作用是汇集多路光伏组件产生的电能,使其信号随电流一道输入汇流箱中。汇流箱处主站模块以轮询的方式发送数据请求命令给光伏组件处的从站模块,收到命令的从站模块被唤醒后将采集所在光伏组件的电压、电流信息并发送给主机,主机将收到的信息进行分析处理发送给上位机软件显示,从而实现对光伏组件发电系统监测。

(2)工作原理。通过在光伏组件上集成电力载波通信模块的方法,实现对光伏组件的数据采集。采集信息主要包括光伏组件电压、电流等信息。光伏组件作为从站将采集到的数据进行信号的调制解调耦合到直流电缆上,输送到汇流箱在主站处进行解耦,随后解调成通信数据。

(3)连接方式。每个光伏组件上的电力载波通信模块均与其相邻组件的电力载波通信模块通信互联;光伏组串的首、末组件电力载波通信模块分别连接有组串通信模块;组串通信模块最终将数据传输至汇流箱主站处。

(4)采集通信内容。主要采集光伏组件及组串的实时电压、电流。

(二)光伏支架及跟踪系统通信

(1)使用情况。光伏支架中固定式光伏支架一经安装,正常情况下不再变动,对其进行监控通信作用意义不大,因此此处通信装置通常是指跟踪系统通信装置(采集单元与通信单元组成)。

(2)采集单元。跟踪系统采集单元主要是指布置在其光伏组件上的传感器,与该光伏组件同步运行。通过采集光线照射方向的变化确定跟踪系统角度。此外,在跟踪系统执行机构处采集执行机构运行状态。

(3)通信单元。在跟踪系统执行机构处装设通信单元,实现对采集数据的处理上传。

(4)连接方式。跟踪系统通信连接采取通信单元相互串联的方式,尾端通信单元将数据传送至上一级通信节点,通常为光伏方阵通信管理机。

(5)采集通信内容。主要采集跟踪系统组件角度、执行机构运行状态及抗风雪状态。

(三)汇流箱通信

(1)使用情况。汇流箱作为光伏方阵中承上启下的设备,在负责将光伏组串输入的电能汇集送至上一级的同时,还负责将各光伏组串的运行信息以及自身运行信息汇总送入电站监控系统,是光伏方阵通信网络中最为核心的一环,也是应用最为广泛的一环。其主要由采集单元与通信单元组成,二者均集成在汇流箱本体内部,如图12-2所示。

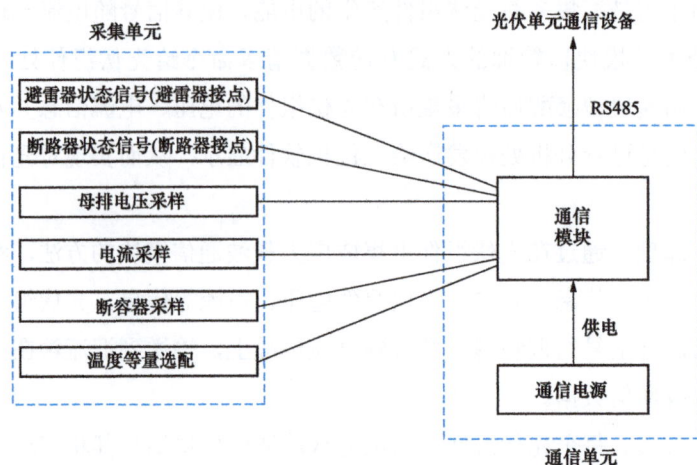

图 12-2　汇流箱通信结构图

（2）采集单元。采集单元主要由电流检测板，以及断路器状态传感器、防雷器状态传感器等组成。其主要采集对象有光伏组串电流、电压、功率、电度量，汇流箱中防雷器的失效状态与寿命，直流断路器状态，继电器控制输出。另外，部分型号汇流箱采集单元还带有风速、温度、辐照仪等传感器模拟量测量接口，装置采用 RS485 接口进行远程通信。

（3）通信单元。汇流箱通信单元由通信模块及通信电源组成。其中，通信模块负责将采集单元采集数据调制后上传至电力监控系统，通信电源负责为通信装置提供稳定电源。

（4）连接方式。通信方式通常采用 RS485 通信，利用双重屏蔽双绞线将每个光伏方阵内汇流箱通过手牵手（"菊花链"）的方式相连，最后送至上一级通信装置。

（四）直流柜通信

（1）使用情况。直流柜是光伏电站中负责将汇流箱输送的直流电能再次汇流的关键设备，同时负责将各汇流箱运行信息以及自身运行信息汇总送至上一级通信装置。

（2）结构组成。直流柜通信主要依靠霍尔传感器实现对自汇流箱输入的直流电压、电流的测量，同时采集直流柜内断路器、防雷器状态以及柜内温度，装置采用 RS485 接口进行远程通信。

（3）连接方式。直流柜通信直接接至光伏方阵通信管理机。

（4）采集通信内容。通信内容主要为各汇流箱电流、电压、功率，以及柜内直流断路器、防雷器状态及温度等。

（五）光伏方阵通信

在光伏发电单元内，光伏跟踪系统、光伏组件与组串、汇流箱及直流柜的通信相互独立，最终与该发电单元的逆变器及箱式变压器（简称箱变）等设备共同汇入该发电单元通信设备后，统一上传至电力监控系统，如图 12-3 所示。光伏方阵设备至光伏发电单元的通信传输方式主要有两种，即 RS485 通信和电力载波通信。

1. RS485 通信

RS485 通信是指在前后设备上的 RS485 接口通过手拉手的形式连接，实现所有设备通过串行总线通信。RS485 通信在光伏项目中应用最为广泛，不管是低压并网还是升压并网的项目，都可以采用 RS485 的通信形式。

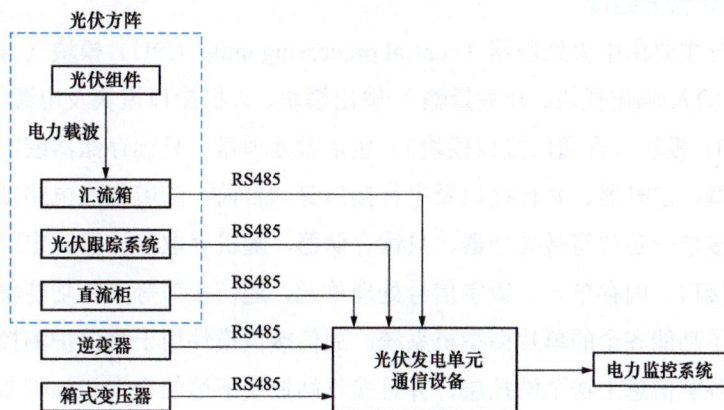

图 12-3　光伏方阵通信结构图

RS485 通信是一个定义平衡数字多点系统中的驱动器和接收器的电气特性的标准。RS485 通信总线有 A、B 两根信号线，采用差分信号负逻辑，逻辑"0"以两线间的电压差为+（2～6）V 表示；逻辑"1"以两线间的电压差为–（2～6）V 表示。传输速率最高为 10Mbps，传输距离最远为 2km，总线最大支持节点数为 32 个，特殊驱动器可支持 256 个节点或更多。RS485 通信网络接线必须采用菊花链即手拉手方式（不能采用星形）。

优点：RS485 通信最为显著的优点是通信稳定，信号无串扰。

缺点：RS485 通信需要敷设通信线缆，增加物料和施工成本；同时 RS485 通信一旦发生通信故障，较难定位到通信故障点。

2. 电力载波通信（power line communication，PLC）

电力载波通信是电力系统特有的通信方式，电力载波通信是指利用现有电力线，通过载波方式将模拟或数字信号进行高速传输的技术。PLC 电力载波通信速率可达 100kbps，通信距离可达 1000m。其主要应用在光伏组件通信以及分布式光伏常用的交流汇流箱通信上，使用范围相对较小，不再赘述。

二、箱变通信原理

箱变通信主要由保护测控装置配合现地通信设备实现。保护测控装置具有"遥测、遥信、遥控、遥调"功能，通信设备负责传输通信信息。

通过硬件、软件、传输网络相配合的方式，依靠硬件采集箱变整体信息，传输网络进行数据通信，软件系统远程监控管理，达到箱变信息通信上传至电力监控系统的目的。

（一）硬件部分组成

硬件部分主要由中央处理器（central processing unit，CPU）模块（含通信接口模块）、模拟量输入/输出模块、开关量输入/输出模块、人机接口模块及电源模块等组成。

（1）CPU 模块（含通信接口模块）。包括微处理器、只读存储器或闪存单元、随机存取存储器、定时器、并行接口及串行接口等。目前，随着集成电路技术的不断发展，已有许多单一芯片将微处理器、只读存储器、随机存取存储器、定时器、模数转换器、并行接口、闪存单元、数字信号处理单元、通信接口等多种功能集成于一个芯片中，构成了功能齐全的单片微型机系统。通信接口模件用于将保护测控装置采集和运算得出的各类信息上送至站控层，并且接收站控层下达的查询和控制命令。通信接口类型通常根据保护测控装置与站控层之间的拓扑关系而定。

（2）模拟量输入/输出模块。包括电流、电压二次回路，具有模拟量输入变换、滤波器、采样保持器、多路转换以及模数转换（A/D）等功能。

（3）开关量输入/输出模块。由微型机的并行接口、光电隔离器件及有触点的中间继电器等组成，以完成开关量输入信号接入、控制命令输出及与外部通信等功能。断路器和隔离开关等的位置信号，通常由它们的辅助触点通过控制电缆接入保护测控装置开入触点获得。为了防止外部回路异常造成保护测控装置故障，通常在开入端子与保护测控装置开入触点之间加装光电耦合器。

（4）人机接口模块。用于人机交互及状态信息显示，通常安装在输入/输出（input/output，I/O）端口保护测控装置正面面板上，主要包括液晶显示屏、LED 状态显示灯、操作键盘和 RS232 串行调试接口等。对于保护测控合一装置，还带有打印机接口。

（二）通信内容

（1）遥测。高压/低压侧电压、电流、功率因数等电气量，以及环境温度、柜内温度等非电气量。

（2）遥信。箱变内断路器、隔离开关位置状态，箱变内部故障综合信号及保护动作信号，门体开关状态，箱变保护动作情况，变压器分接开关信号及事故电源信号等。

（3）遥控。依照上位机所发指令，对箱变断路器、隔离开关进行操作。遥控由调度端发出命令，也可由站控端监控后台发出（或间隔层保护测控装置发出）。遥控命令中包含了指定操作性质（"合闸"或"分闸"）、厂站号和被操作的断路器或隔离开关序号等。

（4）遥调。依照调度端或站控端监控指令，调整箱变运行参数。

（三）常见通信组网方式

1. 组网方式

在大部分光伏项目中，箱变通信组网方式主要有以下两种：

（1）光伏方阵和箱变各自单独组网。光伏方阵采集到的监控信息通过方阵内的以太网交换机经光缆连接形成环网，然后将信息上送到电站光伏方阵的后台监控主机，当未设置光伏方阵后台监控主机时，也可将信息上送到控制室的总交换机，再通过此交换机将该信息上传到电力监控系统主机。

箱变采集到的监控信号依靠测控单元，通过各箱变内嵌式自愈光纤环形以太网交换机经光缆连接形成环网，将信息上传到电站箱变的后台监控主机，当未设置箱变后台监控主机时，也可将箱变信息上传到控制室的总交换机，再通过此交换机将箱变信息上传到升压站监控系统主机。这种方式下光伏方阵和箱变分别占用通信光缆。

（2）光伏方阵和箱变共同组网。此方式是目前光伏项目常用的通信上传方式。光伏方阵及箱变采集到的信息分别通过 RS485 通信方式汇入交换机，经以太网交换机后，通过环网方式将信息输送到电力监控系统。

2. 通信组网所需设备

（1）规约转换器。规约转换器（通信管理机）是光伏电站重要设备之一，它将现场光伏方阵采集单元、逆变器采集单元、箱变采集单元等各类智能终端的通信数据转换为电力监控系统间隔层标准通信规约，如将 ModBus 规约转化为网络 103 规约，实现电力监控系统对全站光伏方阵、逆变器、箱变等设备的监测。

（2）环网交换机。环网交换机负责提供光纤环网通道，将规约转换器（通信管理机）采集的各类智能终端的通信信息传递到计算机监控系统中。采用光纤环网相比较于各光伏子阵直接连接到升压站方式，其主要优点包括：需要的光纤数量少，节省投资；光纤布置简单，减少维护的工作量；同时允许环网在出现一个断点的情况下，保证通信正常传输。

3. 箱变智能监控装置

（1）概述。近年来，为了进一步提高监控系统设备集成度，降低相关成本，箱变智能监控装置逐步兴起。箱变智能监控装置具备光伏电站箱变的模拟量采集、非电量保护、远方控制和通信功能，同时还可融合传统自动化监控系统的通信管理机、光纤交换机功能，负责接入、传输发电单元内逆变器、智能汇流箱等设备的数据通信，实现光伏发电单元内智能设备通信信息的集中采集和传输，并通过光纤以太网接入自动化监控系统。通常安装在光伏电站的箱变的低压开关柜内，它除了具有通信管理机的功能外，还为箱变提供完善的测控和保护。

（2）装置构成。

1）嵌入式微机处理器。通过高性能的嵌入式微机处理器，确保运算速度与准确率，保障处理速度与存储容量。

2）光纤环网交换机。可实现光纤环网的组网，将汇流箱、逆变器、开关柜等测控数据信息以及自身箱变数据信息通过智能测控装置的光纤交换机和通信管理机的功能进行接收和传输，与主控室中的后台监控设备形成一套完整的电站自动化监控系统。

3）保护测控单元。可实现对箱变运行信息进行实时采集判断，发现故障后及时采取对应保护措施，确保箱变安全运行。

4）通信管理机。装置至少具有 30 路遥信开入、6 路继电器输出（并可扩展）、8 路 RS485 通信，通信协议满足电站监控系统要求，采用 IEC 103/104、IEC 61850 和 ModBus 通信规约，并可完成规约转换，方便接入自动化监控系统，以及引接逆变器、汇流箱等其他智能装置。

（3）优势。为满足光伏电站发电系统监控的需求，通常采用在每个光伏发电单元就地布置机柜的方式解决，具体做法是将箱式变压器保护测控装置、规约转换器以及环网交换机这三个装置安装在其就近的不同机柜内。此方式需要配套屏柜或者是就地柜，安装成本突出，而且装置间二次回路复杂，设计、施工与维护工作量均较大。

采用箱变智能监控装置后，将箱变保护测控装置、规约转换器（通信管理机）、环网交换机功能进行一体化融合，集成到一台装置中。该装置可直接安装在箱式变压器中，与传统方式比，具有节约安装成本、施工成本、总投资的特点。

第三节 光伏电站防火

光伏发电站容易引起火灾隐患的设备主要包括充油变压器、逆流箱、逆变器、配电柜等。其主要起火风险点为充油电气设备引发火灾，电缆引发火灾，设备过热、短路等引起火灾，人为原因造成火灾。

一、光伏电站火灾原因

在光伏电站中，容易引发电气火灾的主要设备包括汇流箱、逆变器、蓄电池、连接器、配电柜、变压器等。光伏电站的主体结构是综合控制室、变配电所，其中，对 35kV 及以上的变电站，其变压器规模符合 GB 50229《火力发电厂与变电站设计防火规范》的规定，其他变电站符合 GB 50016《建筑设计防火规范》的规定。

结合光伏电站的建筑特点，光伏电站的建（构）筑物火灾危险性分类及耐火等级如表 12-1 所示。在使用 A 类阻燃电缆的夹层电缆时，其火灾危险等级为丁类；综合控制室没有采取措施阻止电缆起火蔓延，则火灾风险等级为 C 级；配电大楼和室外配电设施按设备的含油程度来决定火灾的危险程度。

表 12-1　　　　　　　　　　　　火灾危险性分类及耐火等级

建（构）筑物名称	火灾危险性分类	耐火等级
油浸变压器室、无功补偿室、电缆夹层、事故油池	丙	二级
干式变压器室	丁	二级
综合控制室（楼）、继电器室、逆变器室	戊	二级

（一）带油电气设备引发火灾

光伏电站装置中，油浸式变压器含有易燃、易爆的油品，在运行时，如果变压器内部出现故障，很容易产生电弧，使油被加热蒸发，从而引发火灾。

（二）电缆引发火灾

光伏电站的火灾隐患主要是电缆、电器等。光伏电站发电系统的发电功率以太阳辐射量为主，电力装置的负载也与太阳辐射量有很大关系，早晚为零，太阳辐射量最大时在中午达到设计峰值，波动极大，在此期间，电流的急剧升降会引起电缆局部过热而引起火灾。

（三）设备过热、短路等引起火灾

由于光伏发电以太阳辐射作为发电主要来源，在接收太阳辐射时，会产生电压，这种电压在经过光伏发电设备时，极易导致设备过热、短路从而引起火灾。

（四）人为原因造成火灾

光伏发电站大多建造在人烟稀少的地区，自然环境恶劣，对设备的日常损害较大。设备在发生故障时往往不能及时发现并检修。此外，在设备维修过程中，由于电焊、气焊、磨削等高速摩擦产生的高温和火花也很容易引起火灾。

（五）热斑效应导致火灾

在特定的情况下，串联支路中被遮蔽的太阳电池组件，将被当作负载消耗其他有光照的太阳电池组件所产生的能量。在这个时候，被遮挡的太阳电池组件会变得很热，这称为热斑效应。这会对太阳能电池造成很大的损害。在阳光照射下，太阳能电池所能提供的部分电能，也会被隐藏的电池所吸收。在实际应用中，如果热斑效应所产生的温度超出某一限度，就会使电池元件上的焊接接头熔化，破坏栅线，造成整个太阳能电池组件装置失火。

鸟粪、灰尘、落叶等都会产生热斑效应，用热成像仪进行测试，鸟粪覆盖的地方背板温度达 91.5℃，比其他地方的温度要高得多。当热斑效应出现后，在夏季温度持续升高时，部件会发生着火。

（六）受外部环境影响

光伏电站的运行和管理非常重要，如操作不当，很容易引发火灾。其主要有两种情况：一种是在部件周围有热源，如分布式光伏电站建设在屋顶，设计施工时需注意周围是否有起火风险点，如有则会造成很大的危险；另一种是逆变器室内的空气流通不足，即逆变器等设备在运行过程中会产生大量的热量，从而引起各个部件的温度上升，特别是在夏季，当环境温度高的时候，逆变器等设备仍然会发热，如果不能充分散发这些热量，很可能引起火灾。

（七）放电电流不足

汇流箱防雷器的标称放电电流和最大放电电流不足是汇流箱起火的另一个常见原因。若选用劣质防雷器，当遭遇雷击或大电流时，防雷器的压敏电阻会被击穿，导致正负极短路而使汇流箱起火。

二、光伏电站防火措施

（一）光伏电站平面布局

分布式光伏电站大多建设在已有建筑物屋顶，这些建筑物在最初设计时并未考虑光伏电站对建筑物消防带来的影响。同时对于常规建筑物，屋顶上基本不存在会引起火灾的因素，一般也不会另外设置消防设备。如果光伏电站起火，火势会透过屋顶通风孔、中央空调外机、防雷设施等结构物，对室内人员和设备造成伤害。所以，在新能源光伏电站的初期，应结合实际情况，对其进行合理的分区，并在必要时设置防火墙（或防火隔离）以防止火势扩散，以确保火灾时对原有设施的破坏降至最低。

（二）建筑耐火等级

建筑防火分级是建筑防火技术措施中最基础的一种。我国现行建筑设计标准将其分为一、二、三、四级，其中一级为最高，耐火能力最强，四级的最低防火强度是最差的，其防火等级是由构成建筑物的结构部件的耐火性来决定。在光伏电站的设计中，必须对建筑物的防火等级进行界定，分析发生火灾时可能造成的最严重后果。

（三）防火分隔设施

对于大型光伏电站，宜采用分段式建造，块体间距适当，既要经济、符合建筑物的设计要求，又要增设防火隔离装置，以确保局部火灾时不会影响其他区域。

（四）电气火灾监控

由于光伏电站一般采取无人或少人值守模式，为确保在光伏电站出现火灾的时候，能第一时间发现火力点，从而减少火势的发生，可以通过 UPS 设备提供消防监测系统的电源，确保系统的可靠性。

（五）消防设施设置

由于光伏发电站的火灾是带电的，而且光伏建筑切断电源后并没有消除组件的末端电压，对消防员火灾扑救带来了巨大的安全隐患，因此光伏电站消防遵循"预防为主，防消结合"的消防工作原则，消防体系的设置主要是增强自救能力，以自救为主，与消防部门联防，"防患于未然"，积极预防火灾的发生及蔓延。

（六）电线电缆选型

由于光电设备的线缆数目较大，如果不能按要求安装固定的消防设备，则应采取防火隔离、阻燃电缆等方式，而且集中铺设在槽箱中的电缆则应选用 C 级或以上的耐火电缆。

（七）组件材料燃烧性能

当火源出现在太阳能板的背后时，尤其是电弧失效所引发的火灾，通常是由薄膜材料，也就是背板材料，因其低的氧气指数和高热值所引起，所以在起火后，火焰会快速蔓延，并猛烈地燃烧。此类火灾一旦发生，很容易造成大规模的火灾。在选择设备时，要充分考虑到这一因素，选择经过国家认可的检验和认证机构的产品。

（八）山地光伏电站防火

在山地光伏电站围栏的外侧宜设置防火地带进行隔离，在围栏外修建道路除了具备隔离功能，还能够主动承担消防通道的作用和起到隔离防护的作用。山地光伏电站可以增加红外线功能，对初期起火点进行检测，在箱变、逆变器等主设备中增设温度测量设备，对温度异常类信息及时报警。山地光伏电站需考虑定期清除杂草，对于杂草清洁不能用化学用品，而应采用人工除草的方式，防止造成环境损害和植被破坏。

第十三章

光伏方阵维护与检修

第一节　光伏组件维护与检修

一、光伏组件的检查

（一）光伏组件的巡检目的

为了使光伏组件长期在良好的工况下运行，保证电站发电量，创造更多经济效益，需检查光伏组件是否损坏或异常，及时维修或更换。

（二）光伏组件的巡视内容

1. 光伏组件的运行巡视检查

（1）光伏组件的采光面是否清洁、有无遮挡，光伏组件玻璃是否有破损。

（2）光伏组件板间连接线有无松动、烧坏、老化现象，引线是否绑扎牢固。

（3）光伏组件的接线盒是否牢固。

（4）光伏组件是否有变形或破损等异常状况。

（5）光伏组件的紧固压块是否松动。

（6）光伏组件与接地网的连接处是否良好，有无松动脱落现象；光伏组件的金属边框接地是否可靠。

（7）光伏方阵支架间的连线是否牢固，支架与接地系统的连接是否可靠，电缆金属外皮与接地系统的连接是否可靠。

（8）检查组件连接连接线是否出现锈蚀情况。

2. 恶劣天气的重点巡视检查

（1）7 级以上大风、沙尘暴等异常天气时，检查光伏组件是否与支架连接牢固、导线摆动情况及有无钩挂杂物；

（2）雪天时，检查光伏组件表面积雪情况，检查接头发热部位，及时处理积雪、悬冰；

（3）雷雨、冰雹天气后，检查光伏组件表面是否有损坏情况。

二、光伏组件的维护

(一)组件清洗

光伏方阵输出功率低于初始状态（上一次清洗结束时）输出的 85%时可以进行清洗，清洗后可以提高组件效率，提升电站的发电量。

1. 组件的清洗方式

（1）人工水洗：通过配备压力喷头对组件进行水洗。其清洁效果比利用静电更好，虽然会留下水渍，但影响的面积会更小。

（2）工程车清洗：这种方式是使用专业清洗车对组件进行清洗，一般由专业的清洗团队完成，清洗的效果也比自行清洗较好。

（3）机器人清洗：这种方式可以解决人工清洗成本高、效率低，白天清洗影响发电的问题，并且在山地项目、农光互补项目等人工清洗困难的地区，提供了较为有效的解决方案。

2. 组件的清洗要求

（1）使用干燥或潮湿的柔软洁净的布料擦拭光伏组件，严禁使用腐蚀性溶剂或用硬物擦拭光伏组件。应在辐照度低于 200W/m² 的情况下清洁光伏组件，不宜使用与组件温差较大的液体清洗组件。

（2）严禁在恶劣天气气象条件下清洗光伏组件。冬季清洁应避免冲洗，也不应在面板很热时用冷水冲洗。

（3）严禁使用硬质和尖锐工具或腐蚀性溶剂及碱性有机溶剂擦拭光伏组件，禁止将清洗水喷射到组件接线盒、电缆桥架、汇流箱等设备。

(二)组件维护

（1）检查光伏组件是否有开裂、弯曲、不规整、外表面损伤及破碎情况。破碎部分影响安全或发电量时，应更换光伏组件。

（2）检查背板接线盒密封是否完好，检查接线端子是否有过热、烧灼痕迹，检查旁路二极管是否损坏。若出现安全隐患或损坏时，应更换接线盒、接线端子或光伏组件。

（3）检查光伏组件插接头和连接引线是否破损，断开和连接是否牢固。若连接不牢固应紧固，若存在破损或断开时应更换。

（4）检查光伏组件金属边框的接地线连接是否紧固、可靠，有无松动、脱落与裸露。存在上述现象时应对接地线进行紧固或替换，确保可靠接地。

（5）检查光伏组件与支架的卡件固定是否牢固、卡件有无脱落，检查光伏卡件是否有锈蚀。出现支架有松动现象时应紧固支架，出现卡件锈蚀时应更换卡件。

（6）检查光伏组件间的接线有无松动、断裂现象，接线绑扎是否牢固。当出现松动、断裂现象时，应更换或重新绑扎。

（7）检查相邻光伏组件边缘高差偏差是否符合 GB 50794《光伏发电站施工规范》的要求，超出时应调整。

（8）检查光伏组件是否存在组件热斑、组件隐裂等情况。影响安全或发电量时，应进行故障检修或更换光伏组件。

（三）组件的更换

1. 组件应调整或更换的情况

（1）光伏组件存在玻璃破碎、背板灼焦、明显的颜色变化；

（2）光伏组件中存在与组件边缘或任何电路之间形成连通气泡；

（3）光伏组件接线盒变形、扭曲、开裂或烧毁，接线端子无法良好连接；

（4）EL 缺陷造成组件功率降低无法使用；

（5）其他原因造成组件功率降低无法使用，或者存在安全性隐患。

2. 旧组件的拆除

（1）组件拆除流程：作业前准备→场区断电→清理组件板→拔开 MC4 插头→拆除组件压块→拆卸组件→组件包装、零配件整理→装车运至存放区→对材料进行专人看管、保护。

（2）组件拆除及搬运要求：

1）工人穿戴好个人劳动防护用品，不应触摸金属带电部位，不应佩戴金属首饰。

2）禁止雨天进行拆卸，禁止划伤背板。

3）拆卸中严禁在组件上踩踏或放置重物。

4）拆除中不应在光伏组件的上表面（玻璃面）沾染油漆或其他粘附剂。

5）拆卸前应先断电、再断接头，并做好线缆临时绑扎和防水措施。

6）拆除中不应拆解组件，不应拆除组件上的任何铭牌。

7）记录好拆卸的组件所属区域位置，记录拆卸顺序，对组件做好编号并拍摄条形编码。

8）组件长时间放置时（如过夜）或遇雨雪天气时，组件及接头应做好防水措施。

9）薄膜组件及晶硅双面组件较重，应轻拿轻放，防止玻璃面破损。

3. 新组件的安装

（1）安装流程：作业前准备→场区断电→装车运至现场→组件安装→检查调整组件→组件等电位线跨接→MC4 与组串链接→组串电压测试→场区合闸。

（2）安装方式：晶硅带边框组件通过组件背面边框上的安装孔，使用螺栓把组件固定在支架上，如图 13-1 所示。

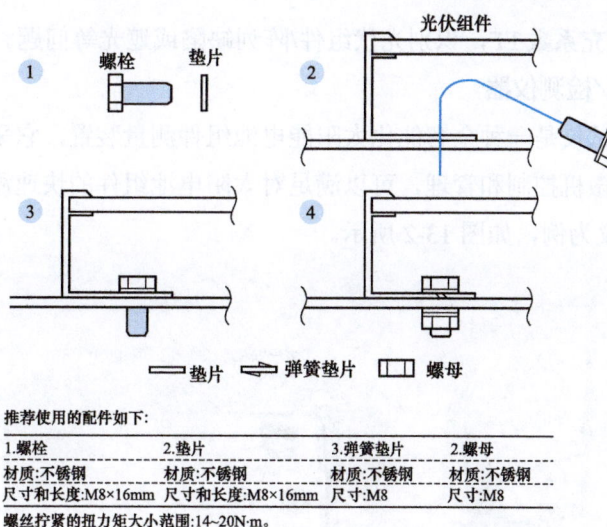

图 13-1 晶硅边框组件孔安装方式示意图

（3）安装要求：

1）正确穿戴个人劳动防护用品，不应触摸金属带电部位，不应佩戴金属首饰。

2）组件在安装移动时，应先整理 MC4 插接线，使其不妨碍组件安装。两个人同时用双手抓住边框，禁止拉扯导线。移动组件过程中避免激烈颠簸和震动。光伏组件安装时，不应造成玻璃、背板及铝边框的划伤或破损。

3）严禁在组件上踩踏或放置重物，禁止划伤背板。

4）禁止雨天进行安装。

5）安装过程中不应在光伏组件的上表面（玻璃面）沾染油漆或其他粘附剂。

6）组件的安装应自下而上，逐块安装，安装过程中必须轻拿轻放以免破坏表面的保护玻璃。组件安装必须做到横平竖直，同方阵内的组件间距保持一致。注意组件接线盒的方向。

7）薄膜组件及晶硅双面组件较重，应轻拿轻放，防止玻璃面破损。

三、光伏组件的检测

（一）组件 I-V 曲线测试

1. 组件 I-V 检测的目的

组件 I-V 检测系统的基本工作原理：当闪光照到被测电池上时，用电子负载控制太阳电池中电流变化，测出电池的伏安特性曲线上的电压和电流，温度、光的辐射强度、测试数据送入微机进行处理并显示、打印。其主要用于测量组串开路电压（V_{oc}）和短路电流（I_{sc}）以及极性，最大功率点电压（V_{mpp}）、电流（I_{mpp}）和峰值功率（P_{max}），光伏组件/组串填充系数 FF，识别光伏组件/阵列缺陷或遮光等问题。

2. 组件 *I*–*V* 检测仪器

组件 *I*–*V* 测试仪是一种全智能化太阳能电池组件测量装置，它采用新型太阳模拟灯作为光源，用微机控制和管理，可以满足对太阳电池组件的快速测试要求。以 *I*–*V* 400W 型号检测仪为例，如图 13-2 所示。

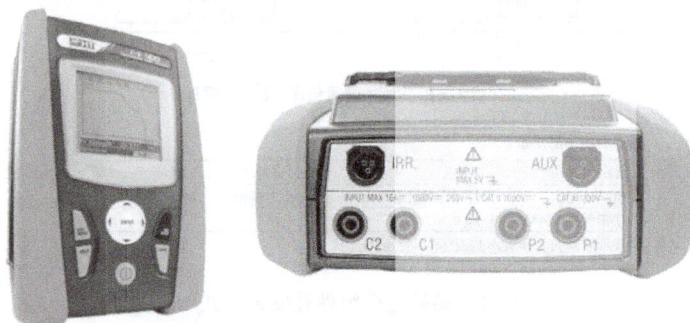

图 13-2　光伏组件 *I*–*V* 曲线测试仪

3. 组件功率衰减率计算

组件功率衰减率是指在光伏组件标准测试条件（standard test conditions，STC）（25℃，大气质量 AM1.5，风速=0m/s，1000W/m²）下，实测功率与标称功率之差与标称功率的比值。其计算公式为

$$光伏组件第N年衰减率=\frac{标称功率-STC实测功率}{标称功率}\times100\%$$

依据 T/GSEA 002《光伏组件功率衰减检验技术规范》组件功率衰减率要求如表 13-1 所示。

表 13-1　　　　　　　　　　　　　　　　组件功率衰减率要求

组件类型	首年（%）	后续每年（%）	25 年（%）
多晶硅	≤2.5	≤0.7	≤20
单晶硅	≤3	≤0.7	≤20
薄膜	≤5	≤0.4	≤15

衰减不满一年的，以首年衰减率要求为准；衰减超过一年但不是整年的，按现行衰减原则，应以月为单位折算至衰减时间，衰减率精确至小数点后两位。

4. 组件 *I*–*V* 检测注意事项

（1）断开闭合电路开关、隔离装置以及测量电流时，应采取绝缘措施，防止触电；

（2）温度探头与背板接触必须紧密，且待温度变化达到稳定后测试。

（二）组件 IR 红外测试

1. 组件 IR 红外检测

光伏组件存在裂纹或不匹配、内部连接失效、局部被遮光或污垢等因素，会导致部分电池的特性与整体不协调，引起局部过热，产生热斑效应。热斑效应会破坏太阳能电池及组件，严重时会使组件焊点熔化、破坏封装材料，甚至造成整个组件失效。本检测主要通过红外热分析检测光伏组件上述异常发热现象，评估组件运行安全性。

2. 组件热斑功率衰减计算

$$组件热斑功率衰减率=\frac{无热斑组件修正功率-热斑组件修正功率}{无热斑组件修正功率}\times100\%$$

3. 组件热斑检测分析

组件平均温度受辐照、风速、环境温度的影响较明显。一般认为，同一组件外表面电池正上方的温度与平均温度相比，超过 20℃时，视为发生热斑（热斑的温差标准如未约定，按照 20℃）。

4. 组件热斑缺陷示例

分析热斑与缺陷的相关性，组件热斑缺陷示例如表 13-2 所示。

表 13-2　　　　　　　　　　组 件 热 斑 缺 陷 示 例

序号	缺陷名称	缺陷示例图
1	组件热斑	
2	组件异常发热	

序号	缺陷名称	缺陷示例图
3	光伏组件 PID	
4	组件接线盒二极管断路或击穿	
5	接线盒异常发热	
6	组件 MC4 插头虚接发热	

（三）组件 EL 测试

1. 组件 EL 检测的目的

组件 EL 测试是利用电致发光原理对组件内部缺陷进行检测。组件 EL 测试主要分为工厂 EL 测试、光伏实验室检测、室外便携式 EL 测试三种形式，三种形式原理基本相同，只是运用场景和目的不同。现场组件 EL 测试可以使用便携式 EL 测试仪，操作方便。

2．组件 EL 检测仪器

便携式 EL 检测仪主要包括相机、三脚架、便携式电脑、手持式移动电源、充电器、无线遥控器，如图 13-3 所示。

图 13-3　便携式 EL 检测仪设备

3．组件 EL 检测注意事项

（1）初次使用或长期停用后再次使用检测仪，须手动完成设备设置；

（2）检查、清洁设备，确保设备工作期间不受障碍物影响；

（3）在判定 EL 图片背板划伤缺陷时，需在该组件进行外观上的确认；

（4）确保组件条码、EL 图片、组串条码记录相互匹配。

4．组件 EL 检测缺陷示例

组件 EL 检测缺陷示例如表 13-3 所示。

表 13-3　　　　　　　　　　　　　组件 EL 检测缺陷示例

序号	项目	参考图片	判定规格（轻微缺陷）	判定规格（致命缺陷）
1	电池片边角裂片		单片缺角面积小于等于 5%，同一片电池片上只允许 1 处，同一组件上只允许有 2 片	单片缺角面积大于 5%，同一片电池片上超过 1 处，同一组件上超出 2 处

续表

序号	项目	参考图片	判定规格 （轻微缺陷）	判定规格 （致命缺陷）
2	电池片 中间裂片		不允许	不允许
3	单线 隐裂		数量小于等于3片，单片 小于等于1条（长度小于电 池片的1/2，不允许贯穿） 不相交；隐裂纹不交叉	数量大于3片，单片大于 1条或者单条贯穿（长度大 于1/2）
4	双线/交叉 线状隐裂		不允许	不允许
5	X型/点状 隐裂		隐裂数量小于等于6片， 且单片电池片小于等于2处 （失效面积小于等于5%）	隐裂数量大于6片，或单 片电池片大于2处或失效面 积大于5%
6	区域 隐裂		不允许	不允许

续表

序号	项目	参考图片	判定规格 （轻微缺陷）	判定规格 （致命缺陷）
7	电池黑片		不允许	不允许
8	断栅		（1）该缺陷电池片在整个组件所有电池片中的比例小于等于10%。 （2）断栅长度小于等于20mm	（1）该缺陷电池片在整个组件所有电池片中的比例大于10%。 （2）断栅长度大于20mm
9	黑心片		（1）该缺陷电池片在整个组件所有电池片中的比例大于10%。 （2）该缺陷面积小于5%该电池片面积	（1）该缺陷电池片在整个组件所有电池片中的比例小于10%。 （2）该缺陷面积小于5%该电池片面积
10	电池片混档		（1）低效片不允许混入高效片组件中。 （2）高效片混入低效片组件的数目小于10%	（1）低效片不允许混入高效片组件中。 （2）高效片混入低效片组件的数目大于20%
11	边缘黑		（1）黑边宽度不超过电池片长度的1/8。 （2）该缺陷电池片在整个组件所有电池片中的比例小于20%	（1）黑边宽度超过电池片宽度的1/8。 （2）该缺陷电池片在整个组件所有电池片中的比例大于20%

序号	项目	参考图片	判定规格（轻微缺陷）	判定规格（致命缺陷）
12	虚焊		（1）虚焊面积小于等于1/30，电池片数量小于等于12片。 （2）虚焊面积小于等于1/20，图像电池片数量小于等于6片	（1）虚焊面积大于1/20。 （2）虚焊面积小于等于1/30，电池片数量大于12片。 （3）虚焊面积小于等于1/20，图像电池片数量大于6片
13	过焊		（1）过焊面积小于等于1/30，电池片数量小于等于10片。 （2）过焊面积小于等于1/20，电池片数量小于等于6片	（1）过焊面积大于1/20。 （2）过焊面积小于等于1/30，电池片数量大于10片。 （3）过焊面积小于等于1/20，图像电池片数量大于6片
14	网络片		面积小于等于1/10，数量小于等于6片	（1）面积大于1/10。 （2）面积小于等于1/10，数量大于6片
15	单片电池内亮斑		不允许	不允许
16	划伤		（1）每块组件划伤电池片小于1片。 （2）每片电池划伤条数小于1，长度小于电池片边长的1/4	（1）每块组件划伤电池片大于等于1片。 （2）每片电池划伤条数大于等于1片，长度大于等于电池片边长的1/4

5. 组件 EL 检测标准评估

（1）缺陷：包含但不限于缺角、隐裂、背板划伤等类别的缺陷。

（2）合格组件：优质组件（单块组件中所有电池片均无缺陷），良性组件（单块组件判断为轻微缺陷）。

（3）不合格组件：单块组件判断为致命缺陷。

（4）EL 测试评估等级：优（致命缺陷≤5%）；良（5%＜致命缺陷≤10%）；差（致命缺陷＞10%）。

（四）光伏组串极性测试

1. 组串极性测试目的

进行组串极性测试，目的在于检查组串正负极电缆接线是否有误，组件是否存在明显缺陷。

2. 组串极性检测仪器

组串极性检测仪器主要为万用表和 $I\text{-}V$ 曲线测试仪。

3. 组串极性测试计算

（1）组串之间电压值与预期值的偏差 D_1 的计算式为

$$D_1 = \frac{V_{oc} - 预期电压}{预期电压} \times 100\%$$

（2）组串之间电压最大与最小值的偏差 D_2 的计算式为

$$D_2 = \frac{V_{max} - V_{min}}{V_{average}} \times 100\%$$

（3）2 个组串之间电压差，计算式为

$$D_3 = V_{oc1}(正) - V_{oc2}(正)$$

若 D_1 和 $D_2 \leq 5\%$，则判定检测合格，否则判定为不合格。

若 $D_3 = 0V$，测量误差在 $\pm 15V$ 范围内，则判定极性合格，否则判定为不合格。

（五）光伏系统接地的测量

接地电阻测量应采用专用仪器，如接地电阻表。测量方法通常采用两线法、三线法、四线法、单钳法和双钳法。实际测量时，应根据导体形式选择正确的测量方式。

四、光伏组件的故障处理

（一）组件热斑

（1）故障分析：当同一组串中的某片电池输出电流明显小于其他电池输出电流时，这片电池会成为负载被其他电池片反向充电，而发热的原因主要有异物遮挡、太阳电池局部短路和电池局部杂质过高等。

（2）故障影响：严重时将损坏太阳电池和封装材料，造成太阳电池输出电流明显减小，组件功率降低，长期会造成背板 EVA 发黄，严重时造成组件烧毁。

（3）处理方法：定期使用红外热成像仪可以检测光伏组件是否存在热斑现象，对于轻微异常的组件应进行长期跟踪记录，对严重异常的组件应进行更换。

（二）组件玻璃碎裂

（1）故障分析：外力破坏、玻璃原材料有杂质等。

（2）故障影响：组件发热异常会造成背板 EVA 发黄，严重时造成组件烧毁，造成组件串联和组串并联失配损失更大。

（3）处理方法：更换组件。

（三）组件接线盒变形、烧毁

（1）故障分析：引线在卡槽内没有被卡紧出现打火起火；引线和接线盒焊点焊接面积过小出现电阻过大造成着火；引线过长接线盒塑胶件长时间受热会造成起火；旁路二极管可能发生击穿短路或断路等。

（2）故障影响：起火直接造成组件报废，严重可能引起火灾。

（3）处理方法：定期检查，发现接线盒变形、烧毁后及时进行更换。

（四）光伏组件 PID

（1）故障分析：晶体硅电池组件的封装材料和其上外表及下外表的材料、电池片与其接地金属边框之间的高电压作用下出现离子迁移，造成组件性能严重衰减。

（2）故障影响：PID 严重造成组件功率下降，直接影响发电量。

（3）处理方法：

1）组件边框接地。

2）采用负极接地方法。消除组件负极对地的负压这种方案适用于隔离型光伏逆变器（包括高频隔离型逆变器和工频隔离型逆变器），负极接地后，消除了组件对地的负压，能有效抑制 PID 现象。而针对非隔离型光伏逆变器，则需要外加隔离变压器之后才能实现负极接地。

3）采用正向偏置电压。这种方案适用于由单台或多台组串式光伏逆变器构成的分布式光伏电站，采用逆变器内置或外置防 PID 修复功能模块，该模块由交流侧供电，在光伏组串正负极加正向偏置电压，修复 PID 效应。可提供自动模式、夜间模式和连续模式三种输出方式。一般默认为自动模式输出，自动模式输出为系统最高电压。

4）采用虚拟中性点接地消除组件负极对地的负压。这种方案适用于由多台组串式光伏逆变器构成的集中式光伏电站，通过抬升虚拟中性点的电位，使各台逆变器的组串负极对地电压接近为 0 电位以实现 PID 抑制功能。

（五）光伏组件蜗牛纹（闪电纹）

（1）故障分析：蜗牛纹往往伴随着光伏组件隐裂，水汽进入组件，造成电池片表面被氧化。

（2）故障影响：前期影响不大，后期会影响组件的发电效率，降低了组件的可靠性能，影响组件的外观。

（3）处理方法：后期加强跟踪，并对光伏组件功率严重下降的进行更换。

（六）组件串联失配

（1）故障分析：光伏组件串联连接时，总输出电流为所有单个电池中的最小值，一旦有一个单体电流小于其他单体，整个串联回路中其他的单体的电流也将降低，从而大大降低整个回路的输出功率。

（2）故障影响：当组件（串）中的某一个太阳电池（组件）被阴影遮挡而其他的电池（组件）都正常接收太阳光，那么"好"电池（组件）输出能量的一部分就会加到"差"电池（组件）上被消耗。这样不但会导致发电量降低，还会导致局部发热，甚至发生热斑效应。

（3）处理方法：组件采购时按照电流分档，将同一电流挡位的组件安装于同一组串；及时清理杂草、树木、灰尘等异物遮挡；对全站进行不定期的红外扫描检查，及时处理发热异常组件。

（七）组串并联失配

（1）故障分析：光伏组串并联时，参与并联的所有光伏组串最大工作点电压并不相同，但是并联后各串的输出电压须保持一致（输出电压的值由逆变器 MPPT 确定），将会造成部分光伏组串无法真正工作在其最大工作点，导致功率损失。

（2）故障影响：根据 I-V 曲线的特性（随着输出电压的增大，输出电流先保持水平然后急剧降低），若因某种原因（如接线盒脱焊、阴影遮挡等）导致单串的开路电压降低，并联后输出电压必须保持与其他串工作电压一致，其工作电流就会明显降低。

（3）处理方法：通过电站后台数据分析组串工作电流，并对电流明显异常的组串进行进一步诊断；测试组串电压一致性，并分析电压异常的原因，排除故障。

（八）组件 MC4 插头虚接、烧毁

（1）故障分析：安装时，MC4 插头未紧固到位，造成虚接发热或雨水进入烧毁。

（2）故障影响：组串功率输出下降。

（3）处理方法：及时紧固到位，对烧毁的 MC4 插头进行更换。

（九）组件背板划伤

（1）故障分析：安装组件时被硬物划伤 EVA。

（2）故障影响：EVA 被划穿，伤及电池片，影响组件功率；水汽进入组件，组件内电池片被氧化，易形成蜗牛纹，降低组件寿命，严重时造成组件内部短路，发生火灾。

（3）处理方法：及时用专用组件修补剂进行修补，对于严重划伤的组件，及时更换或长期跟踪。

（十）组件 EL 检测缺陷

（1）故障分析：安装组件时踩踏组件或组件从高处跌落造成破片；由于焊接造成短路或者混入低效电池片造成黑片；组件运输、安装中等受力造成电池片隐裂。

（2）故障影响：破片影响组件功率，造成热斑、串并联失配，降低组件寿命，减少发电量。黑片影响组件功率，造成串并联失配，降低发电量。严重隐裂影响组件功率，造成热斑，串并联失配，降低组件寿命，降低发电量。

（3）处理方法：轻微缺陷应长期跟踪，发现严重缺陷时应及时更换。

第二节　光伏支架维护与检修

一、光伏支架巡视检查

（1）桩基检查，混凝土基础有无沉降、位移、开裂、剥落、风化、露筋；PHC 管桩是否有沉降、开裂、倾斜。

（2）变形、构件与结构体系检查，检查支架结构件檩条、支架梁、支架柱、斜撑等是否有变形，结构体系是否发生损坏。

（3）连接与节点检查，检查连接件/转接件之间栓接或焊接节点应无松动或脱焊、变形迹象。

（4）地基基础检查，检查软弱地基、山区地基、湿陷性黄土地基、膨胀土地基、冻土地基等特殊性土地基础区域应检查是否有基础变形，有无潜在风险或直接危害的滑坡、泥石流、崩塌、滚石等。

（5）防腐检查，检查支架防腐保护层外观检查，涂层破损情况，有无鼓泡脱漆、剥落开裂、腐蚀生锈迹象，测定金属性结构件防腐镀层漆膜厚度达标，金属性支架年度腐蚀速率满足标准要求。

（6）接地系统检查，检查各部件接地是否连接可靠，铜编织带是否有断股、断开现象，栓接或焊接节点应无松动或脱焊、变形迹象。

（7）载荷与作用组合（风、雪）检查，恶劣风雪天气前，针对跟踪光伏支架系统应检查其风雪模式是否正常运行。

（8）跟踪控制系统检查，检查跟踪系统通信是否正常，屏蔽与接地是否良好；箱体密封应良好，内部无异音、异味，电源指示灯正常。

（9）驱动单元检查，检查电机、减速机电源是否正常，安装是否紧固，有无松动偏移；轴承是否有异响、发热、漏油迹象，防护罩是否完整，外观检查是否有裂纹；地脚接地是否正常，周围有无影响其正常运行的异物、不利因素。

（10）支撑传动单元检查，检查与主轴推杆连接件、立柱连接是否紧固可靠，有无偏移倾斜迹象。

（11）转动主梁单元检查，检查主梁、轴承座与轴承连接是否可靠；主梁是否在一条水平线上；限位角钢与硬限位是否有移位、变形；转动轴承有无移位、外滑迹象。

（12）阻尼器检查，检查阻尼器与主梁、立柱梁连接是否可靠，螺栓是否紧固，阻尼器外观有无破损、损坏，运行有无异常情况。

（13）电缆检查，检查电缆是否有老化、裸露现象。

二、光伏支架的检修维护

（1）表面应无划痕、裂纹、变形和损坏，表面涂盖无开裂、脱落、锈蚀、涂装，镀锌层厚度应符合设计要求和 GB 50797《光伏发电站设计规范》的规定；标识应清楚、箱体无破损、变形焊缝、支架硬限位应完好、支架应无锈蚀，镀锌层厚度应无损伤。

（2）连接螺栓接线紧固度、可靠性检查处理。

（3）支架翘曲变形、柱顶偏移情况检查处理。

（4）支架稳定性检查处理。

（5）支架转动部位调整灵活性，高度角调节范围检查处理。

（6）驱动装置密封件密封情况检查处理。

（7）驱动装置齿轮卡涩、润滑油缺失检查和处理。

（8）控制箱内通信电缆、箱体密封及内部元件完好检查处理。

（9）防护窗和保护接地完好、可靠性检查处理。

（10）控制系统控制保护功能、风速、压力、角度等传感器检查处理。

（11）跟踪范围、精度检查处理。

三、光伏支架的故障处理

（一）地基变形故障处理

（1）故障现象：特殊性土地基础区域存在基础变形，潜在风险或直接危害的滑坡、泥石流、崩塌、滚石。

（2）原因分析：电站场区排水渠设施不完善或损坏导致水土流失严重；场区支架沙土防风固沙缺失，导致地基沙土流失。

（3）处理方法：电站场区排水渠建设完备、修葺；边坡进行加固；沙地防风固沙工作及时开展，维护场区支架基础。

（二）桩基故障处理

（1）故障现象：混凝土基础有无沉降、位移、开裂、剥落、粉化、露筋，PHC管桩是否有沉降、开裂、倾斜。

（2）原因分析：地基变形、水土流失等导致桩基沉降、移位、倾斜；混凝土基础及PHC预制管桩质量问题；运输、二次搬运、安装过程中发生碰撞、暴力施工。

（3）处理方法：对混凝土基础及PHC预制管桩进行外圈加固；无法加固的混凝土基础及PHC预制管桩进行更换移位处理。

（三）螺栓故障处理

（1）故障现象：支架螺栓自松动或松弛。

（2）原因分析：安装施工期间，人员未对螺栓及连接件进行紧固；紧固扭力不够；缺失相关平垫、弹垫配件等；大风、大雪等恶劣天气后产生松动现象；螺栓质量问题或安装施工人员私自对连接件进行的自主打孔、扩孔行为。

（3）处理方法：如果在安装过程中螺栓未拧紧或缺失螺栓配件，则需重新安装拧紧螺栓；自松动与松弛迹象的发生，需要对其进行复紧；如果因螺栓质量问题，或在极端恶劣气候条件下，导致构件孔位扩孔，则需联系生产厂家更换或购买。

（四）防腐故障处理

（1）故障现象：支架防腐蚀保护层外观涂层破损，出现鼓泡脱漆、剥落开裂、腐蚀生锈迹象。

（2）原因分析：现场环境因素与光伏支架金属体之间形成化学反应导致腐蚀迹象发生；与材料材质、防腐工艺以及防腐材料不同有关，镀锌层不均匀、厚度不达标、运输安装过程损坏、电化学腐蚀等；运输、二次搬运、安装过程中发生碰撞；长期维护防腐工作缺失，导致腐蚀越来越严重。

（3）处理方法：镀锌层被破坏后，应立即刷环氧富锌漆，漆层厚度不小于120μm；在镀锌层被腐蚀耗尽以后，出现生锈现场，应采用砂纸人工打磨除锈，后刷环氧富锌漆或其他防腐油漆保护。

（五）接地系统故障

（1）故障现象：支架接地松动、脱焊、腐蚀、掉漆、变形。

（2）原因分析：栓接不牢固或焊接未满焊、存在空隙；接地材质防腐工艺处理不规范，环境因素导致腐蚀；标识漆刷漆厚度不够；施工强制扭曲、变形焊接接地扁铁导致，长期应力存在。

（3）处理方法：对接地系统栓接或焊接处脱落进行重新栓接或焊接；腐蚀部位进行除锈、防腐处理；脱漆部分重新粉刷黄绿标识漆。

第三节　光伏汇流箱维护与检修

一、光伏汇流箱巡检

（一）直流汇流箱日常巡视检查

（1）检查汇流箱正常运行时各熔断器是否全部正确投入，采集模块是否运行正常，防雷器、开关是否全部投入运行；

（2）检查数据采集器指示是否正常，电流电压显示是否正常；

（3）检查各元件是否有过热、异味、断线等异常现象，并用测温仪对设备异常部位测温；

（4）检查汇流箱柜体接地线连接是否可靠；

（5）检查汇流箱锁具是否完好，密封完好；

（6）检查箱内各引线无掉落、松动或断线现象；

（7）检查各支路保险外观是否完好；

（8）检查汇流箱总输出开关是否在合闸位置，无脱扣；

（9）检查控制电源模块运行指示灯亮，各元件无异常；

（10）检查数据采集和通信模块运行指示是否正常；

（11）检查防雷模块是否正常；

（12）检查汇流箱内是否有异物、灰尘。

（二）交流汇流箱日常巡视检查

（1）检查汇流箱正常运行时熔断器是否熔断，连接是否正常；

（2）检查各元件是否有过热、异味、断线等异常现象；

（3）检查汇流箱柜体接地线连接是否可靠；

（4）检查汇流箱锁具是否完好，密封完好；

（5）检查箱内各接线无掉落、松动或断线现象；

（6）检查各支路保险座外观是否完好；

（7）检查汇流箱总输出交流断路器与断路器是否在合闸位置，无脱扣；

（8）检查防雷模块指示是否正常。防雷器正常是绿色，若变成红色应及时更换。

二、光伏汇流箱的维护

（一）直流汇流箱日常维护项目

（1）检查汇流箱接线螺栓是否紧固。

（2）检查接线端子无烧毁、松动现象，测量保险无烧坏击穿，检查保险底座有无烧坏及防雷模块是否正常。

（3）检查线路正常无风化现象，接入汇流箱的线缆包扎牢固，绝缘是否老化，电缆接插头处是否发热。

（4）封堵严密，并对外部及内部灰尘进行清理。

（5）检修汇流箱某一支路时，须先断开断路器，再拉开检修支路的保险，然后合上断路器，再检修汇流箱线路。严禁在未断开直流断路器时拔 M4 插头，严禁在未断开直流断路器时拉开保险，以免造成人身安全事故。

（6）在检修汇流箱时，应将所有螺丝紧固一遍，在紧固螺丝时须注意安全，避免手同时触碰到正负极接线端，或者同时触碰到正极和 PE 线或者负极和 PE 线。

（二）交流汇流箱日常维护项目

（1）检查交流汇流箱及所属元器件并清扫灰尘。

（2）检查柜体无变形、漆膜无脱落。

（3）检查各种空开的机构及动作情况。

（4）检查防雷元件是否动作。

（5）对电缆与接线板或母排之间连接紧固、有无过热迹象。

（6）检查外观及接地情况。

（7）检查柜体封堵情况。

（三）注意事项

（1）检查汇流箱内部设备前，须断开与之相应的开关，并验电。

（2）汇流箱内部设备需更换时，须断开与之相应的开关、支路保险。

（3）工作人员须使用绝缘工器具，并做好安全防护措施。

三、光伏汇流箱的故障处理

（一）零电流故障

零电流故障主要包括线路过载、短路、接触不良，保险丝本身老化。

检查判断：避雷器指示窗由绿色转为红色，浪涌保护器失效或有故障，保险熔丝是否熔断或者组串线路是否断开。

处理方法：浪涌保护器、熔丝。

（二）通信故障

芯片过热，造成板件发热烧毁；通信回路形成浪涌等过电压干扰，造成通信元件损坏。

检查判断：分析可能引起汇流箱通信模块发生故障因素，主要有电平幅值越限、逆变器运行时引入高频干扰、感应电动势干扰、雷电造成通信回路浪涌现象等。

处理方法：检查通信线有无断线，测量通信端子有无电压，检查监控主板电源模块有无输出电压，检查监控主板有无损坏，拨码是否设置错误，并对虚接线缆进行处理，更换故障板卡并重新设置参数。

（三）接地线局部电阻增大

接地线局部电阻增大，连接点存在松散，连接点的接触面存在氧化层或其他污垢，跨接过渡线松散等。

处理方法：及时重新拧紧压接螺钉，清除氧化层及污垢后焊接牢固。

（四）接地体散流电阻增大

因接地体被严重腐蚀，接地体与接地干线之间的接触不良，造成接地体散流电阻增大。

检查判断：移除正负导线，确保逆变器与阵列隔离；测量组件开路电压，并使用接地电阻测试仪分别测量正极接地和负极接地。

处理方法：重新更换接地体，或重新连接牢固。

（五）通信装置参数设置错误

汇流箱通信参数设置错误主要包括站地址设置错误、站波特率设置错误、通信模式设置错误等。

处理方法：应重新设置。

（六）通信电缆接线错误

通信电缆接线错误主要包括极性接反、屏蔽层线接反、电缆虚接、通信管理机内实际接线与通信装置回路不对应等。

处理方法：避免虚接；可靠接地；确保极性和连接方式正确。

（七）抗干扰能力差

由于未充分发挥双重屏蔽层抗干扰的优势，导致汇流箱通信在电磁干扰较大时出现中断、错误、延时等异常。

处理方法：RS485 通信主要受到的干扰是电磁干扰和高频干扰，常规消除干扰的方法是更改屏蔽线接地方式。现场 RS485 接线方式若为单端接地且只在通信柜侧接地，则依据 GB 50217《电力工程电缆设计规范》第 3.6.9 节规定"集成电路、微机保护的电流、电压和信号的控制电缆屏蔽层，当电磁感应的干扰较大时，宜采用两点接地；

静电感应的干扰较大，可用一点接地；双重屏蔽或复合式总屏蔽，宜对内、外屏蔽分用一点、两点接地"，可将该 RS485 通信线缆采用多端接地，减小或消除逆变器引入的高频干扰。通常与通信柜连接的第一个汇流箱内增加一组接地线，通信装置抗干扰能力可提升 2V 左右，最终试验出采用两点接地即可消除干扰。

（八）通信电源故障

通信电源故障时检查通信指示灯状态，并检查通信电源输出是否正常，若电源异常则更换通信电源板。

第十四章

逆变器维护与检修

第一节　集中式逆变器维护与检修

一、集中式逆变器巡检与维护

（一）巡检与维护目的

为了能够及时发现设备缺陷与隐患，保障逆变器的正常运行，延长逆变器的使用寿命，实现安全、持续稳定发电，需要对集中式逆变器进行定期巡检与维护。

（二）集中式逆变器巡检与维护

逆变器运行中需对其运行数据进行实时监控，确保设备运行在正常参数内。其中，运行信息中包含与逆变器运行有关的多项信息，具体内容如下：

1. 实时数据

实时数据包括当前工作状态、供电模式、输出功率、直流电压电流、电网频率、功率因数、机内温度、各模块温度、效率、正对地绝缘电阻、负对地绝缘电阻、交直流主要开关设备状态等。

2. 统计数据

内部统计数据包括发电总量、月发电量、总运行时数（小时为单位）、日运行分钟等。图 14-1 所示为逆变器液晶触摸屏界面实时运行信息图。图 14-2 所示为逆变器液晶触摸屏界面功率曲线信息；图 14-3 所示为逆变器液晶触摸屏界面电量信息图。

逆变器在运行中对于主要模拟量上、下限需要进行相关设置，运行参数可遵照生产厂家要求执行，参数一般应由经授权的专业人员设置。

3. 外部检查

外部检查即为对逆变器顶部及四周是否存在可燃物、易燃物，及其可能威胁系统正常运行的干扰因素进行检查，每季度需要进行一次外部检查。其检查内容包括：检查逆变器顶部及四周是否存在可燃物，易燃物，及其可能威胁系统正常运行的干扰因素；要检查逆变器基础和外壳焊接是否牢固，是否存在锈蚀；检查逆变器的门锁异常时，应及时进行处理（带闭锁功能的逆变器正常巡检时严禁开柜门，防止误开柜门引起停机）。

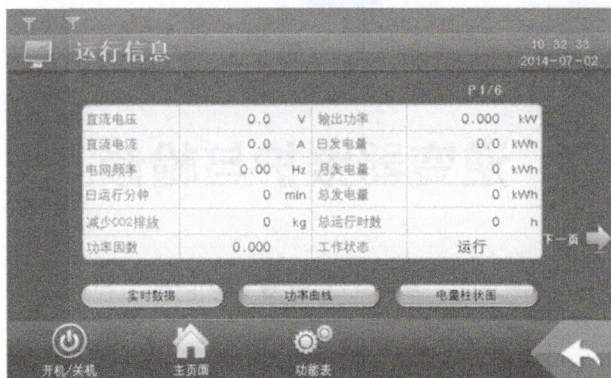

图 14-1　逆变器液晶触摸屏界面实时运行信息图

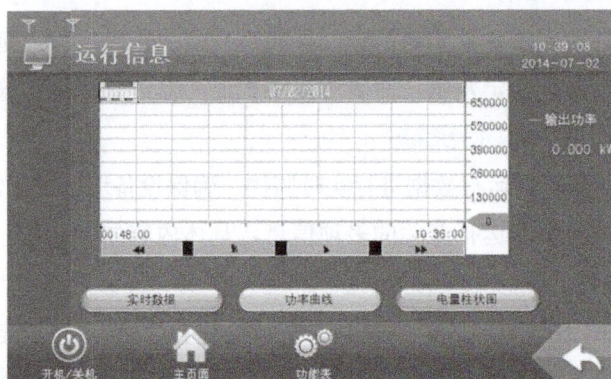

图 14-2　逆变器液晶触摸屏界面功率曲线信息图

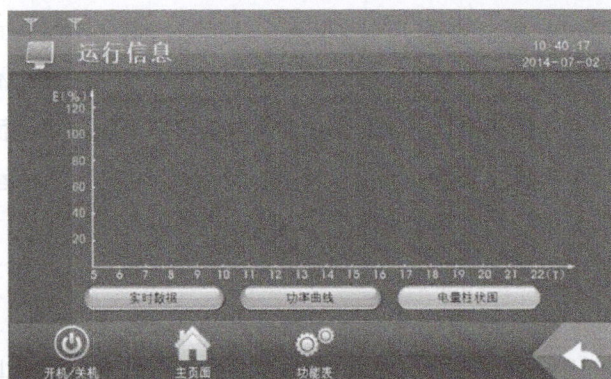

图 14-3　逆变器液晶触摸屏界面电量信息图

4. 逆变器单元清洁状态检查

检查逆变器室内是否清洁、无杂物，电路板及元器件是否清洁。必要时，停电清灰处理，检查散热器温度是否正常及有无灰尘。如有必要，可使用真空吸尘器对散热模块和逆变器百叶窗等进行清洁。若空气过滤网无法清洁，可更换空气过滤网，并检查进气口的通风。逆变器单元清洁状态检查一般每半年到 1 年进行 1 次。

5. 标识标牌

逆变器标识标牌也需要定期进行检查与维护，需要检查逆变器标识牌和警告标识是否清晰，有无损坏掉落，必要时更换。其中，标识标牌的检查每年至少需要进行一次。

6. 电缆连接

电缆连接需要每年至少进行一次检查，待逆变器内部设备断电后进行检查工作。其检查内容包括：检查逆变器的所有进、出线孔是否密封良好；检查逆变器内部是否有渗水；检查逆变器柜门是否开关自如，密封条是否密封良好；检查功率电缆连接是否松动；检查电缆有无损伤。

7. 进/出风口

检查逆变器及内部设备的进气滤网及排气通路是否正常。逆变器进/出风口需要时刻保持畅通，定期清洗或更换滤网。进/出风口的检测与维护需要根据实际项目地情况来确定周期，正常每半年 1 次。

8. 风扇

风扇作为逆变器主要散热器件，须检查风扇的运行情况，检查风扇叶片是否有裂痕，检查风扇运行时是否有异响，并结合项目地的实际环境情况，对风扇进行检查与维护，一般每半年进行 1 次检修维护。

9. 安全功能检查

检查紧急停机按钮以及 LCD 液晶屏的停止功能是否可靠，模拟停机功能。检查机体警告标识及其他设备标识，如发现模糊或损坏，应及时更换。一般每半年到 1 年进行 1 次检查。

10. 软件维护

对逆变器软件进行升级更新，保证软件在有效期内。

二、集中式逆变器性能测试

(一)测试范围

并网型光伏逆变器应满足性能测试。集中式逆变器性能测试项目应涉及环境适应性、安全性能、电气性能、通信、效率等方面的技术要求。

（二）规范标准

测试标准应遵守以下标准：

（1）GB/T 37409《光伏发电并网逆变器检测技术规范》。

（2）NB/T 32004《光伏并网逆变器技术规范》。

（3）GB/T 37408《光伏发电并网逆变器技术要求》。

（4）GB/T 4208《外壳防护等级（IP 等级）》。

（5）NB/T 32008《光伏发电站逆变器电能质量检测技术规程》。

（6）NB/T 32010《光伏发电站逆变器防孤岛效应检测技术规程》。

（7）GB/T 15543《电能质量 三相电压不平衡》。

（8）NB/T 32032《光伏发电站逆变器效率检测技术要求》。

（三）测试内容

集中式逆变器的检测应包括以下内容：

（1）接地电阻测试：测量逆变器人体可触及导体部件至外部接地极间的电阻值。

（2）绝缘阻抗测试：测量电气设备的三相对地与相间绝缘电阻值。

（3）工频耐受电压测试：测量逆变器带电部件间及带电部件和人体可接触表面之间的绝缘强度，不应有拉弧及绝缘击穿现象。

（4）通信功能测试：测试逆变器与中控平台间的通信功能，应能正常实现调度、遥控等运行命令，正确读取运行数据、工作状态、故障信息等监控参数。

（5）输出电压、频率测试：测量逆变器各相输出电压、频率等参数，测量结果应符合设备技术参数要求。

（6）输出功率调节/控制能力测试：测量逆变器的输出有功功率和无功功率调节控制能力。

（7）转换效率测试：测试逆变器在不同输出工况下的转换效率。

（8）并网电能质量测试：测量逆变器电压偏差、电压波动和闪变、谐波、电压不平衡度、直流分量。

（四）注意事项

（1）测试现场所有人员必须佩带绝缘鞋、安全帽、绝缘手套等安全防护用品；

（2）测试中，测试人员和监督人员应至少 2 人，操作过程应在电站维护人员监护下完成；

（3）测试过程中，必须严格按照测试作业指导书和设备作业指导书操作，不得随意操作；

（4）测试现场必须做好安全防护栏或清晰明显的安全警告标识；

（5）所有测试设备必须安全接地；

（6）操作开关后必须悬挂相应的警示标识，如"禁止合闸，有人工作"。

三、集中式逆变器故障处理

（一）检修目的

为了保持集中式逆变器长期高效、稳定运行，通过定期检修、更换必要的零件和更新设备配件，达到逆变器持续高效运行的目标，减少故障停机的时间，提高发电量，须开展定期的检修工作。

（二）检修操作流程

应首先断开并网柜开关和交流侧负载，然后断开直流侧输入电源（光伏组串、直流汇流箱等），再测量直流侧端口电压（小于 50V）、交流侧电压（小于 36V），最后打开逆变器箱门进行检修操作。

（三）异常情况主要内容

1. 显示系统异常检修处理

（1）逆变器液晶显示界面出现黑屏、闪屏、乱码等异常现象。检测电源供电回路电压是否正常，检查端口排线连接是否松动、屏蔽接地是否良好，检查驱动电路是否有短路损坏迹象，更换故障损坏的备件。

（2）逆变器运行电压、电流等状态信息显示异常。检查数据采集线缆是否有破损、虚断，连接端子是否有松动，更换采样异常的器件。

（3）逆变器工作状态指示灯显示异常。检查供电回路是否正常，显示灯端口接线、灯板排线连接是否有松动，更换显示异常的指示灯或灯板。

2. 噪声异常检修处理

首先检查逆变器背挂板是否紧固，对松动的螺丝进行紧固处理，再排查风机、功率模块等是否异常，对异常器件进行更换。

3. 冷却系统工作异常检修处理

（1）自然风冷逆变器：清除散热片污渍和覆盖的异物，清洗散热器件。

（2）强制风冷逆变器：检查风机供电回路是否正常，进/出口风道、风机扇叶是否有异物堵塞，并对异物进行清理，检修风机驱动模块，清洗或更换防尘网，对异常风机进行更换。

（3）水冷型逆变器：对渗漏水接口处进行修复，更换破损水管及控制异常的模块，注入符合冷却要求的水质及水量的冷却水。

4. 内部异常高温、过热检修处理

首先检查逆变器内部电路之间是否有短路灼伤迹象，功率连接端子是否有松动，对异常电路板进行更换，再检查温度采集线路是否有破损、连接松动，更换温度采集异常的器件，更换温度控制模块。

5. 连接线缆异常检修处理

对连接松动的线缆进行紧固处理，对绝缘外层破损、灼伤变形的线缆使用备件进行更换。

6. 通信异常检修处理

首先检查通信电源回路是否正常，通信线缆有无破损、接线松动，屏蔽层接地是否良好，再检查通信模块电路是否有异常现象，对异常模块进行更换处理。

7. 输出性能异常检修处理

逆变器输出功率异常的，排查光伏方阵、直流汇流箱输入功率情况，对线缆有虚接、松动的，进行紧固处理，再检查逆变器功率模块、逆变电路、滤波电路，对异常模块及器件进行更换。

（四）典型故障处理

1. 直流过压故障

检查光伏阵列配置是否出现异常，减少光伏阵列开路电压，冬季应考虑电池板的温度特性影响；检查逆变器实际显示直流电压与实际检测电压是否一致；检查直流断路器是否有脱扣现象。

2. 电网过压/欠压故障

电网过压/欠压即电网电压高/低于允许电网电压范围上限。当此类故障发生时，首先检查电网电压或并网线是否过细，再检查交流接线电缆是否紧固[当出现电网过压时，有可能是并网线径过细（并网线径细，则阻抗大，工作时电流在 AC 线上产生较大的压降，抬升了逆变器侧的电压）；当出现电网欠压时，检查交流接线是否紧固，排除端子松脱现象]，最后检测箱变是否正常。

3. PV 极性反接故障

PV 极性反接故障是指直流侧正负极接反。当发生此类故障时应将逆变器完全断电，检查直流连接，确保极性正确。

4. 频率故障

频率故障是指电网频率超出允许电网频率范围。当此类故障出现时，应检查电网频率，检查交流电缆是否紧固。当出现电网频率故障时，检查实际电网频率的值以及逆变器设定的保护值，确认保护值是否符合要求；检查电能质量是否异常，若为电网原因，等待电网恢复正常。

5. 漏电流故障

接地故障是指逆变器交流侧对地漏电流超过设备设定数值。针对此类故障，应首先用钳表检测漏电流是否超过定值，如确有漏电流，检查某组串或直流线路是否破损、直流接线是否有松动，并检查箱变绝缘是否正常。阴雨天的情况下，线缆绝缘强度下降也会导致接地故障，待天气好转故障会自动消除。

6. 交流过流故障

交流过流的形成原因主要是逆变器存在短路或内部电子元器件损坏，应检查逆变器交流侧电路的线缆连接以及控制电路板是否异常。

7. 温度异常/模块过温

逆变器内部/模块温度高于允许值，其原因包括：器件老化、内部器件虚焊、或出现短路，应待设备完全断电后，首先检查冷却风扇是否正常运行（声音、转速），相应排查进风口和风扇，再检查模块及散热情况；若风机运行正常，应通过显示屏观测模块的温度；若为电抗器过温，待设备完全断电后，检修电抗器。

8. PDP 保护故障

机器发生内部故障时会触发 PDP 保护，一般保护触发 5min 后，机器会自动重启或先断开再合上交流开关。若仍有异常，检查模块是否烧毁。

9. 接触器故障

当机器内部与电网连接的接触器发生故障时，应待设备完全停电后，检修接触器。目测接触器是否有异常（烧坏），若无异常，则重启逆变器。

10. 风扇故障

当逆变器内部散热风扇故障时须待设备完全停电后，先检修风扇，再重启机器，观测液晶屏上所显示的模块温度。若温度较高，风扇仍未正常运行，应立即停机。

11. 交流不平衡故障

当交流不平衡现象发生时，可能原因是传感器损坏，导致采样值与实际值不符从而导致交流不平衡。当发生该现象时，须待设备完全停电后，更换同型号的传感器，观测液晶屏上所显示的三相交流电流是否平衡，并用钳表测试实际的交流并网电流进行检查。

12. 绝缘阻抗低

逆变器绝缘阻抗值低于设定值时，待逆变器完全断电后，先检查电池板对地绝缘情况。用摇表（绝缘电阻表）测试组串的绝缘强度，观测组串或直流线路是否有破损、绝缘下降问题，排查直流接线，再检查箱变绝缘是否正常。阴雨天情况下，线缆绝缘强度下降也可能导致此问题，等待天气好转。

13. 孤岛故障

当逆变器检测到孤岛现象的发生，须先观测液晶屏显示的交流电压是否正常，然后测试逆变器的实际交流电压，最后检测箱变交流电压是否正常。

14. **直流/交流防雷器故障**

直流/交流防雷器故障跳闸，过电压保护动作。应先检查防雷器状态，观测防雷器是否损坏，若防雷器异常，更换防雷器，再检查防雷器结点引出接线是否正常，是否有松脱现象，并进行检修。

15. **直流采样故障**

直流电压采集通道发生异常时，先用万用表测量正负对中性点是否存在反向偏移，然后检查直流采样线缆是否存在松脱现象，最后检查 PA/PD 板。

16. **低电压穿越功能（LVRT）启动**

当电网电压低于 $0.9U_n$，逆变器低电压穿越功能（LVRT）启动，此时会有相应告警产生。待电网电压恢复正常后，逆变器转为正常运行，告警状态解除。

17. **防 PID 电源异常**

在 PID 功能启动后，由于外部因素导致电池板正极对地阻抗偏低，或 PID 功能模块供电电源异常。当发生此类异常时，须先检查电池板对地绝缘情况，或待逆变器完全断电后，再检修 PID 电源。

第二节　组串式逆变器维护与检修

一、组串式逆变器巡检与维护

（一）巡检与维护目的

目前市场上主流组串逆变器（如 SUN2000 系列）为免维护产品，但正确的维护是使设备能够最佳运行的关键。同时，为保障逆变器健康运行，延长逆变器的使用寿命，提升发电量，逆变器应该进行定期巡检。

（二）注意事项

光伏发电系统存在危险电压，即使逆变器没有运行，在有光照的情况下，输入组串依然存在高电压。当两台逆变器交流侧共用一个交流开关时，须对两台逆变器执行系统下电操作。逆变器系统下电后，机箱仍存在余电和余热，可能会导致电击或灼伤，应在逆变器系统下电完全冷却后，佩戴个人防护用品再对逆变器进行操作。应在天黑无光照后对逆变器直流线缆进行操作，并做好隔离措施，确保光伏组串无输出电压，确保人身安全。

（三）定期巡检与维护

首先要对逆变器的运行环境、运行质量等进行全面检查，同时处理巡检过程中发现的问题，形成健康报告，存档并与往期报告进行对比，结合后台离散率分析等对问题进行整改，使逆变器处于最佳运行状态。

1. 完善基本信息

记录电站地址、类型、安装、并网日期、装机容量、累计发电量、巡检日期、巡检人员等；记录监控系统、箱变、汇流箱、逆变器、电池板的主要厂家和参数等。

2. 逆变器接地检查

查看接地线缆选型是否符合标准，是否有 OT/DT 端子，端子是否有锈蚀。检查接地螺栓是否与逆变器紧密连接，是否与接地排紧固。

3. 通信线缆检查

从长度、单芯或多芯、是否铠装、是否有屏蔽层等方面检查线缆选型。检查线缆标识是否清晰、是否有断点、接头受到的应力是否异常。记录线缆的走线方式（直埋/支架）。

4. 逆变器直流线缆连接

检查直流线缆标识是否清晰、是否为该型号逆变器专用线缆。检查线缆是否有损伤，着重检查电缆与金属表面接触的表皮是否有割伤的痕迹。检查直流线缆正负极连接器绝缘外壳是否拧到位，直流线缆连接器与逆变器连接是否可靠。

5. 逆变器交流线缆连接

从长度、材质、线径、是否铠装等方面检查交流线缆是否合格。检查线缆是否有损伤，着重检查电缆与金属表面接触的表皮是否有割伤的痕迹。检查交流接头加工时线缆皮是否有破损、漏铜丝现象。检查线缆与接头连接螺丝是否牢固、无松动，螺母是否存在氧化变色。检查交流接头与逆变器是否连接可靠，接头外护套是否紧固到位。

6. 逆变器整体检查

检查逆变器外观是否有损坏或者变形，以及逆变器在运行过程中是否有异响。检查逆变器维护腔内是否有小动物进入，周边是否有杂草遮挡。检查散热片有无遮挡及灰尘脏污。检查外部风扇是否存在灰尘、蚊虫等可能导致堵转的风险。对直流开关维护可以选择在夜间无光照的情况下，将直流开关关闭，然后再打开，这样可以达到去除开关上的氧化物，清洁开关的目的。

7. 逆变器封堵检查

检查逆变器交流出线孔、通信线出线孔是否密闭。检查逆变器内部有无异物、水渍等，如使用防火泥涂装封堵，需要检查防火泥有无干裂现象，是否有明显刺激性气味。

8. 检查逆变器运行情况

在逆变器运行时，检查逆变器各项参数是否设置正确。检查逆变器有无当前告警，以及历史告警是否存在异常，对比逆变器的发电量是否出现异常，检查逆变器是否已升级到最新版本，检查逆变器通信是否正常。

二、组串式逆变器性能测试

（一）测试范围

并网型光伏逆变器应满足性能测试。测试项目应涉及外观与结构、环境适应性、安全性能、电气性能、通信、电磁兼容性、效率、标识耐久性、包装、运输和储存方面检测的技术要求。

（二）规范标准

测试标准至少应遵守以下标准：

（1）GB/T 37409《光伏发电并网逆变器检测技术规范》。

（2）NB/T 32004《光伏并网逆变器技术规范》。

（3）GB/T 37408《光伏发电并网逆变器技术要求》。

（4）GB/T 4208 《外壳防护等级（IP 等级）》。

（5）NB/T 32008《光伏发电站逆变器电能质量检测技术规程》。

（6）NB/T 32010《光伏发电站逆变器防孤岛效应检测技术规程》。

（7）GB/T 15543《电能质量 三相电压不平衡》。

（8）NB/T 32032《光伏发电站逆变器效率检测技术要求》。

（三）测试内容

并网逆变器的检测应涉及以下内容：

（1）外观与结构检查。

（2）环境适应性测试。低温工作测试、高温工作测试、恒定湿热存储测试、盐雾测试。

（3）安全性能测试。可触及性测试、保护连接测试、绝缘强度测试、局部放电测试、接触电流测试、脉冲电压测试、存储电荷放电测试、温升测试、稳定性测试、搬运测试、短路保护、噪声测试、光伏方阵绝缘阻抗检测能力测试、光伏方阵残余电流检测能力测试。

（4）电气性能测试。有功功率、无功功率、电能质量、故障穿越。

（5）通信测试。

（6）电磁兼容性测试。

（7）效率测试。

（8）标识耐久性测试。

（9）包装、运输和储存。

三、组串式逆变器典型故障处理

1. 输入组串电压高

（1）故障原因：①光伏阵列配置错误，组串串联的光伏电池板个数过多，导致组串的开路电压高于逆变器的最大工作电压。②逆变器采样存在问题。③主流逆变器都会设置不同的故障告警 ID 和故障原因 ID，出现在不同组串的故障将对应不同的原因 ID（如原因 ID=1，对应组串 1、2 故障），现场可通过 ID 序号来定位故障组串。

（2）处理建议：检查光伏阵列组串的串联配置，保证组串的开路电压不高于逆变器的最大工作电压。如确认组串配置没有问题，应尝试更换采样板或更换备件。

2. 组串反接

（1）故障原因：现场因施工等原因将极性接反。

（2）处理建议：检查逆变器上对应的组串正负极是否接反，如果是等待光伏组串电流降低至 0.5A 以下时，将所有"DC SWITCH"置于"OFF"的位置，调整组串极性。

组串极性调整后，如设备故障依然存在，可通过近端 App 或上层控制器 Web 界面，对设备进行复位操作，或断开交流侧开关、直流侧开关，5min 后闭合交流侧开关、直流侧开关。

3. 组串电流反灌

（1）故障原因：组串串联个数不满足要求，端电压低于其他组串。

（2）处理建议：检查逆变器上对应的组串串联个数是否满足要求，若是应等待光伏组串电流降低至 0.5A 以下时，将所有"DC SWITCH"置于"OFF"的位置，调整组串个数；检查组串的开路电压是否异常；检查组串是否受到遮挡。

4. 电网相线对 PE 短路

（1）故障原因：相线对 PE 阻抗低或者短路。

（2）处理建议：检测输出相线对 PE 阻抗，找出阻抗偏低的位置并修复。

5. 电网掉电

（1）故障原因：电网停电，交流线路或交流断路器断开。

（2）处理建议：待电网供电恢复后告警自动消失，若仍然报故障，应检查交流线路或交流开关是否断开。

6. 电网欠压

（1）故障原因：电网电压低于允许范围，或者低压持续时间超过低电压穿越设定值。

（2）处理建议：若偶尔出现，可能是电网短时间异常，逆变器在检测到电网正常后会恢复正常工作，不需要人工干预，若频繁出现，应检查电网电压是否在允许范围内。另外，也可以在征得当地电网公司同意后，在手机 App、数据采集器、网管上修改电网欠压保护值。若长时间无法恢复，应检查交流侧断路器与输出线缆是否连接正常。

7. 电网过压

（1）故障原因：电网电压高于允许范围，或者高压持续时间超过高电压穿越设定值。

（2）处理建议：检查并网点电网电压是否过高，若是，应联系电网公司确认并网点电压是否高于允许范围，并征得当地电网公司同意后，在手机 App、数据采集器、网管上修改过压保护值。

8. 电网电压不平衡

（1）故障原因：电网电压三相电压差异较大。交流接线存在漏接、错接、接线不牢固情况。电网电压采样电路故障。

（2）处理建议：设备在检测到电网电压处于正常范围后会自动恢复正常工作，不需要人工干预。检查交流输出接线是否正确，若交流输出线接线正确，且告警依旧频繁出现，应检查电网电压是否在正常范围内。若排除电网原因，应测量输出板三相电网电压是否均正常。

9. 电网频率异常

（1）故障原因：电网实际频率不符合本地电网标准要求，频率保护点设置错误，频率采样电路故障。

（2）处理建议：如果偶然出现，可能是电网短时异常，逆变器在检测到电网正常后会自动恢复工作，不需要人工干预。如反复出现，应排查周边逆变器相同时间是否也出现告警，确认是否电网波动导致，如果是电网波动所致，应联系电网公司在征得当地电网公司同意后，在手机 App/数据采集器/网管上修改电网过频保护点。检测逆变器采样电网频率是否正常，如采样正常，应检查频率保护设置范围及保护动作时间是否正确。如频率采样异常，应更换备件。

10. 残余电流异常

（1）故障原因：逆变器运行过程中输入对地绝缘阻抗变低，环境空气潮湿，内部残余电流传感器故障。

（2）处理建议：如果偶然出现，可能是外部线路偶然异常导致，故障清除后会恢复正常工作，不需要人工干预。如果频繁出现或长时间无法恢复，应检查对地绝缘阻抗值是否满足要求。

11. 绝缘阻抗低

（1）故障原因：光伏阵列对地短路，光伏阵列所处环境空气潮湿，绝缘阻抗检测阈值设置偏高。

（2）处理建议：检查当前绝缘阻抗保护点设置值是否过大，如是，应适当修改。逐个拔除所接组串，并尝试开机，至逆变器可正常开机为止，可以确认该组件对应支路存在对地短路，并检查绝缘阻抗检测阈值设置是否偏高，如果现场明确是隔离场景，可以设置到最低。如上述动作不能排除，应检查内部是否有螺钉等异物。

12. 逆变器设备异常

（1）故障原因：设备内部电路产生严重故障。

（2）处理建议：联系逆变器厂家，根据原因 ID 确定是否可以断开交直流侧开关，重启设备。如无法进行该操作，请更换备件。

第十五章

光伏发电控制系统维护与检修

第一节 光伏跟踪系统维护与检修

一、光伏跟踪系统检查

（一）基本概念

光伏跟踪系统是通过机械、电气、电子电路及程序的联合作用，调整光伏组件平面的空间角度，实现对入射太阳光跟踪，以提高光伏组件发电量的装置。光伏跟踪系统又称向日跟踪系统、追日跟踪系统、太阳跟踪器。

跟踪系统一般可分为单轴跟踪系统和双轴跟踪系统。单轴跟踪系统可分为平单轴跟踪系统、倾斜单轴跟踪系统、垂直单轴跟踪系统。单轴跟踪系统以水平位置为0°初始位，向东运转为正角度，向西运转为负角度，其工作角度不小于–45°～+45°；双轴跟踪系统高度角方向以水平位置为0°，向南运转为正角度，向北运转为负角度，其日工作角度不小于0°～+70°，方位角方向以正南位置为0°向东运转为负角度，向西运转为正角度，其日工作角度不小于–100°～+100°。

（二）跟踪系统检查

在日常检查过程中，跟踪系统应对环境适应性、电气安全性、综合设备外观、固定及可调支架结构、驱动装置、控制系统等进行综合检查。

1. 设备外观检查

（1）检查机体表面无划痕、裂纹、变形和损坏，表面涂覆应无脱落现象，零件连接应牢固，金属部分应无锈蚀，设备标识清楚无误。

（2）检查管桩立柱与跟踪支架之间的焊接外观，焊缝感观应达到外形均匀、成型较好，焊道与焊道、焊道与基本金属间过渡较平滑，焊渣和飞溅物清除干净，无裂纹、夹渣、气孔、未焊满等缺陷。

（3）检查跟踪系统金属构件表面涂装，构件表面不应误涂、漏涂，涂层不应脱皮和返锈等。涂层应均匀、无明显皱皮、针眼和气泡等。涂装完后，构件的标志、标记和编号应清晰完整。

（4）检查螺栓连接是否满足要求，螺栓连接紧固应牢固、可靠，外露丝扣不应小于 2 扣。

（5）检查跟踪系统控制器箱体无锐角，箱体表面无明显划痕，在相应位置应有安全标识。

（6）电气设备连接线路，走线合理、美观，裸线外面宜采用塑料管等措施对线缆进行保护。

2. 抗风性能检查

跟踪支架结构在抗风、抗雪状态以及正常工作条件下，应稳定、可靠，不出现倒塌、倾斜、变形等问题。跟踪系统应能在大风、大雪的气候条件下自动进入保护状态。在风速 18m/s 以下时应能正常运行，当风速增至 18m/s 时，跟踪系统应自动进入抗风保护状态（屋脊型或者小角度迎风姿态）。在实际应用过程中，通常将大风保护风速定值降低至 12m/s，以保证无边框类太阳能电池组件安全运行。

3. 防雷接地检查

检查跟踪系统电源、信号端口是否采取雷电浪涌防护措施。检查跟踪系统各金属部件之间是否进行等电位连接并接地。检查跟踪系统支架防雷接地电阻是否合格，其接地电阻值不宜大于 4Ω，共用接地装置的接地电阻还应符合电气安全性检查中对电气设备的安全性要求。

4. 保护接地检查

跟踪系统所涉及的电机、变压器底座及外壳，控制电缆外皮，终端盒金属外壳应接地，并且任意接地点的接地电阻不应超过 4Ω。

5. 绝缘电阻检查

检查跟踪系统绝缘电阻是否满足要求：当跟踪系统安装漏电保护装置时，在 500V 直流电压下，各独立电路与地（即金属框架）之间绝缘电阻不应小于 0.5MΩ；跟踪系统未安装漏电保护装置时，在 500V 直流电压下，各独立电路与地（即金属框架）之间绝缘电阻不应小于 1MΩ。

6. 跟踪范围检查

（1）水平单轴跟踪系统（见图 15-1）跟踪范围应不小于 ±45°；垂直单轴跟踪系统（见图 15-2）跟踪范围应不小于 ±100°；倾斜单轴跟踪系统（见图 15-3）跟踪范围应不小于 ±45°。

（2）双轴跟踪系统方位角范围宜为 ±100°，高度角范围宜为 10°～90°，赤纬角范围宜为 ±23.45°，时角范围宜为 ±100°。

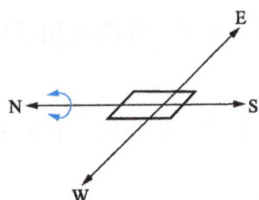

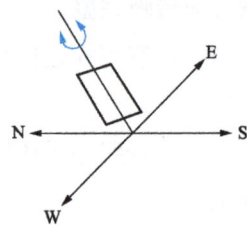

图 15-1 水平单轴跟踪系统　　图 15-2 垂直单轴跟踪系统　　图 15-3 倾斜单轴跟踪系统

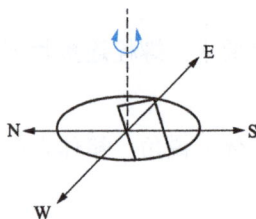

7. 跟踪精度检查

检查跟踪精度是否满足要求：单轴跟踪系统跟踪精度为±5°，线聚焦跟踪系统跟踪精度为±1°，双轴跟踪系统跟踪精度为±2°，点聚焦跟踪系统跟踪精度为±0.5°。

8. 金属防腐检查

为保证跟踪系统支架寿命能够满足 25 年以上，需对钢制部件进行外部检查。其钢制部件应采用镀锌、涂刷防腐涂料等措施，镀锌层的最小平均厚度应不小于 65μm，防腐涂料涂装钢制部件的防腐涂层厚度、外观、附着力应符合 GB 50205《钢结构工程施工质量验收规范》的相关规定。铝合金部件防腐可采用阳极氧化的方式进行。氧化膜的最小厚度要求如表 15-1 所示。

表 15-1　　　　　　　　　　　　　　氧化膜的最小厚度

腐蚀等级	最小平均膜厚（μm）	最小局部膜厚（μm）
弱腐蚀	15	12
中等腐蚀	20	16
强腐蚀	25	20

9. 机械性能检查

跟踪系统动力装置应满足进入保护姿态所需要的动力。动力装置性能（通常包括额定输入电压或电流、额定输出转矩、转速、工作电压或电流范围、绝缘电阻等）应满足设计要求，铭牌应标明主要参数；传动装置运行应平稳、灵活、无卡滞、无异常振动和无噪声；连接件和紧固件应无松动，密封件应无漏油、渗油现象；传动装置密封部件应符合防尘要求。

10. 控制系统检查

跟踪系统的控制系统保护功能完备，应具有上传数据功能，包括跟踪系统实时运行角度、实时运行状态、运行时间、自动/手动状态、抗风雪状态等。另外，还应具有电机电流保护功能、限位阻断功能、手动调节以及急停功能。控制系统在失/复电后，跟踪系统应能自动进入工作状态，实时跟踪太阳运行轨迹。

二、光伏跟踪系统定期维护

跟踪系统的控制系统应进行日常定期维护，包括电源开关、电源模块、控制单元、执行单元、通信单元、防雷模块等设备的定期维护。

（一）基础与支架的定期维护

（1）基础外观。检查基础外观，若出现基础沉降、移位、歪斜超出图纸设计标准等异常，应及时进行修补。

（2）光伏方阵的支架结构（受力构件、连接机构、组件压块、支撑结构）检查：①支架变形、错位、松动；②受力构件、连接构件和连接螺栓损坏、松动，焊缝开焊，组件压块松动、损坏；③支撑结构之间存在对光伏系统运行安全可能产生影响的设施应及时进行紧固、更换或清理。

（3）支架出现金属材料的防锈涂层剥落和腐蚀，需用砂纸人工打磨除锈，补刷环氧富锌漆或镀锌修补剂，漆层厚度不小于120μm，锈蚀严重者需更换。

（4）支架若出现接地异常，即接地电阻大于4Ω或接触电阻大于0.1Ω等情况，应及时检查接地线路，修正接地位置或更换接地部分线路。

（二）控制箱定期维护

（1）箱体若出现箱体变形、锈蚀、漏水、积灰，安全警示标识破损，防水锁启闭失灵，设备标识编号破损、缺失等，应重新喷漆，清理灰尘，检查更换密封部件，更换补充安全警示标识和设备标识，更换防水锁。

（2）箱体内若出现烧焦等异味，应及时排查故障点并按要求处理。

（3）测量箱内元器件温度，若出现元器件温度异常，即熔丝底座温升超过35℃，断路器出线温升超过50℃，应对接头紧固或元器件更换。

（4）箱内端子排若出现松动、锈蚀、防水处理失效，接地（接触）电阻异常等情况，应对其进行加固或更换。

（5）箱内元器件若出现电源开关装置失灵、直流熔断器损坏、浪涌保护器失效等异常，应及时选择更换合格的元器件。

（6）对直流母线的绝缘进行测试，若直流输出母线的正极与负极之间、正极对地、负极对地的绝缘电阻小于1MΩ时，应检查并进行绝缘处理。

（7）接地网的接地导通测试，若出现直流电阻值大于0.1Ω时，应对接地线或接地桩（网）进行改造。

（三）交直流电缆定期维护

（1）室外线槽若出现槽盒表面不清洁、盖板固定不完好、连接片螺栓有锈蚀，应及时清理，固定盖板，更换连接器件。

（2）电缆固定支撑点、连接器、连接头（中转盒），以及电缆进、出设备处部位应固定牢靠，封堵完好，标志清晰。

（3）电缆接头温度，若出现局部温差超过15%或10℃时，应断电检修，对电缆接头进行紧固或更换。

（四）驱动器与传感器定期维护

（1）驱动电机若出现供电电源异常、线缆破损、老化、裸露、浸水现象、连接件和紧固件松动、减速机构密封件漏油等异常情况时，应重新断电复位或更换电源开关、电源模块，对破损线缆修复或更换，对连接件紧固，补充润滑脂至适当位置。

（2）限位开关若出现异常时，更换或调整限位开关，并对设备进行重新标定。

（3）跟踪精度若偏差较大，不能达到目标角度时，应及时修正模型及经纬度偏差。

（4）跟踪范围若出现主动轴与从动轴之间角度偏差超出规定限值，上位机目标角度与实际角度不一致时，应检查基础、管桩有无沉降；支架及连接构件是否存在变形并及时修复，利用水平尺修正主动轴实际角度。

三、光伏跟踪系统测试

（一）绝缘电阻测试

进行绝缘电阻检测前，应断开跟踪系统的外部供电电路，断开被测电路和保护接地电路之间的连接。测量被测电路的导线和保护接地电路之间的电阻。

（二）防雷接地测试

跟踪系统在测试前应检查跟踪系统固定是否牢固可靠。现场检测时，宜按先检测跟踪系统外部防雷装置，后检测内部防雷装置的顺序进行，将检测结果填入防雷装置检测原始记录表。每次接地电阻测量宜固定在同一位置，采用同一型号仪器和同一种方法测量。在测量过程中需要检查接地装置的结构形式和安装位置，校核每根专设引下线接地体的接地有效面积，检查接地体的埋设间距深度、安装方法，检查相邻接地体在未进行等电位连接时的地中距离，检查接地装置的材质、连接方法、防腐处理。

（三）驱动装置测试

在进行测试前，检查转动范围内是否有临时设施阻碍跟踪系统转动的情况，以防损坏设备。同时跟踪系统上的电缆在经过转动部位时，为防止被卷入或挣断，要固定牢固并充分考虑转动距离，留足预留。跟踪系统驱动装置测试应在手动模式下完成，针对不同的产品有各自不同的结构和运行方式，但转动灵活、动作可靠、保护准确等应满足技术文件要求。

在测试过程中应检查驱动装置的自锁功能；检查驱动装置的状态；检查动力装置的性能，其铭牌应标注其主要参数，动力参数应满足进入保护姿态所需的动力；动力装置的备用电源是否运行正常；驱动装置的运行状态是否平稳、灵活，不应存在异常振动和噪声，密封件应无漏油、渗油现象；使跟踪系统在空载状态下（无光伏组件），手动操作驱动装置正、反各连续运行 1～2h，其空载运行是否正常；在额定载荷状态下（安装额定数量光伏组件），跟踪自动正向运行，跟踪系统应能达到设计要求的跟踪精度与范围；在系统停机断电状态下，驱动装置密封部件、连接件和紧固件应无松动、无漏油，密封圈无破损，转动轴承无脱落、固定不牢等情况。

（四）控制系统测试

跟踪系统的控制方式可分为三种：主动、被动及复合。对跟踪系统的极限功能（软件状态）、极限功能（硬件状态）、雨天模式、雪天模式、大风保护模式、手动运行模式、维护模式、急停功能、断电自动恢复运行功能等进行操作，核查其功能性。

在测试时，测试设备应能按照相应的控制方式执行；观察跟踪系统在有效日照时间内实现全程全自动跟踪控制。检查光伏发电单元各阵列对应的实时运行角度、驱动电流、实时运行状态、运行时间、自动/手动状态、抗风雪状态。同时，控制系统在断电后 7 日内保存数据不丢失，控制系统时钟工作正常。当对控制系统进行过电流保护性能的测试时，应按照 GB 16895.23《低压电器装置　第 6 部分：检验》规定的方法执行。当对控制系统的限位功能进行测试时，手动触发限位开关，观察转动执行机构能否停止。手动操作跟踪系统各方向运行及停止，对控制系统的手动功能进行测试。

（五）跟踪精度测试

跟踪精度的测试应在天气晴朗、太阳辐照度值大于 $800W/m^2$ 的条件下进行（被动跟踪）。测试宜采用针孔法，且应使跟踪系统搭载满足设计要求的组件负载，检测时应处于有效光照时间；跟踪系统转动时的最大方位角及高度角应满足设计文件要求。

应在跟踪系统停机状态下进行跟踪精度检测，将开有一个针孔的、不透明、轻薄平面平行固定于组件平面上方，并使两个平面具有一定距离；启动跟踪系统，正向追日运行测量组件平面上，太阳光斑偏离针孔的角度，记录运行期间太阳光斑在不同时刻偏离角度值，并进行统计计算。跟踪精度检测结果应满足 GB/T 29320《光伏电站太阳跟踪系统技术要求》中相关要求。

（六）跟踪范围测试

跟踪范围的测试应在天气晴朗的条件下进行。测试时，应使用角度尺或水平角度仪，测量精度不宜低于±0.5°。另外，为保证跟踪系统在允许范围内转动，不会因超行程对设备造成损坏，同时要求对极限位置保护进行测试。跟踪范围的测试宜采用角度尺测量法，且应使跟踪系统搭载满足设计要求的组件负载。测试时，应处于有效辐照度。

跟踪范围的测试步骤：①手动操作跟踪系统，使之达到正向最大跟踪角度；②将角度尺垂直于转动轴，使角度尺的圆心与转动轴的中心线重合测量跟踪系统所能转动的正向最大角度范围，并记录；手动操作跟踪系统，使之达到反向最大跟踪角度再次将角度尺垂直于转动轴，使角度尺的圆心与转动轴的中心线重合测量跟踪系统所能转动的反向最大角度范围，并记录。

当采用水平角度仪测量法，对水平单轴跟踪系统的跟踪范围进行测试。其测量步骤：①手动操作跟踪系统，使之达到正向最大跟踪角度，将水平角度仪放置于组件平面，根据水平角度仪读数，记录系统正向最大跟踪角度；②手动操作跟踪系统，使之达到反向最大跟踪角度；③再次将水平角度仪放置于组件平面，根据水平角度仪读数，记录系统反向最大跟踪角度。跟踪范围测试结果应满足 GB/T 29320《光伏电站太阳跟踪系统技术要求中》相关要求。

（七）抗风性能测试

跟踪系统手动设置风速值超过保护上限，测试跟踪系统是否能够迅速做出响应，同时需要测试在风速减弱至正常工作允许范围时，跟踪系统是否能在设定时间内恢复到正确跟踪位置。一般采取将光伏方阵平面调至水平位置，以减少承载力。在实际应用过程中，大风保护设置为屋脊型或小角度迎风 15°即能起到很好的保护作用，具体还需要根据当地气貌特征决定。

跟踪系统抗风性能测试需在通电状态下，搭载组件或等同组件的负荷进行测试。环境测试前，应进行电性能、机械性能测量以及外观检查，并记录检测数据。做一个刚性的测试底座，使跟踪系统带有载荷时可以自由偏转；将跟踪系统安装在底座上，以最大迎风面安装，根据 GB 50009《建筑结构荷载规范》要求计算 18m/s 风压值，以水平方向渐进、均衡地加载负载，持续时间 1h；调节跟踪系统至抗风状态，根据 GB 50009 要求计算 33m/s 或 42m/s 风压值，以水平方向渐进、均衡地加载负载，持续时间 1h；测试结束后，跟踪系统应按产品标准或技术文件规定进行电性能、机械性能测量，以及外观检查，使其符合运行要求。

（八）抗雪压性能测试

跟踪系统手动设置雪压值超过保护上限，检测跟踪系统是否能够迅速作出响应，一般都是采取将光伏方阵平面调至最大下限位置，以减少承载力。同时，需要检测在雪压减弱至正常工作允许范围时，跟踪系统是否能在设定时间内恢复到正确跟踪位置。在测试时，跟踪系统需要在加电状态下搭载组件或等同组件的负荷手动或自动进入避雪位置，通常选择 25°～45°为宜。

四、光伏跟踪系统典型故障处理及维修

（一）倾角传感器故障

（1）故障现象：上位机无跟踪实时角度，跟踪调节时无法达到目标角度。

（2）故障原因：倾角传感器失电、损坏，通信线锈蚀损坏，通信板航空插头损坏，传感器触碰限位等。

（3）处理方法：排查倾角传感器是否故障断电，使用万用表测量倾角传感器的阻值，阻值越大说明此传感器损坏的程度越大。然后，进一步查看控制箱内倾角传感器接线处有无水渍浸泡锈蚀情况，若有水渍浸泡锈蚀情况，更换倾角传感器接线，并将传感器航空插头插到原位置（即更换前航空插头处），更换完成后将跟踪系统调到自动模式。通信软件故障诊断示例如图15-4所示。

（二）限位开关故障

（1）故障现象：上位机无法自动跟踪。

（2）故障原因：误报或通信异常，限位卡涩，限位开关损坏，通信线锈蚀损坏，控制板通道故障。

（3）处理方法：现场确认此故障是否为误报或不跟踪状态。查看是否触碰限位开关，若触碰开关需要手动调整限

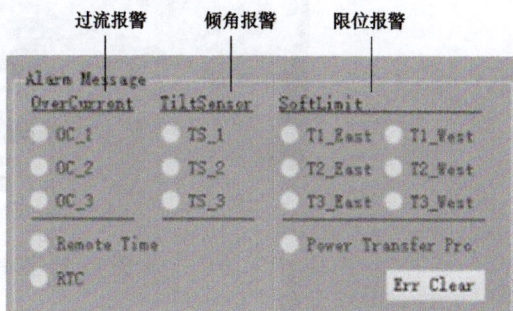

图 15-4　通信软件故障诊断示例

位开关位置使系统恢复自动跟踪，并对其控制板中的限位数值进行修改。查看限位开关是否损坏、限位开关连接线是否有水渍锈蚀情况，若有则更换限位开并或连接线，若没有则查看控制板内的参数报警，判断是否为通道损坏并进行处理。

（三）上位机角度异常

（1）故障现象：上位机无法自动跟踪。

（2）故障原因：通信线虚接或存在断点，通信电源模块故障，驱动板故障，控制板故障，电机故障。

（3）处理方法：现场查看系统及组件确为自动跟踪姿态，则判断通信线虚接或存在断点，需对连接通信线进行处理。现场查看系统确实不跟踪时，查看通信箱中是否上电，若未送电，将断路器重新送电，查看系统是否恢复正常。通电后，查看控制板和驱动板的指示灯状态，若控制板与驱动板指示灯全部熄灭，则说明驱动板故障，当控制板指示灯熄灭而驱动板指示灯正常，则说明控制板故障。更换驱动板或控制板后，设置所有参数，查看系统是否恢复正常。

（四）现场跟踪，上位机显示跟踪异常

（1）故障现象。现场跟踪，上位机显示跟踪异常。

（2）故障原因：通信线虚接或存在断点、锈蚀。

（3）处理方法：现场查看倾角传感器接触有无松动，确有松动将倾角传感器线重

新紧固。查看连接线有无锈蚀现象，确有锈蚀现象，更换连接线，如图 15-5 所示。查看本级通信箱内 RS485 通信线有无锈蚀、脱落现象，若本级通信箱无锈蚀、脱落现象，查看连接下一个通信箱处有无锈蚀、脱落现象，确有锈蚀、脱落现象，重新除锈接线。

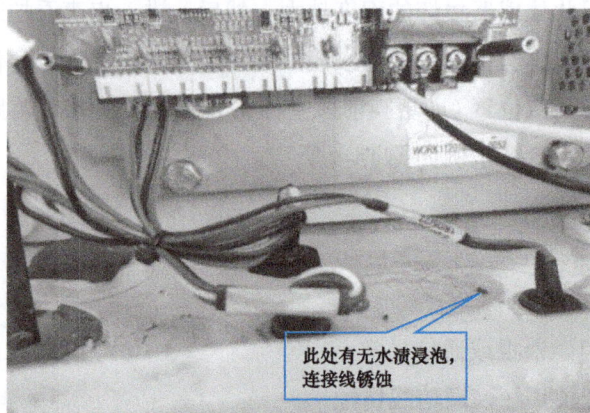

此处有无水渍浸泡，连接线锈蚀

图 15-5　控制箱故障点

（五）现场与上位机不跟踪

（1）故障现象：现场与上位机不跟踪。

（2）故障原因：通信板道故障，控制板故障，驱动板故障。

（3）处理方法：打开通信箱查看电源是否送电，查看通信板与驱动板是否正常工作，若正常工作，打开软件查看 Angle 中的 Actual_1、Actual_2、Actual_3 有无数值变化，根据检查结果，并更换驱动板、控制板，如图 15-6 所示。

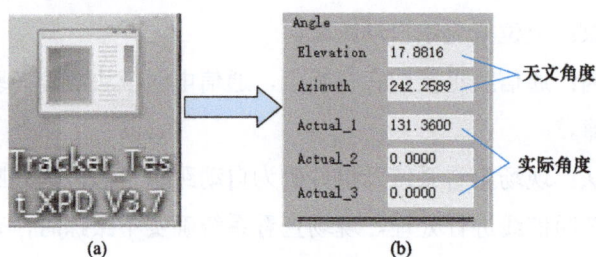

图 15-6　通信软件及故障检测

（a）故障检测软件；（b）故障检测软件角度监测

（六）驱动电机故障

（1）故障现象：上位机及就地无法操作。

（2）故障原因：固态继电器损坏，电机过载。

（3）处理方法：远控操作正反转指令，上位机角度无变化，就地检查控制箱内正反转模块输入、输出指令是否正常且有无压差，正常时电压处于 17～24V 之间。若输入电压为 23V，输出电压为 16V 以下，电机执行过程中电压持续降低，就地使用数字式万用表测量电机直流电阻，高于或低于正常值（12～24Ω）判定为异常，进一步通过大容量手持式直流电源对跟踪系统进行正反转驱动，判断减速机构、旋转机构有无卡涩，电动推杆是否按照指定步长行进。若电机未转动则需要更换电机。如果电机行进缓慢则需要检查机械部分是否异常并处理。

第二节 自动监控系统维护与检修

一、自动监控系统检查与测试

（一）系统运行中的检查

（1）检查机组及线路运行情况。自动监控系统运行中，运行人员应随时查看机组和线路的有功功率、母线电压及频率等参数，及时按照调度给定的计划负荷曲线及电压和频率进行正确调整。

（2）检查设备告警情况。运行中应经常查看系统实时报警信息，有无遥信变位、遥信越限、保护事件、故障量表、操作控制、系统事件、一般事件异常报警，若有应检查相应设备或作出相应处理。

（3）检查监控系统图。运行中应经常监视"监控系统图"，若发现某台装置死机，应通知专业人员来判断，是否该装置与操作员站网络通信故障，并予以排除。

（二）系统运行中的测试

（1）监控画面测试。自动监控系统运行中应定期对遥信、遥控信号进行测试，防止出现死机现象，同时利用检修预试期间对远方开关分合、有载调压挡位等进行测试，保证监控画面开关位置显示正常。

（2）AGC/AVC 系统测试。系统运行中应对 AVC/AGC 系统进行手动测试，防止因远动机死机造成逆变器及无功补偿装置无法正确执行调令。AGC 系统应能根据调度部门指令信号自动调节有功功率输出，确保光伏电站最大输出功率及功率变化率不超过调度给定值，以确保电力系统稳定。AVC 系统电压-无功自动调节控制应服从电网调度要求。

（3）通信功能测试。系统运行中应定期对监控系统通信情况进行测试，包括工作站与服务器、服务器与通信管理机及其他网络设备之间的通信功能应完好。

二、自动监控系统定期维护

光伏电站自动监控系统包含主机及操作员工作站、工程师站、远动通信柜、UPS

电源柜、微机测控柜，以及监控系统与站内其他自动化系统接口。

（一）主机及操作员工作站、工程师站定期维护项目

（1）检查工程师站、操作员站画面显示正常，画面之间切换正常，在操作员站远方操作检查开关分合位置正确。

（2）检查服务器主机工作正常，如有异常情况进行相应处理或更换。

（3）定期对数据库历史数据进行拷贝，并刻录成光盘，将部分数据删除，保证有足够的磁盘空间。

（4）结合季节性安全检查完成电源测试及设备清灰工作，保证工作环境符合设备要求。

（二）监控系统定期维护项目

（1）定期对监控系统和设备进行巡视、检查、测试和记录，发现异常情况及时处理。

（2）定期开展电站监控设备一次安防核查工作，禁止外部网络接入，严格要求设备厂家，杜绝一切形式的远程操作。严禁可移动设备（如 U 盘、移动硬盘等）擅自接入电站自动监控系统，严禁在自动化设备中安装未经允许的软件及程序，严禁擅自变更设备参数及密码。

（3）监控系统应定期配合调度控制机构进行信息核对，保证信息的完整性和准确性，对核对有误的数据及时处理，并向调度控制机构汇报。事后详细记录故障现象、原因及处理过程。对永久损坏和影响调度控制机构信息传送的故障，写出分析报告并报调度控制机构备案。

（4）建立设备及安全工器具台账、运行日志、设备缺陷和数据测试等记录。定期对重要数据进行备份，确保数据安全。

三、自动监控系统典型故障处理

（一）遥测数据异常

1. 电压、电流异常故障处理

（1）故障机理。主要分为通信问题异常、外部回路问题异常、内部回路问题异常、保护测控装置插件异常、电源模件故障等问题。

（2）处理方法。

1）通信异常。查看采集装置（如测控）中的采样是否正确，如采样正确则判断为通信问题（按照通信问题排查，如查看报文等）。

2）外部回路异常。判断电压异常是否属于外部回路，可将电压的外部接线解开（解开时应防止电压接线端子误碰导致电压回路短路），用万用表直接测量即可；判断电流

异常是否属于外部回路的问题时，可用钳形电流表直接测量即可。

3）内部回路异常。检查装置电压回路时，查看端子排内外部接线是否正确，是否有松动，是否压到线缆表皮，有没有接触不良情况，检查空气断路器是否跳闸；检查装置电流回路时，根据图纸，从端子排到装置背板逐一核对检查，查看端子排内外部接线是否正确，线缆表皮是否有烧伤痕迹。

2. 有功功率、无功功率数据异常故障处理

（1）故障机理。在计算机监控系统中，有功、无功数据是根据电压采样、电流采样值计算得出，若电压和电流采样不正确，应处理电压、电流采样问题；如果电压、电流采样正确，但有功、无功数据异常，应检查通信是否异常、电流及电压相序是否异常、电流变比设置是否合理、通信点规约参数设置是否合理、计算分量数据是否正确。

（2）处理方法。

1）通信异常。查看采集装置（如测控）中的有功、无功计算数值是否正确。如采样正确则判断为通信问题（按照通信问题排查，如查看报文等）。

2）电流、电压相序异常。电压、电流相序异常，单从电压、电流数值上无法判断，当有功、无功显示异常时，需要通过相位表检查电压、电流相序是否正确。

3）电流变比设置不合理。电流变比发生改变，计算机监控后台和远动装置（或主站）设置的遥测系数未更新，导致有功、无功数据错误。

4）通信点规约参数设置不合理。通信点规约参数设置不合理、不规范会导致偶发性的遥测数据跳变。如果通信点关联的逻辑点号重复，会导致监控系统或远动装置处理遥测信息异常。

（二）遥信异常

1. 信号异常抖动故障处理

（1）故障机理。可能存在通信异常、触点松动、保护测控装置插件故障、SOE 时标错误等问题。

（2）处理方法。

1）通信问题异常。查看采集装置（如测控）中的信号是否正确。如信号正确则判断为通信问题（按照通信问题排查，如查看报文等）。

2）触点松动。遥信开入触点接线松动、接线端子虚接等，会可能导致信号频繁误发。电站运维人员应定期对接线端子螺钉进行紧固，防止接线端子松动，在保护测控装置上设置合理的遥信防抖时间，通过软件去除抖动信号。

3）保护测控装置插件故障。保护测控装置插件故障导致保护测控装置信号频发，应及时更换保护测控装置开入插件。

4）事件顺序记录（sequence of event，SOE）时标错误。检查保护测控装置外部时钟是否正常，对时线是否松动，装置运行状态是否正常。

2. 遥信状态异常

（1）故障机理。可能存在通信异常、外部回路异常、内部回路异常（包含端子排）等问题。

（2）处理方法。

1）通信异常。查看采集装置（如测控）中的信号是否异常。如信号正确则判断为通信问题（按照通信问题排查，如查看报文等）。

2）外部回路异常。判断信号状态异常是否属于外部回路，可以将遥信的外部接线解开，用万用表直接对地测量，判断遥信输入、输出是否正常。

3）内部回路异常（包含端子排）端子排检查。查看端子排内外部接线是否正确、是否有松动，检查一次设备辅助触点运行是否正常。

第三节　光功率预测系统维护与检修

电站光功率预测系统提供长期电量预测、中期功率预测、短期功率预测、超短期功率预测、概率预测、数据统计、气象站、天气预报服务、逆变器信息等数据，对各太阳能并网电场的产能加以预测和科学化管理，从而提高电网消纳光伏电站电量能力，为光伏电站更多的并网发电提供保证，提高电站的运营水平。光伏功率预测的基础数据应包括场站的静态信息、气候预报、数值天气预报、实测气象、实测功率、设备运行状态、计划检修信息等。

一、光功率预测系统检查与检测

（一）光功率预测柜检查

（1）现场检查各装置外观是否完好，各装置电源线是否稳固，接触是否良好，各装置电源是否正常。

（2）检查各装置之间通信线是否连接良好，端口指示灯是否正常。

（3）检查各装置指示灯是否正常，各装置是否有告警指示灯常亮，是否有硬件告警，外网连接是否正常。

（二）自动气象站检查

1. 辐射表检查

（1）检查底座是否固定，外观是否完好，辐射表（总辐射表、散辐射表）是否平衡。

（2）检查总辐射表玻璃罩表面是否清洁，如出现雪、霜、露、灰尘等，应及时除去这些沉积物。

（3）检查两侧玻璃罩之间是否有水气，如有水气，可进行烘干处理。

（4）检查总辐射表侧面干燥剂是否变色，如有变色，进行更换。

（5）检查辐射度监测数据（输出电压为 0～20mV）是否正常，是否与装置数据、上位机数据一致，测量 10 组数据，算出装置误差。

（6）检查通信线是否有绝缘层破裂情况，插头是否紧固，通信数据是否正常。

（7）检查斜面辐射表安装角度与光伏组件安装角度是否一致，如不一致，需进行校正。

（8）检查散辐射表遮光环安装角度是否与当地纬度一致，赤纬角是否正确，如不正确，需按标准进行调节。

2. 直辐射表检查

（1）检查外观是否完好，底座是否稳固。

（2）检查光桶表面玻璃是否有污垢，对准标志有否对准。

（3）检查自动跟踪装置是否完好，是否能准确定位，自动跟踪装置旋转电机是否完好，限位卡是否完好。

（4）检查直射表对光点是否对准，如不准应及时校正。

（5）检查通信线是否有绝缘层破裂情况，插头是否紧固，通信数据是否正常。

3. 风速、风向传感器检查

（1）检查外观是否完好，各部分是否有松动情况。

（2）检查传感器轴承是否转动流畅，定期给轴承注油。

（3）检查通信线是否有绝缘层破裂情况，插头是否紧固，通信数据是否正常，对照数据采集器显示风速、风向是否与现场一致。

4. 温湿度传感器检查

（1）查看百叶箱外观是否完好，温湿度传感器是否正确安装在百叶箱内部，表面是否清洁。

（2）检查传感器测量温湿度在数据采集装置显示及上位机数据是否相对应，检查通信线是否有绝缘层破裂情况，插头是否紧固，通信数据是否正常。

5. 温度传感器（环境温度、组件温度）检查

（1）检查传感器外观是否完好，通信线是否有绝缘层破裂情况，插头是否紧固，通信数据是否正常。

（2）在不同的温度下，检查是否有数据传出，装置显示及上位机数据是否在正常范围内变化。

（3）检查通信线是否有绝缘层破裂情况，插头是否紧固，通信数据是否正常。

6. 数据采集装置检查

（1）检查传感器测量九项数据（总辐射值、直接辐射值、散辐射值、背板温度、

环境温度、环境湿度、气压、风速、风向）是否正常。

（2）查看总辐射累积值、直接辐射累积值、散辐射累积值是否在一定的时间段内变化。

（三）数据处理检查

（1）数据完整性检验应符合下列要求：数据的数量等于预期记录的数据数量，数据的时间顺序符合预期的开始、结束时间，中间应连续。

（2）数据合理性检验应符合下列要求：对实测功率、数值天气预报、实测气象数据进行越限检验，可手动设置限值范围。根据实测气象数据与实测功率数据的关系对数据进行相关性检验。

二、光功率预测系统定期维护

1. 电站环境监测仪检查

检查辐射表玻璃罩是否清洁。

2. 气象站数据检查

（1）检查光功率预测上位机气象站数据正常。

（2）检查气象数据波形与数据一致。

（3）检查数据上传正常。

（4）气候预报数据须满足电网要求。

（5）与调度核对数据上传正常。

3. 中期功率预测检查

（1）根据数值天气预报的发布次数进行中期功率预测，单次计算时间应小于5min。

（2）应每日至少执行两次预测。

（3）月平均准确率：以 1 日（24h）为步长统计，预测准确率按顺序依次递减，即第 10 日（217~240h），≥75%。

4. 短期功率预测检查

（1）短期功率预测波形、数据正常。

（2）短期功率预测时间间隔、分辨率、上传次数正常。

（3）短期功率预测上传数据正常。

（4）与调度核对数据上传正常。

（5）根据数值天气预报的发布次数进行短期功率预测，单次计算时间应小于5min。

（6）应每日至少执行两次预测。

（7）月平均准确率、月平均合格准确率：日前，≥85%。

5. 超短期功率预测检查

（1）超短期功率预测波形、数据正常。

（2）超短期功率预测时间间隔、分辨率、上传次数正常。

（3）超短期功率预测上传数据正常。

（4）与调度核对数据上传正常。

（5）应每 15min 执行一次，动态更新预测结果，单次计算时间应小于 5mm。

（6）月平均准确率、月平均合格准确率：第 4 小时，≥90%。

6. 概率预测检查

（1）预测时长和时间分辨率应与中期、短期、超短期功率预测保持一致。

（2）应至少提供置信度为 95%、90%、85%的预测区间上、下限，并可手动设置其他置信度。

7. 隔离装置检查

（1）检查隔离装置发送端运行正常。

（2）检查隔离装置接收端运行正常。

三、光功率预测系统典型故障处理

（1）主机死机或工作不正常处理。对故障主机进行综合分析后判断故障，然后依据故障类型进行处理。进行病毒检测，主机重新启动。

（2）主机服务器或远方调度端收不到测控数据处理。检查主机服务器、测控装置、远动通信服务器、网络交换机、各类串口工作是否正常工作。

（3）预测数据未能正常展示处理。检查反向隔离、外网是否正常，气象文件是否正常下载。

（4）缺测和数据异常处理。以前一时刻的功率数据补全缺测或异常的实际功率数据，以零代替小于零的功率数据，缺测或异常的气象数据应采用线性内插或根据相关性原理进行订正，订正方法可采用 GB/T 40607《调度侧风电或光伏功率预测系统技术要求》中的方法。经过插补和修正的数据应以特殊标识记录并可查询，缺测和异常数据均可由人工补录或修正。

（5）数据不更新处理。若环境监测仪通信箱数据采集模块数据不变，一般是数据采集模块自身的问题，可以通过重启解决。如果环境监测仪通信箱数据采集模块正常，一般是通信线问题，检查是否有虚接的现象。

（6）数据有异常处理。根据数据异常情况检查环境监测仪上对应的传感器，检查或重新安装后问题如果还存在应更换备件。

（7）无辐照信号处理。检查辐射表连接导线有无松动、密封插座是否脱焊、热电堆有无开路，必要时返厂重新焊接或更换热电堆，并重新校准。

（8）感应面或玻璃罩异常处理。返厂或维修点更换感应面或玻璃罩，并重新校准。

第四节　防雷接地维护与检修

光伏发电控制系统的防雷接地主要由光伏发电控制系统设备、建筑物、构筑物及管网的防雷和接地装置组成。

一、防雷接地检查

（一）防雷装置检查

（1）防雷装置每年雷季前进行一次全面检查。

（2）防雷装置基础是否牢固，安装、敷设、支撑、固定是否可靠，并符合电气安装规范。

（3）检查防雷装置的连接线、引出线、断接卡等导电体的电气连接是否松脱、断线，是否有烧痕或熔断现象。检查腐蚀情况是否严重，凡截面面积因锈蚀而减少30%以上者应予更换。

（4）检查保护间隙是否烧坏，是否被异物短路。

（5）检查防雷设备是否有破裂、严重积灰、放电和密封损坏现象。

（6）光伏发电控制系统设备的电源、信号端口是否采取雷电浪涌防护措施。

（7）检查是否有雷击电磁脉冲屏蔽。建筑物的屋顶金属表面、立面金属表面、混凝土内钢筋和金属门窗框架等大尺寸金属件等应等电位连接且与防雷接地装置相连。屏蔽电缆的金属屏蔽层应两端接地，并与防雷接地装置相连。

（二）接地装置检查

（1）视接地电阻变化情况对地下部分进行开挖检查；沿海、盐碱等腐蚀较严重的地区，以及采用降阻剂的接地引下线和地网开挖检查时间不应超过6年。

（2）检查接地体、接地（零）线周围环境腐蚀是否严重，基建施工中是否损伤接地（零）线。

（3）检查自然接地体、人工接地体、自然接地线、人工接地线相互间的连接点，连接是否有严重锈蚀、松脱、断线等现象。

（4）检查临时接地线装置是否符合要求。

（5）接地（零）线的导电截面积是否符合设计规范，短路故障时导电的连续性和热稳定性是否符合要求。接地（零）线的涂色和标志是否符合规定。测量接地装置的接地电阻是否符合要求。

二、防雷接地装置的电气测试

（一）电气完整性测试

电气完整性是防雷接地装置中应该接地的各种电气设备之间，以及接地装置的各部分之间的电气连接性，即直流电阻性，也称为电气导通性，宜每年进行一次。

（二）接地电阻测试

光伏发电控制系统设备接地电阻测试周期不应超过 6 年，出现其他必要情况时（运行年限比较长、地网遭到局部破坏、地网腐蚀严重、地网改造等）也应开展本项测试。使用同一接地装置的所有设备，当总容量达到或超过 100kVA 时，其接地电阻不宜大于 4Ω，如总容量小于 100kVA 时，则接地电阻允许超过 4Ω，但不超过 10Ω。

（三）接地引下线热稳定校核

结合电网规划每 5 年进行一次设备接地引下线的热稳定校核，光伏电站扩建增容导致短路电流明显增大时，也应进行校核。

三、防雷接地装置常见故障处理

（一）安装问题处理

防雷装置安装时，把关不严，出现安装松弛、结构变形等情况，应进行及时紧固或更换。

（二）连接线、引下线、接地（零）线故障处理

选择截面积小于设计要求的连接线、引下线、接地（零）线，会被大电流烧毁，应按设计要求进行更换。未按工艺要求对连接点、连接头进行焊接或连接，导致连接点、连接头松脱，应按要求重焊接或机械连接。各连接点、连接头有烧痕或熔断现象时，应查明原因消除缺陷，按要求进行焊接或机械连接或更换。连接线、引下线、接地（零）线损伤、碰断时，应及时更换。当引线锈蚀截面达到30%以上应更换或进行防腐处理。

（三）接地电阻不合格处理

防雷接地装置接地电阻不合格时，应采用降阻剂或加补充接地装置的方法进行处理。

第五节　电缆维护与检修

一、电缆的选择

电力电缆一般采用铝芯电缆，但需要移动或振动剧烈的场所，应采用铜芯电缆。敷设在电缆构筑物的电缆宜选用铠装电缆或铝包裸塑料护套电缆。移动机械选用重型

橡套电缆（如 YHC）。周围有腐蚀性介质的场所敷设电缆，应选用不滴流电缆。

电缆的额定电压应等于或大于所在网络的额定电压，电缆的最高工作电压不得超过额定电压的 15%。在各种电压等级的聚氯乙烯电缆绝缘电阻值如表 15-1 所示。

表 15-1   **聚氯乙烯电缆绝缘电阻值**

序号	电压等级（kV）	绝缘种类	绝缘电阻（MΩ）
1	0.5	聚氯乙烯绝缘	≥30
2	1	聚氯乙烯绝缘	≥40
3	3	聚氯乙烯绝缘	≥50
4	6	聚氯乙烯绝缘	≥60
5	6~10	交联聚氯乙烯绝缘	≥1000
6	35	交联聚氯乙烯绝缘	≥2500

二、电缆终端头及中间接头施工的质量要求

（1）密封应良好。良好的密封确保可靠的绝缘，保证外界水及导电介质不能侵入电缆内部，保证电缆内部的浸渍绝缘液体也不能向外流失。

（2）绝缘应可靠。应满足电缆线路在各种状态下耐受工频和冲击电压，并有一定的裕度。

（3）导电连接良好。对于终端头，要求线芯与出线梗、出线鼻子有良好的连接；对于中间接头，则要求线芯与连接管之间有良好的连接。

（4）有足够的机械强度。

（5）有良好的热稳定性能。电缆终端、中间接头处，以及本身结构应有利于散热，附加绝缘材料的热阻应尽可能小。

三、电缆维护

（一）电缆运行维护

电力电缆严禁过负荷运行，运行人员必须严格监视使用设备运行情况，严格执行操作规程，不得使电缆长时间过负荷运行。

（二）电缆巡视检查

（1）高压及低压电缆，大部分敷设在室外电缆沟及高、低压配电室内电缆沟内，环境条件差，为保障电缆安全运行，应定期进行电缆巡视。

（2）雷雨季节及气候突然变化时，应随时检查。

（3）检查电缆有无过热现象，聚氯乙烯护套有无龟裂、变形现象。

（4）检查有无有害积尘积灰，防火墙是否建全，即有无因施工后未恢复的墙、孔

洞，火警报警装置是否能正常启动，电缆层照明完善否，定期进行一次电缆清扫工作。

四、电缆相关试验及常见故障处理

（一）电缆相关试验

35kV 及以上高压电缆每年都要进行一次预防试验（依据 DL/T 596《电力设备预防性试验规程》）。低压电缆在每次设备检修时都要进行对电缆绝缘电阻的摇测工作。

（二）电缆常见故障处理

光伏发电控制系统所使用的电缆多为低压电缆，对电缆绝缘的要求相对较低，而且它们在运行期间会承载相对较大的电流，因此容易出现烧毁或短路故障。常见的电缆故障均可以通过低压电缆故障测试仪进行故障定位。

1. 电缆质量问题

电缆产品质量不符合标准要求，有严重的偏心、气隙、杂质或损伤缺陷等情况，发现问题后应直接更换合格的电缆。

2. 电缆安装施工质量问题

在敷设电缆时，将电缆外护套损坏、中间接头或终端接头密封不良等致使潮气或水分的侵蚀，使绝缘性能逐渐下降发展成贯穿性通道，最后导致电缆绝缘击穿。机械牵引力过大而拉伤电缆或电缆过度弯曲而损伤电缆等都会造成低压电缆故障，应严格按照电缆安装施工工艺要求进行安装施工。

3. 电缆头、中间接头绝缘击穿

电缆头制作不符合工艺要求，电缆中间接头设置不合理、浸泡在有水的电缆沟井中或是接头弯曲过大或受力，接头压接不良、打磨不平整，特别是在压接边缘处，局部有尖角、毛刺造成接头内部电场不均匀，运行中产生局部放电，使绝缘劣化最后导致绝缘击穿，应严格按照电缆头、电缆中间接头的施工工艺进行制作。

4. 过电压造成击穿

雷电过电压和谐振过电压使电缆绝缘所承受的耐受力电压超过允许值而造成击穿，应制定电缆防雷接地措施。

第六节　通信系统维护与检修

一、通信系统主要检查内容

（一）外部设备检查

检查通信系统网线、网卡、网管计算机、交换机、路由器等外部设备有无故障，

确认通信线缆有无绝缘等性能劣化。

（二）系统本身检查

检查主控板、光接口板有无故障。

（三）系统设置检查

检查网络路由规划是否合理，网元 ID 是否重复，网管计算机和网关网元的 IP 地址是否正确。检查是否存在未将网元加入系统管理域，是否设置人工路由，光纤联接是否正确。

（四）光传输设备定期检查内容

1. 网管核查方面

（1）设备告警指示灯；

（2）主控卡切换；

（3）交叉卡切换；

（4）支路卡 1:N 保护切换；

（5）光卡收发光功率是否存在变化；

（6）是否备用网关配置；

（7）通信通道（DCC）子网内网元数是否超限；

（8）重要业务传输通道性能（15min 误码）在线测试；

（9）同步时钟方式检查；

（10）端口资料检查；

（11）特殊光放大器是否具备现场作用指导书。

2. 业务方面

（1）继电保护是否终端设备命名及标识一致；

（2）安控业务通道与终端设备命名及标识是否一致；

（3）业务通道是否满足主备相互独立、互不影响的要求。

3. 缆线方面

（1）缆线标识是否完整；

（2）配线架标识是否完整。

4. 设备清扫方面

（1）设备滤网清洗；

（2）设备风扇运行状况；

（3）设备及机柜除尘。

5. 设备接地方面

（1）设备及机柜接地状况是否完整；

（2）是否配备防静电手环。

6. 设备电源

（1）两路电源输入是否独立；

（2）两路电源切换；

（3）负载电流/电源保安断路器容量；

（4）保安断路器是否与其他设备公用。

二、通信系统主要故障原因及处理

1. 汇流箱通信装置参数设置错误

（1）故障原因：通常为汇流箱通信装置站地址设置错误、站波特率设置错误、通信模式设置错误等。

（2）处理方法：通常出现在汇流箱通信方面，一般情况下汇流箱通信参数主要包含站地址、波特率及通信协议。其中地址需要根据上位机定义进行设置，如 1 号汇流箱设置为 01，依此类推；波特率根据汇流箱说明书选择设置，一般波特率为 9600；通信协议根据设备说明书进行设置，一般选择 ModBus 通信协议。

2. 通信电缆接线错误

（1）故障原因：主要为 RS485A、B、GND、屏蔽层线接反、电缆虚接、通信管理机内实际接线与通信装置回路不对应。

（2）处理方法：汇流箱 RS485 通信组网连接时，仅需将 A、B、屏蔽层接至端子排对应端子即可，同时必须满足以下 4 点要求。

1）避免虚接。通信电缆必须用双绞屏蔽电缆，端子屏蔽层需剥离干净，以免通信端子螺丝直接压接在屏蔽层，造成通信线虚接。

2）可靠接地。通信电缆屏蔽层应连续，通信电缆采用"菊花链"即手拉手连接时，屏蔽层之间也要可靠连接在一起，且屏蔽层必须接大地。

3）确保极性。A、B 接线时注意不要接反，A 与 B 互为双绞接线。

4）连接方式。RS485 通信网络接线必须采用"菊花链"即手拉手方式（不能采用星形）。

3. 抗干扰能力差

（1）故障原因：由于未充分发挥双重屏蔽层抗干扰的优势，导致汇流箱通信在电磁干扰较大时出现中断、错误、延时等异常。

（2）处理方法：RS485 通信主要受到的干扰通常为电磁干扰和高频干扰。常规消除干扰的方法是更改屏蔽线接地方式。

现场 RS485 接线方式若为单端接地且只在通信柜侧接地，则可将该 RS485 通信线缆采用多端接地，减小或消除逆变器引入的高频干扰。

通常与通信柜连接的第一个汇流箱内增加一组接地线，通信装置抗干扰能力可提升 2V 左右，最终试验出采用两点接地即可消除干扰。

4．通信电源故障

通信电源故障时，检查通信指示灯状态，并检查通信电源与 GND 之间是否有 5V DC，若电源异常则更换通信电源板。

5．故障信息频繁刷新

（1）故障原因：电力监控系统显示箱变故障信息重复且频繁刷新，多为信号干扰所致。

（2）处理方法：检查 RS485 通信线屏蔽层接地措施是否完备，提高抗干扰能力。